高等院校数字化建设精品教材

大学数学基础教材

U0194491

高 等 数 学

（经管类）

（上）

主　编　林伟初　郭安学

北京大学出版社
PEKING UNIVERSITY PRESS

内 容 简 介

　　本书共有 10 章,分上、下册.上册内容包括函数、极限与连续、导数与微分、微分中值定理与导数的应用、不定积分、定积分;下册内容包括多元函数微分学、二重积分、无穷级数、微分方程与差分方程初步等.上册书后附有常用初等数学知识、几种常用的曲线和积分表;下册书后附有数学实验与数学模型简介;上、下册书后均附有习题参考答案.

　　本书的主要特点是:突出应用与实用,保证知识的科学性、系统性与严密性,坚持直观、深入浅出;以实例为主线,贯穿于概念的引入、例题的配置与习题的选择上,淡化纯数学的抽象,注重实际;特别根据应用型高等学校学生思想活跃等特点,举例富有时代性和吸引力,通俗易懂,注重培养学生解决实际问题的技能;注重知识的拓广,针对不同院校课程设置的情况,可根据教材内容取舍,便于教师使用.

　　本书可作为应用型高等学校本科经济与管理等非数学专业的高等数学或微积分课程的教材使用,也可作为部分专科的同类课程教材使用.

本书配套云资源使用说明

本书配有网络云资源,资源类型包括:知识框图、微课视频、动画视频、名家简介和历年考研真题.

一、资源说明

1. 知识框图:对每章知识点以框图形式做系统总结,让学生提前了解本章内容的层次结构,方便学生学完本章内容后做自我测评,加深学生对本章内容的理解.

2. 微课视频:针对重要知识点,本教材教学团队进行系统讲解,视频短小精练,方便学生学习,提高效率.

3. 动画视频:针对重要知识点、抽象内容,提供演示动画,便于学生理解和掌握,提高学习兴趣.

4. 名家简介:提供相关科学家的简介,从而提高学生对数学的认识,以及学习数学的兴趣.

5. 历年考研真题:提供一些历年考研真题,对学有余力的学生提供考研帮助.

二、使用方法

1. 打开微信的"扫一扫"功能,扫描关注公众号(公众号二维码见封底);

2. 点击公众号页面内的"激活课程";

3. 刮开激活码涂层,扫描激活云资源(激活码见封底);

4. 激活成功后,扫描书中的二维码,即可直接访问对应的云资源.

注:1. 每本书的激活码都是唯一的,不能重复激活使用.
    2. 非正版图书无法使用本书配套云资源.

总　序

　　数学是人一生中学得最多的一门功课. 中小学里就已开设了很多数学课程,涉及算术、平面几何、三角、代数、立体几何、解析几何等众多科目,看起来洋洋大观、琳琅满目,但均属于初等数学的范畴,实际上只能用来解决一些相当简单的问题,面对现实世界中一些复杂的情况则往往无能为力. 正因为如此,在大学学习阶段,专攻数学专业的学生不必说了,就是对于广大非数学专业的大学生,也都必须选学一些数学基础课程,花相当多的时间和精力学习高等数学,这就对非数学专业的大学数学基础教材提出了迫切的需求.

　　这些年来,各种大学数学基础教材已经林林总总地出版了许多,但平心而论,除少数精品以外,大多均偏于雷同,难以使人满意. 而学习数学这门学科,关键又在于理解与熟练,同一种类型的教材只需精读一本好的就足够了. 这样,精选并推出一些优秀的大学数学基础教材,就理所当然地成为编辑出版这一丛书的宗旨.

　　大学数学基础课程的名目并不多,所涵盖的内容又大体相似,但教材的编写不仅仅是材料的堆积和梳理,更体现编写者的教学思想和理念. 同一门课程,应该鼓励有不同风格的教材来诠释和体现;针对不同程度的教学对象,也应该有不同层次的教材来使用和适应. 特别是,大学非数学专业是一个相当广泛的概念,对分属工程类、财经管理类、医药类、农林类、社科类甚至文史类的众多大学生,不分青红皂白、一刀切地采用统一的数学教材进行教学,很难密切联系有关专业的实际,很难充分针对有关专业的迫切需要和特殊要求,是不值得提倡的. 相反,通过教材编写者和相应专业工作者的密切结合和协作,针对该专业的特点编写出来的教材,才能特色鲜明、有血有肉,才能深受欢迎,并产生重要而深远的影响. 这是专业类大学数学基础教材所应有的定位和标准,也是大家的迫切期望,但却是当前明显的短板,因而使我们对这套丛书可以大有作为有了足够的信心和依据.

　　说得更远一些,我们一些教师往往把数学看成一堆定义、公式、定理及证明的堆积,千方百计地要把这些知识灌输到学生头脑中去,却忘记了有关数学最根本的三件事. 一是数学知识的来龙去脉——从哪儿来,又可以到哪儿去. 割断数学与生动活泼的现实世界的血肉联系,学生就不会有学习数学持续的积极性. 二是数学的精神实质和思想方法. 只讲知识,不讲精神;只讲技巧,不讲思想,学生就不可能学到数学的精髓,不能对数学有真正的领悟. 三是数学的人文内涵. 数学在人类认识世界和改造世界的过程中起着关键的、不可代替的作用,是人类文明的坚实基础和重要支柱. 不自觉地接受数学文化的熏陶,是不可能真正走近数学、了解数学、领悟数学并热爱数学的.在数学教学中抓住了上面这三点,就抓住了数学的灵魂,学生对数学的学习就一定会更有成效.但客观地说,现有的大学数学基础教材,能够真正体现这三方面要求的,恐怕为数不多.这一现实为大学数学基础教材的编写提供了广阔的发展空间,很多探索有待进行,很多经验有待总结,可以说是任重而道远.从这个意义上说,由北京大学出版社推出的这套大学数学丛书实际上已经为一批有特色、高品质的大学数学基础教材的面世,搭建了一个很好的平台,特别值得称道,也相信一定会得到各方面广泛而大力的支持.

　　特为之序.

李大潜

2015 年 1 月 28 日

前　言

目前应用型高等学校所用教材大多直接选自传统普通高校教材,无法直接有效地满足实际教学需要. 根据当前应用型高等学校经济与管理类专业学生的人才培养目标和所开设的高等数学或微积分等课程的实际情况,为了适应国家的教育教学改革,符合应用型大学的教学要求,更好地培养经济、管理等应用型人才,提高学生的实际工作能力与综合素质,以保证理论基础、注重应用、彰显特色为基本原则,参照国家有关教育部门所规定教学内容的广度和深度,在我们多年从事高等教育特别是应用型高等学校教育教学实践的基础上,为专业服务和以应用为目的,编写本教材.

本教材在保证知识的科学性、系统性和严密性的基础上,具有如下特点:

(1) 坚持直观理解与严密性的结合,深入浅出.

(2) 以实例为主线,贯穿于概念的引入、例题的配置与习题的选择上,淡化纯数学的抽象,注重实际内容及解决各种具体问题,特别根据应用型高等学校学生思想活跃等特点,举例富有时代性和吸引力,突出实用,通俗易懂.

(3) 注意趣味性,在多数章节中,从开头提出生动活泼、耐人寻味的实例作为引子,通过内容的学习,让学生茅塞顿开,饶有兴趣,使学生在学习知识的同时切实感到所学知识的作用,获得利用所学知识解决各种实际问题的技能.

(4) 注重知识的拓广,介绍相关的数学实验和数学模型,引进常用的数学软件,使学生感受用现代计算机技术求解复杂问题并不费时费力,还可以将复杂的、抽象的知识直观化,增强其"做数学"的意识和能力. 通过了解相关的数学模型,培养学生的综合素质,促进学生参与数学建模等活动.

(5) 为便于教师使用和学生的自主学习需要,每章后面的小结,可帮助读者对每章知识内容的梳理和重点内容的把握. 在此,建议读者学完每章内容之后,能根据自己学习情况自行小结,培养自身的总结归纳能力. 对部分内容和例题、习题重新调整,以适应不同教学要求.

(6) 为使学生深造打好基础,在复习题的选取上,分为 A,B 两级,A 级以基本、够用为度,B 级和考研的要求接轨.

(7) 便于不同学校不同学时的教师使用. 本教材分为上、下两册,对应 8 至 12 学分的课程设置. 在学时分配上,本教材的讲授以每周 4 至 6 学时共两学期的教学为参考. 上册以一元微积分为主,考虑到学生的实际基础情况,在上册后面附有预备知识等,供教师复习选用或学生查阅. 下册着重介绍二元函数的微积分、无穷级数、微分方程及其在经济与管理等领域的应用. 为提高学生素质,满足学生参加数学建模活动,在下册最后简单介绍了数学实验和数学建模.

(8) 加入数学文化的元素. 在每章之前加入数学家、科学家、政治家等名人的语录,以激发学生对数学的学习兴趣,了解数学的作用.

　　本教材可作为应用型高等学校本科经济与管理等非数学专业的高等数学或微积分课程的教材使用,也可作为部分专科的同类课程教材使用.

　　本教材由林伟初、郭安学主编,特别要感谢高卓、任宏锋、陈武福、何秋锦、吴小腊、熊颖等老师和徐才学教授、袁明华教授,他们用很多时间和精力进行了讨论和研究,使编写工作得以顺利完成.苏文华、赵子平构思并设计了全书在线课程教学资源的结构与配置,吴浪、邓之豪编辑了教学资源内容,并编写了相关动画文字材料,余燕、沈辉参与了动画制作及教学资源的信息化实现,袁晓辉、范军怀审查了全书配套在线课程的教学资源,苏文春、苏娟提供了版式和装帧设计方案.在此一并致谢.书中疏漏与错误之处在所难免,真心希望广大教师和学生不吝赐正并多提宝贵建议.

编　者

2018 年 1 月

目 录

数学是一种先进的文化,是人类文明的重要基础.它的产生和发展伴随着人类文明的进程,并在其中起着重要的推动作用,占有举足轻重的地位.

—— 李大潜(中国数学家)

第1章

函　数

函数是现代数学的基本概念之一,是高等数学的主要研究对象.函数反映了现实世界中量与量之间的依存关系.在初等数学中已经学习过函数的相关知识,本章将对函数的概念进行系统复习和必要补充,并介绍常用经济函数及其应用,为今后的学习打下必要的基础.

课程思政案例

知识框图

§1.1　函 数 概 念

1.1.1　集合的概念

集合是数学中的一个最基本的概念,它在现代数学和工程技术中有着非常重要的作用. 一般地,具有某种特定性质的事物的总体称为集合,简称集. 组成这个集合的事物称为该集合的元素. 例如,某大学一年级学生的全体组成一个集合,其中的每一个学生为该集合的一个元素;自然数的全体组成自然数集合,每个自然数是它的元素,等等.

通常用大写的英文字母 $A,B,C,\cdots$ 表示集合;用小写的英文字母 $a,b,c,\cdots$ 表示集合的元素. 若 a 是集合 A 的元素,则称 a 属于 A,记为 $a \in A$;否则称 a 不属于 A,记为 $a \notin A$(或 $a \overline{\in} A$).

含有有限个元素的集合称为有限集;由无限个元素组成的集合称为无限集;不含任何元素的集合称为空集,用 $\varnothing$ 表示. 例如,某大学一年级学生的全体组成的集合是有限集;全体实数组成的集合是无限集;方程 $x^2 + 1 = 0$ 的实根组成的集合是空集.

集合的表示方法主要有列举法和描述法.

列举法是将集合的元素一一列举出来,写在一个花括号内. 例如,所有正整数组成的集合可以表示为

$$\mathbf{N} = \{1,2,\cdots,n,\cdots\}.$$

描述法是指明集合元素所具有的性质,即将具有某种性质特征的元素 x 所组成的集合 A 记为

$$A = \{x \mid x \text{ 具有某种性质特征}\}.$$

例如,正整数集 $\mathbf{N}$ 也可表示成

$$\mathbf{N} = \{n \mid n = 1,2,\cdots\};$$

所有实数的集合可表示成

$$\mathbf{R} = \{x \mid x \text{ 为实数}\}.$$

又如,由方程 $x^2 - 3x + 2 = 0$ 的根构成的集合可记为

$$M = \{x \mid x^2 - 3x + 2 = 0\},$$

而集合

$$A = \{(x,y) \mid x^2 + y^2 = 1, x,y \text{ 为实数}\}$$

表示 xOy 平面单位圆周上点的集合.

设 A,B 是两个集合,若 A 的每个元素都是 B 的元素,则称 A 是 B 的子集,记为 $A \subseteq B$(或 $B \supseteq A$),读作 A 被 B 包含(或 B 包含 A);若 $A \subseteq B$,且有元素 $a \in B$,但 $a \notin A$,则称 A 是 B 的真子集,

记为 $A \subset B$. 例如,全体自然数的集合是全体整数集合的真子集.

　　注　规定空集为任何集合的子集,即对任何集 A,有 $\varnothing \subseteq A$.

　　若 $A \subseteq B$,且 $A \supseteq B$,则称集 A 与 B **相等**,记为 $A = B$. 例如,设 $A = \{1,2\}$,$B = \{x \mid x^2 - 3x + 2 = 0\}$,则 $A = B$.

　　由属于 A 或属于 B 的所有元素组成的集合称为 A 与 B 的**并集**,记为 $A \bigcup B$,即

$$A \bigcup B = \{x \mid x \in A \text{ 或 } x \in B\}.$$

　　由同时属于 A 与 B 的元素组成的集合称为 A 与 B 的**交集**,记为 $A \bigcap B$,即

$$A \bigcap B = \{x \mid x \in A \text{ 且 } x \in B\}.$$

　　由属于 A 但不属于 B 的元素组成的集合称为 A 与 B 的**差集**,记为 $A \backslash B$,即

$$A \backslash B = \{x \mid x \in A \text{ 但 } x \notin B\}.$$

　　两个集合的并集、交集和差集为图 $1-1$ 所示阴影部分.

　　在研究某个问题时,如果所考虑的一切集都是某个集 X 的子集,则称 X 为基本集或全集. X 中的任何集 A 关于 X 的差集 $X \backslash A$ 常简称为 A 的**补集**(或**余集**),记为 $\complement_X A$.

　　以后用到的集合主要是数集,即元素都是数的集合. 如果没有特别声明,以后提到的数都是实数.

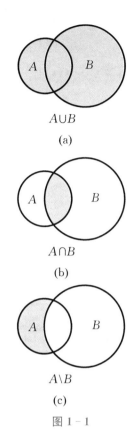

$A \cup B$
(a)

$A \cap B$
(b)

$A \backslash B$
(c)

图 $1-1$

1.1.2　区间与邻域

　　区间是用得较多的一类数集. 设 a 和 b 都是实数,且 $a < b$,数集

$$\{x \mid a < x < b\}$$

称为**开区间**,记为 (a,b),即

$$(a,b) = \{x \mid a < x < b\}.$$

a 和 b 称为开区间 (a,b) 的**端点**,这里 $a \notin (a,b)$,$b \notin (a,b)$.

　　数集

$$\{x \mid a \leqslant x \leqslant b\}$$

称为**闭区间**,记为 $[a,b]$,即

$$[a,b] = \{x \mid a \leqslant x \leqslant b\}.$$

a 和 b 也称为闭区间 $[a,b]$ 的**端点**,这里 $a \in [a,b]$,$b \in [a,b]$.

　　数集

$$[a,b) = \{x \mid a \leqslant x < b\} \text{ 和 } (a,b] = \{x \mid a < x \leqslant b\}$$

称为**半开半闭区间**.

　　以上这些区间都称为**有限区间**,数 $b - a$ 称为区间的**长度**. 此外,还有**无限区间**

$$(-\infty, +\infty) = \{x \mid -\infty < x < +\infty\} = \mathbf{R},$$
$$(-\infty, b] = \{x \mid -\infty < x \leqslant b\},$$

动画视频

$$(-\infty,b) = \{x \mid -\infty < x < b\},$$
$$[a,+\infty) = \{x \mid a \leqslant x < +\infty\},$$
$$(a,+\infty) = \{x \mid a < x < +\infty\},$$

等等. 这里记号"$-\infty$"与"$+\infty$"分别表示"负无穷大"与"正无穷大".

邻域也是常用的一类数集,是一个经常用到的概念.

设 a 是一个给定的实数,δ 是某一正数,称数集

$$\{x \mid a - \delta < x < a + \delta\}$$

为点 a 的 δ 邻域,记为 $U(a,\delta)$. 称点 a 为该邻域的中心,δ 为该邻域的半径(见图 $1-2$).

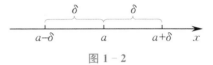

图 $1-2$

注　邻域 $U(a,\delta)$ 也就是开区间 $(a-\delta,a+\delta)$,该开区间以点 a 为中心,长度为 2δ.

若把邻域 $U(a,\delta)$ 的中心去掉,所得到的邻域称为点 a 的去心 δ 邻域,记为 $\mathring{U}(a,\delta)$,即

$$\mathring{U}(a,\delta) = \{x \mid 0 < \mid x - a \mid < \delta\}.$$

注　不等式 $0 < \mid x - a \mid$ 意味着 $x \neq a$,即

$$\mathring{U}(a,\delta) = U(a,\delta)\backslash\{a\}.$$

1.1.3　函数的概念

在现实世界中会有各种各样的量,例如,几何中的长度、面积、体积和经济学中的产量、成本、利润,等等. 在某个过程中,保持不变的量称为**常量**,取不同值的量称为**变量**. 例如,圆周率 π 是常量,一天中的气温是变量.

一般地,在一个问题中往往同时有几个变量在变化着,而且这些变量并非孤立在变而是相互联系相互制约的. 这种相互依赖关系刻画了客观世界中事物变化的内在规律. 函数就是描述变量间相互依赖关系的一种数学模型.

定义　设 x 和 y 是两个变量,D 是一个给定的非空数集,如果对于每个数 $x \in D$,变量 y 按照一定法则总有确定的数值和它对应,则称 y 是 x 的**函数**,记为 $y = f(x)$,数集 D 称为这个函数的**定义域**,记为 $D(f)$,x 称为**自变量**,y 称为**因变量**.

对 $x_0 \in D$,按照对应法则 f,总有确定的值 y_0(记为 $f(x_0)$)与之对应,称 $f(x_0)$ 为函数在点 x_0 处的**函数值**,因变量与自变量的这种相依关系通常称为**函数关系**.

当自变量 x 取遍 D 的所有数值时,对应的函数值 $f(x)$ 的全体组成的集合称为函数 f 的值域,记为 $R(f)$,即

$$R(f) = \{y \mid y = f(x), x \in D\}.$$

注 函数概念的两个基本要素是:定义域和对应法则.

定义域表示使函数有意义的范围,即自变量的取值范围,在实际问题中,可根据函数的实际意义来确定. 例如,圆的面积关于半径的函数 $A = \pi r^2$ 的定义域是 $(0, +\infty)$. 在理论研究中,若函数关系由数学公式给出,函数的定义域就是使数学表达式有意义的自变量 x 的所有值构成的数集. 例如,如果不考虑实际意义,则函数 $A = \pi r^2$ 的定义域是 $(-\infty, +\infty)$.

对应法则是函数的具体表现,即两个变量之间只要存在对应关系,它们之间就具有函数关系. 例如,气温曲线给出了气温随时间变化的对应关系;三角函数表列出了角度与三角函数值的对应关系. 因此,气温曲线和三角函数表所表示的都是函数关系. 这种用曲线和列表给出函数的方法分别称为图示法和列表法. 但在理论研究中所遇到的函数多数由数学公式给出,这种表示方法称为公式法. 例如,在初等数学中所学过的幂函数、指数函数、对数函数、三角函数都是用公式法表示的函数.

从几何上看,在平面直角坐标系中,点集

$$\{(x, y) \mid y = f(x), x \in D(f)\}$$

称为函数 $y = f(x)$ 的图形,如图 1-3 所示. 函数 $y = f(x)$ 的图形通常是一条曲线,$y = f(x)$ 也称为这条曲线的方程. 这样,函数的一些特性常常可借助于几何直观来发现;相反,一些几何问题,有时也可借助于函数进行理论探讨.

现列举一些关于函数的具体例子.

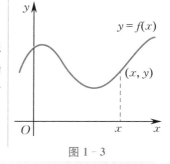

图 1-3

例 1 ▶ 求函数 $y = \sqrt{9 - x^2} + \dfrac{1}{\sqrt{x-1}}$ 的定义域.

解 要使数学式子有意义,x 必须满足:

$$\begin{cases} 9 - x^2 \geqslant 0, \\ x - 1 > 0, \end{cases} \quad \text{即} \quad \begin{cases} |x| \leqslant 3, \\ x > 1. \end{cases}$$

由此有 $1 < x \leqslant 3$,因此函数的定义域为 $(1, 3]$.

由函数概念的两个基本要素可知,一个函数由定义域 D 和对应法则 f 唯一确定,因此如果两个函数的定义域和对应法则相同,则称这两个函数相同(或相等).

例 2 ▶ 判断下列函数是否相同,并说明理由:

(1) $y = x$ 与 $y = \dfrac{x^2}{x}$; (2) $y = x$ 与 $y = \sqrt{x^2}$;

(3) $y = 1$ 与 $y = \sin^2 x + \cos^2 x$;　　(4) $y = 2x + 1$ 与 $x = 2y + 1$.

解　(1) 不相同,因为 $y = x$ 的定义域是 $(-\infty, +\infty)$,而 $y = \dfrac{x^2}{x}$ 的定义域是 $\{x \mid x \neq 0\}$,即 $(-\infty, 0) \bigcup (0, +\infty)$.

(2) 不相同,虽然 $y = x$ 与 $y = \sqrt{x^2}$ 的定义域都是 $(-\infty, +\infty)$,但对应法则不同,$y = \sqrt{x^2} = |x|$.

(3) 相同,虽然这两个函数的表现形式不同,但它们的定义域 $(-\infty, +\infty)$ 与对应法则均相同,所以这两个函数相同.

(4) 相同,虽然它们的自变量与因变量所用的字母不同,但其定义域 $(-\infty, +\infty)$ 和对应法则均相同,所以这两个函数相同.

例 3 ▶　设函数 $f(x) = x^3 - 3x + 5$,求 $f(1), f(x^2)$.

解　因为 $f(x)$ 的对应法则为 $(\ )^3 - 3(\ ) + 5$,所以
$$f(1) = 1^3 - 3 \cdot 1 + 5 = 3,$$
$$f(x^2) = (x^2)^3 - 3(x^2) + 5 = x^6 - 3x^2 + 5.$$

例 4 ▶　已知 $f(x+1) = x^2 - x + 1$,求 $f(x)$.

解　令 $x + 1 = t$,则 $x = t - 1$,从而
$$f(t) = (t-1)^2 - (t-1) + 1 = t^2 - 3t + 3,$$
所以
$$f(x) = x^2 - 3x + 3.$$

例 5 ▶　设函数
$$f(x) = \begin{cases} 2\sqrt{x}, & 0 \leqslant x \leqslant 1, \\ 1+x, & x > 1, \end{cases}$$
求函数的定义域和 $f(0.01), f(4)$.

解　由 $0 \leqslant x \leqslant 1, x > 1$ 可知函数的定义域为 $[0, +\infty)$,
$$f(0.01) = 2\sqrt{0.01} = 0.2, \quad f(4) = 1 + 4 = 5.$$

注　例 5 表明,一些函数在其定义域的不同子集上要用不同的表达式来表示对应法则,称这种函数为分段函数.

需要指出的是,分段函数是一个函数由两个或两个以上的式子表示,不能将分段函数当作几个函数.并注意求分段函数的函数值时,要先判断自变量所属的范围.下面给出一些今后常用的分段函数.

例 6 ▶　绝对值函数
$$y = |x| = \begin{cases} x, & x \geqslant 0, \\ -x, & x < 0 \end{cases}$$
的定义域 $D(f) = (-\infty, +\infty)$,值域 $R(f) = [0, +\infty)$,如图 1-4 所示.

例 7 ▶　符号函数

$$y = \mathrm{sgn}x = \begin{cases} -1, & x < 0, \\ 0, & x = 0, \\ 1, & x > 0 \end{cases}$$

的定义域 $D(f) = (-\infty, +\infty)$，值域 $R(f) = \{-1, 0, 1\}$，如图 1-5 所示.

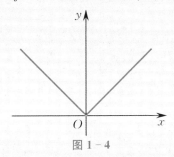

图 1-4

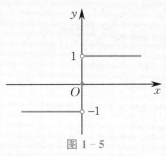

图 1-5

例 8 ▶ 最大取整函数
$$y = [x],$$
其中 $[x]$ 表示不超过 x 的最大整数. 例如，

$$[-3.14] = -4, [0] = 0, [\sqrt{2}] = 1, [\pi] = 3,$$
等等.

函数 $y = [x]$ 的定义域 $D(f) = (-\infty, +\infty)$，值域 $R(f) = \{整数\}$. 一般地，
$$y = [x] = n, n \leqslant x < n+1, n = 0, \pm 1, \pm 2, \cdots,$$
如图 1-6 所示.

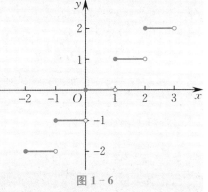

图 1-6

例 9 ▶ 某企业生产某新型产品，年产量为 a 件，分若干批进行生产，每批生产准备费为 b 元. 设产品均匀投入市场，且上一批用完后立即生产下一批，即平均库存量为批量的一半. 设每年每件产品的库存费为 c 元. 显然，生产批量大则库存费用高；生产批量小则批数增多，因而生产准备费高. 为了选择最优批量，试求出一年中库存费与生产准备费的和与批量的函数关系.

解 设批量为 x，库存费与生产准备费的和为 $f(x)$. 因为年产量为 a，所以每年生产的批数为 $\dfrac{a}{x}$（设其为整数）. 于是，生产准备费为 $b \cdot \dfrac{a}{x}$，因库存量为 $\dfrac{x}{2}$，故库存费为 $c \cdot \dfrac{x}{2}$，由此可得

$$f(x) = b \cdot \frac{a}{x} + c \cdot \frac{x}{2} = \frac{ab}{x} + \frac{cx}{2}.$$

$f(x)$ 的定义域为 $(0, a]$. 注意到本题中的 x 为产品的件数，批量 $\dfrac{a}{x}$ 为整数，所以 x 只取 $(0, a]$ 中的正整数.

例 9 表明，为解决实际应用问题，首先要将问题量化，从而建立该问题的数学模型，即建立函数关系. 要把实际问题中变量之间的函数关系正确抽象出来，首先应分析哪些是常量，哪些是变量，然后确定选取哪个为自变量，哪个为因变量，最后根据题意建立它们之间的函数关系，同时给出函数的定义域.

习 题 1-1

1. 求下列函数的定义域:

(1) $y = \dfrac{x}{x^2 - 1}$;　　　　　　　　　　(2) $y = \dfrac{1}{1 - x^2} + \sqrt{x + 2}$;

(3) $y = \sqrt{\sin x} + \sqrt{16 - x^2}$;　　　　　(4) $y = \lg(2 - x) + \sqrt{3 + 2x - x^2}$.

2. 判断下列各组函数是否相同:

(1) $y_1 = \dfrac{x^2 - 4}{x - 2}, y_2 = x + 2$;　　　　(2) $y_1 = \lg x^2, y_2 = 2\lg x$;

(3) $y = \sin(2x + 1), u = \sin(2t + 1)$;　　(4) $f(x) = 1, g(x) = \sec^2 x - \tan^2 x$.

3. 若 $f(x) = x^2 - 3x + 2$, 求 $f(1), f(x - 1)$.

4. 若 $f(x + 1) = x^2 - 3x + 2$, 求 $f(x), f(x - 1)$.

5. 设 $f(x) = \dfrac{1 - x}{1 + x}$, 求 $f(0), f(-x), f\left(\dfrac{1}{x}\right)$.

6. 设 $f(x) = \begin{cases} x - 1, & -2 \leqslant x < 0, \\ x + 1, & 0 \leqslant x \leqslant 2. \end{cases}$ 求 $f(-1), f(0), f(1), f(x - 1)$.

7. 作出下列函数的图形:

(1) $y = \dfrac{x^2 - 4}{x + 2}$;　　　　　　　　　(2) $y = 1 - |x|$;

(3) $f(x) = \begin{cases} |x - 1|, & 0 \leqslant x \leqslant 2, \\ 0, & x < 0 \text{ 或 } x > 2. \end{cases}$

8. 某运输公司规定货物的吨公里运价如下:在 a 公里以内,每公里 k 元,超出部分每公里为 $\dfrac{3}{4}k$ 元. 求运价 m 和里程 s 之间的函数关系.

9. 车站收取行李费的规定如下:当行李不超过 50 千克时,按基本运费计算. 例如,从上海到某地每千克以 0.15 元计算基本运费. 当超过 50 千克时,超重部分按每千克 0.25 元收费. 求上海到该地的行李费 y(元) 与重量 x(千克) 之间的函数关系式,并画出函数的图形.

§1.2　　函数的几种特性

1.2.1　函数的奇偶性

定义 1　　设函数 $y = f(x)$ 的定义域 D 关于原点对称,如果对于任一 $x \in D$,恒有

$$f(-x) = -f(x),$$

则称 $f(x)$ 为奇函数;如果对于任一 $x \in D$,恒有

$$f(-x) = f(x),$$

则称 $f(x)$ 为偶函数.

例如, $y = x^3$ 在 $(-\infty, +\infty)$ 内是奇函数, $y = \cos x$ 在 $(-\infty, +\infty)$ 内是偶函数; 而 $y = x^2 + x$ 在 $(-\infty, +\infty)$ 内既不是奇函数也不是偶函数, 这样的函数称为非奇非偶函数.

请读者想一想: 是否存在既奇又偶函数?

注　在平面直角坐标系中, 奇函数的图形关于原点中心对称 (见图 1-7), 偶函数的图形关于 y 轴对称 (见图 1-8).

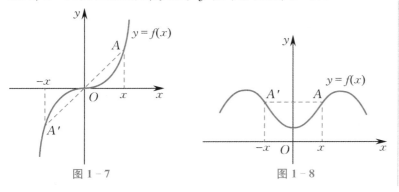

图 1-7　　　　　　　　　图 1-8

例 1 ▶　判断函数 $f(x) = x\sin\dfrac{1}{x}$ 的奇偶性.

解　因为 $f(x)$ 的定义域为 $(-\infty, 0) \bigcup (0, +\infty)$, 它关于原点对称, 又

$$f(-x) = (-x)\sin\left(\frac{1}{-x}\right) = x\sin\frac{1}{x} = f(x),$$

所以 $f(x) = x\sin\dfrac{1}{x}$ 是偶函数.

例 2 ▶　讨论函数 $f(x) = \lg(x + \sqrt{1+x^2})$ 的奇偶性.

解　函数 $f(x)$ 的定义域 $(-\infty, +\infty)$ 是对称区间, 因为

$$f(-x) = \lg(-x + \sqrt{1+x^2}) = \lg\frac{(-x + \sqrt{1+x^2})(x + \sqrt{1+x^2})}{x + \sqrt{1+x^2}}$$

$$= \lg\frac{1}{x + \sqrt{1+x^2}} = -\lg(x + \sqrt{1+x^2}) = -f(x),$$

所以 $f(x)$ 是 $(-\infty, +\infty)$ 内的奇函数.

1.2.2　函数的单调性

定义 2　设函数 $y = f(x)$ 的定义域为 D, 区间 $I \subseteq D$, 如果对于区间 I 内的任意两点 x_1, x_2, 当 $x_1 < x_2$ 时, 都有
$$f(x_1) < f(x_2),$$
则称函数 $y = f(x)$ 在 I 内单调增加 (见图 1-9). 此时, 区间 I 称为单调增加区间. 如果对于区间 I 内的任意两点 x_1, x_2, 当 $x_1 < x_2$ 时, 都有

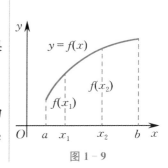

图 1-9

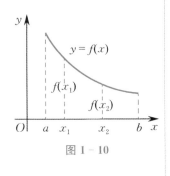

图 1 - 10

$$f(x_1) > f(x_2),$$

则称函数 $y = f(x)$ 在 I 内单调减少(见图 1 - 10).此时,区间 I 称为单调减少区间.单调增加和单调减少的函数统称为单调函数,单调增加区间和单调减少区间统称为单调区间.

例如,$y = \dfrac{1}{x}$ 是 $(-\infty, 0)$ 内的单调减少函数,也是 $(0, +\infty)$ 内的单调减少函数,但不能说 $y = \dfrac{1}{x}$ 是 $(-\infty, 0) \bigcup (0, +\infty)$ 内的单调减少函数;$y = x^2$ 在 $(-\infty, +\infty)$ 内不是单调函数,但在 $(-\infty, 0]$ 上 $y = x^2$ 是单调减少函数,在 $[0, +\infty)$ 上是单调增加函数.

例 3 ▶ 证明函数 $y = \dfrac{x}{1+x}$ 在 $(-1, +\infty)$ 内是单调增加的函数.

证 在 $(-1, +\infty)$ 内任取两点 x_1, x_2,且 $x_1 < x_2$,则

$$f(x_1) - f(x_2) = \frac{x_1}{1+x_1} - \frac{x_2}{1+x_2} = \frac{x_1 - x_2}{(1+x_1)(1+x_2)}.$$

因为 x_1, x_2 是 $(-1, +\infty)$ 内任意两点,所以 $1+x_1 > 0, 1+x_2 > 0$,又因为 $x_1 - x_2 < 0$,故 $f(x_1) - f(x_2) < 0$,即 $f(x_1) < f(x_2)$,所以 $f(x) = \dfrac{x}{1+x}$ 在 $(-1, +\infty)$ 内是单调增加的.

1.2.3　函数的周期性

定义 3 设函数 $y = f(x)$ 的定义域为 D,若存在一个常数 $T \neq 0$,使得对于任一 $x \in D$,必有 $x \pm T \in D$,并且使

$$f(x \pm T) = f(x),$$

则称 $f(x)$ 为周期函数,其中 T 称为函数 $f(x)$ 的周期,周期函数的周期通常是指它的最小正周期.

例如,$y = \sin x, y = \cos x$ 都是以 2π 为周期的周期函数,函数 $y = \tan x$ 的周期是 π.

注 周期函数的图形可以由它在一个周期的区间 $[a, a+T]$ 内的图形沿 x 轴向左、右两个方向平移后得到(见图 1 - 11).由此可见,对于周期函数的性态,只需要在长度为周期 T 的任一区间上考虑即可.

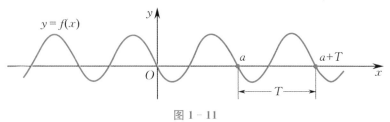

图 1 - 11

1.2.4　函数的有界性

定义 4　设函数 $y = f(x)$ 的定义域为 D,区间 $I \subseteq D$,如果存在一个正数 M,使得对于任一 $x \in I$,都有

$$|f(x)| \leqslant M,$$

则称函数 $f(x)$ 在 I 上有界,也称 $f(x)$ 是 I 上的有界函数. 否则,称 $f(x)$ 在 I 上无界,也称 $f(x)$ 为 I 上的无界函数.

例如,函数 $y = \sin x$,对任一 $x \in (-\infty, +\infty)$,都有不等式 $|\sin x| \leqslant 1$ 成立,所以 $y = \sin x$ 是 $(-\infty, +\infty)$ 上的有界函数.

注　函数的有界性与 x 取值的区间 I 有关. 例如,函数 $y = \dfrac{1}{x}$ 在区间 $(0,1)$ 上是无界的,但它在区间 $[1, +\infty)$ 上有界.

例 4 ▶　证明函数 $y = \dfrac{x}{x^2 + 1}$ 在 $(-\infty, +\infty)$ 上是有界的.

证　因为 $(1 - |x|)^2 \geqslant 0$,所以 $|1 + x^2| \geqslant 2|x|$,故

$$|y| = \left| \frac{x}{x^2 + 1} \right| = \frac{2|x|}{2|1 + x^2|} \leqslant \frac{1}{2}$$

对一切 $x \in (-\infty, +\infty)$ 都成立. 因此函数 $y = \dfrac{x}{x^2 + 1}$ 在 $(-\infty, +\infty)$ 上是有界函数.

习题 1-2

1. 指出下列函数中哪些是奇函数,哪些是偶函数,哪些是非奇非偶函数:

   (1) $y = x^3 \cos x$;　　　　　　　　(2) $y = \dfrac{e^x + e^{-x}}{2}$;

   (3) $y = \sin x + \cos x$;　　　　　(4) $y = \sin x + e^x - e^{-x}$.

2. 设下列函数的定义域均为 $(-a, a)$,证明:

   (1) 两个奇函数的和仍为奇函数;两个偶函数的和仍为偶函数;

   (2) 两个奇函数的积是偶函数,一奇一偶的积为奇函数;

   *(3) 任一函数都可表示为一个奇函数与一个偶函数的和.

3. 证明函数 $y = \dfrac{x}{1-x}$ 在 $(1, +\infty)$ 内是单调增加的函数.

4. 设函数 $f(x)$ 是周期为 T 的周期函数,试求函数 $f(2x + 3)$ 的周期.

5. 已知函数 $f(x)$ 的周期为 2,并且

$$f(x) = \begin{cases} 0, & -1 < x < 0, \\ x, & 0 \leqslant x \leqslant 1. \end{cases}$$

   试在 $(-\infty, +\infty)$ 内作出函数 $y = f(x)$ 的图形.

6. 验证函数 $f(x) = \dfrac{1}{x}$ 在开区间 $(0,1)$ 内无界,在开区间 $(1,2)$ 内有界.

§1.3　反函数、复合函数

1.3.1　反函数

函数关系的实质就是从定量分析的角度来描述变量之间的相互依赖关系. 但在研究过程中, 哪个量作为自变量, 哪个量作为因变量(函数)是由具体问题来决定的.

例如, 在商品销售时, 已知某种商品的价格 P 和销量 x, 销售收入为 y, 当销量已知, 要求销售收入时, 可根据关系式

$$y = xP$$

得到. 这时, 在函数关系中, y 是 x 的函数; 反过来, 如果已知销售收入, 要求相应的销量, 则可从 $y = xP$ 得到关系式

$$x = \frac{y}{P},$$

这时, x 是 y 的函数. 称函数 $x = \dfrac{y}{P}$ 是函数 $y = xP$ 的反函数.

定义 1　设函数 $y = f(x)$ 的定义域为 D, 值域为 W. 如果对于 W 中的任一数值 y, 都有 D 中唯一的一个 x 值, 满足 $f(x) = y$, 将 y 与 x 对应, 则所确定的以 y 为自变量的函数 $x = \varphi(y)$ 称为函数 $y = f(x)$ 的反函数, 记为 $x = f^{-1}(y)$, $y \in W$. 相对于反函数而言, 原来的函数称为直接函数.

显然, 反函数 $x = \varphi(y)$ 的定义域正好是函数 f 的值域, 反函数 $\varphi(y)$ 的值域正好是函数 f 的定义域.

由于函数的表示法只与定义域和对应法则有关, 而与自变量和因变量用什么字母表示无关, 习惯上常用字母 x 表示自变量, 用字母 y 表示因变量, 这样 $y = f(x)$ 的反函数通常写为 $y = f^{-1}(x)$.

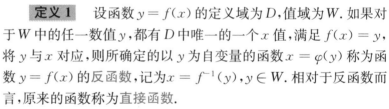

在平面坐标系中, 函数 $y = f(x)$ 的图形与其反函数 $y = f^{-1}(x)$ 的图形关于直线 $y = x$ 对称(见图 1 - 12). 这是由于互为反函数的两个函数的因变量与自变量互换的缘故, 若 (a, b) 是 $y = f(x)$ 的图形上的一点, 则 (b, a) 就是 $y = f^{-1}(x)$ 的图形上的点, 而 xOy 平面上点 (a, b) 与点 (b, a) 关于直线 $y = x$ 对称.

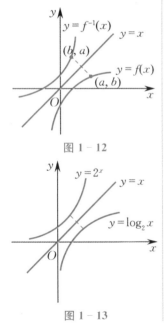

图 1 - 12

利用这一特性, 由函数 $y = f(x)$ 的图形就很容易作出它的反函数 $y = f^{-1}(x)$ 的图形. 例如, $y = 2^x$ 与 $y = \log_2 x$ 互为反函数, 它们的图形如图 1 - 13 所示.

值得注意的是, 并不是所有的函数都存在反函数, 例如, 函数 y

图 1 - 13

$= x^2$ 的定义域为 $(-\infty, +\infty)$,值域为 $[0, +\infty)$,但对每一个 $y \in (0, +\infty)$,都有两个 x 值(即 $x_1 = \sqrt{y}$ 和 $x_2 = -\sqrt{y}$)与之对应,因此 x 不是 y 的函数,从而 $y = x^2$ 不存在反函数. 下面直接给出反函数存在定理.

定理(反函数存在定理) 单调函数 $y = f(x)$ 必存在单调的反函数 $y = f^{-1}(x)$,且具有相同的单调性.

例如,函数 $y = x^2$ 在 $(-\infty, 0]$ 上单调减少,其反函数为 $y = -\sqrt{x}$,也是单调减少;函数 $y = x^2$ 在 $[0, +\infty)$ 上单调增加,其反函数 $y = \sqrt{x}$ 在 $[0, +\infty)$ 上也是单调增加.

求反函数的一般步骤如下:由方程 $y = f(x)$ 解出 $x = f^{-1}(y)$,再将 x 与 y 对换,即得所求的反函数 $y = f^{-1}(x)$.

例 1 ▶ 求函数 $y = 2x - 3$ 的反函数.

解 由 $y = 2x - 3$ 解得 $x = \dfrac{y+3}{2}$,故所求反函数为

$$y = \frac{x+3}{2}.$$

例 2 ▶ 求函数 $y = \dfrac{2^x - 2^{-x}}{2^x + 2^{-x}} + 1$ 的反函数.

解 由

$$y = \frac{2^x - 2^{-x}}{2^x + 2^{-x}} + 1 = \frac{2 \cdot 2^x}{2^x + 2^{-x}} = \frac{2 \cdot 2^{2x}}{2^{2x} + 1},$$

可得

$$2^{2x} = \frac{y}{2 - y},$$

两边同取对数,得

$$2x = \log_2 \frac{y}{2 - y}.$$

故所求反函数为

$$y = \frac{1}{2} \log_2 \frac{x}{2 - x},$$

定义域为 $(0, 2)$.

1.3.2 复合函数

定义 2 设函数 $y = f(u)$ 的定义域为 $D(f)$,值域为 $R(f)$;而函数 $u = g(x)$ 的定义域为 $D(g)$,值域为 $R(g) \subseteq D(f)$,则对任一 $x \in D(g)$,通过 $u = g(x)$ 有唯一的 $u \in R(g) \subseteq D(f)$ 与 x 对应,再通过 $y = f(u)$ 又有唯一的 $y \in R(f)$ 与 u 对应. 这样,对任一 $x \in D(g)$,通过 u,有唯一的 $y \in R(f)$ 与之对应. 因此 y 是 x 的函

数,称这个函数为 $y=f(u)$ 与 $u=g(x)$ 的复合函数,记为

$$y=(f\cdot g)(x)=f(g(x)),\quad x\in D(g),$$

u 称为中间变量.

例如,由 $y=\sqrt{u}$,$u=x+1$ 可以构成复合函数 $y=\sqrt{x+1}$,为了使 u 的值域包含在 $y=\sqrt{u}$ 的定义域 $[0,+\infty)$ 内,必须有 $x\in[-1,+\infty)$,所以复合函数 $y=\sqrt{x+1}$ 的定义域应为 $[-1,+\infty)$.又如,复合函数 $y=\cos(1+x^2)$ 是由函数 $y=\cos u$,$u=1+x^2$ 复合而成的.

两个函数的复合也可推广到多个函数复合的情形.

在复合函数中可以出现两个或两个以上的中间变量,例如,函数 $y=\cos^2 u$,$u=\sqrt{v}$,$v=x^2-3$ 可以构成复合函数

$$y=(\cos\sqrt{x^2-3})^2,\quad 这里 u 和 v 都是中间变量.$$

例3▶ 写出下列函数的复合函数:

(1) $y=u^2$,$u=\cos x$;　　　　　　(2) $y=\cos u$,$u=x^2$.

解 (1) 将 $u=\cos x$ 代入 $y=u^2$,则所求复合函数为 $y=\cos^2 x$,其定义域为 $(-\infty,+\infty)$;

(2) 将 $u=x^2$ 代入 $y=\cos u$,则所求复合函数为 $y=\cos x^2$,其定义域为 $(-\infty,+\infty)$.

注 并非任意两个函数都能复合.例如,函数 $y=\sqrt{u-2}$,$u=\sin x$ 就不能复合,请您想想原因何在?

例4▶ 指出下列复合函数的复合过程:

(1) $y=\sqrt{1+x^2}$;　　　　　　(2) $y=\sqrt{\sin x^2}$;

(3) $y=2^{\tan 2x}$.

解 (1) $y=\sqrt{1+x^2}$ 由 $y=\sqrt{u}$,$u=1+x^2$ 复合而成;

(2) $y=\sqrt{\sin x^2}$ 由 $y=\sqrt{u}$,$u=\sin v$,$v=x^2$ 复合而成;

(3) $y=2^{\tan 2x}$ 由 $y=2^u$,$u=\tan v$,$v=2x$ 复合而成.

例5▶ 设 $f(x)=\dfrac{x}{x+1}(x\neq-1)$,求 $f(f(x))$.

解 令 $y=f(u)$,$u=f(x)$,则 $y=f(f(x))$ 是通过中间变量 u 复合而成的复合函数.因为

$$y=f(u)=\frac{u}{u+1}=\frac{\dfrac{x}{x+1}}{\dfrac{x}{x+1}+1}=\frac{x}{2x+1},\quad x\neq-\frac{1}{2},$$

所以

$$f(f(x))=\frac{x}{2x+1},\quad x\neq-1,-\frac{1}{2}.$$

例6▶ 设函数 $f(x+1)=\dfrac{x}{x+1}(x\neq-1)$,求 $f^{-1}(x+1)$.

解　函数 $y = f(x+1)$ 可看成由 $y = f(u), u = x+1$ 复合而成. 所求的反函数 $y = f^{-1}(x+1)$ 可看成由 $y = f^{-1}(u), u = x+1$ 复合而成. 因为

$$f(u) = \frac{x}{x+1} = \frac{u-1}{u}, \quad u \neq 0,$$

即

$$y = \frac{u-1}{u},$$

从而

$$u \cdot (y-1) = -1, \quad 即 \quad u = \frac{1}{1-y},$$

所以

$$y = f^{-1}(u) = \frac{1}{1-u},$$

因此

$$f^{-1}(x+1) = \frac{1}{1-(x+1)} = -\frac{1}{x}, \quad x \neq 0.$$

习题 1-3

1. 求下列函数的反函数:

   (1) $y = \dfrac{1-x}{1+x}$;　　　　　　　　　　(2) $y = 2^{3x+1}$;

   (3) $y = \dfrac{2^x}{2^x+1}$;　　　　　　　　　　(4) $y = \dfrac{10^x + 10^{-x}}{10^x - 10^{-x}} + 1$.

2. 证明: $f(x) = 2x^3 - 1$ 和 $g(x) = \sqrt[3]{\dfrac{x+1}{2}}$ 互为反函数.

3. 已知符号函数

$$\operatorname{sgn} x = \begin{cases} 1, & x > 0, \\ 0, & x = 0, \\ -1, & x < 0, \end{cases}$$

   求 $y = (1+x^2)\operatorname{sgn} x$ 的反函数.

4. 指出下列复合函数的复合过程:

   (1) $y = 2^{\sin x}$;　　　　　　　　　　(2) $y = \lg(x^2+1)$;

   (3) $y = \sqrt{\cos(x^2-1)}$.

5. 设 $f(x) = \dfrac{x}{x-1}(x \neq 1)$, 求 $f(f(x))$.

6. 设函数

$$f(x) = \begin{cases} x+2, & x < -1, \\ -x, & |x| \leqslant 1, \\ x-2, & x > 1, \end{cases}$$

   求 $f(2x+1)$ 的表达式.

§1.4　基本初等函数、初等函数

1.4.1　基本初等函数

幂函数、指数函数、对数函数、三角函数、反三角函数统称为基本初等函数,它们是研究各种函数的基础.为了读者学习的方便,下面我们再对这几类函数做一简单介绍.

1. 幂函数

一些函数 $y=x$, $y=x^2$, $y=x^{\frac{1}{2}}$, $y=x^{-1}$ 的共同特点是:指数是一个常量,底数是自变量.

定义 1　函数 $y=x^{\mu}(\mu$ 是常数) 称为幂函数.

幂函数 $y=x^{\mu}$ 的定义域随 μ 而异,但无论 μ 为何值,函数在 $(0,+\infty)$ 内总是有定义的.

当 $\mu>0$ 时,$y=x^{\mu}$ 在 $[0,+\infty)$ 上是单调增加的,其图形过点 $(0,0)$ 及点 $(1,1)$.图 1-14 给出了 $\mu=\dfrac{1}{2}$, $\mu=1$, $\mu=2$ 时幂函数在第一象限的图形.

当 $\mu<0$ 时,$y=x^{\mu}$ 在 $(0,+\infty)$ 上是单调减少的,其图形过点 $(1,1)$.图 1-15 给出了 $\mu=-\dfrac{1}{2}$, $\mu=-1$, $\mu=-2$ 时幂函数在第一象限的图形.

2. 指数函数

定义 2　函数 $y=a^x(a$ 是常数且 $a>0$, $a\neq1$) 称为指数函数.

指数函数 $y=a^x$ 的定义域是 $(-\infty,+\infty)$,其图形过点 $(0,1)$,因为 $a>0$,所以无论 x 取什么值,$a^x>0$,于是指数函数 $y=a^x$ 的图形总在 x 轴上方.

当 $a>1$ 时,$y=a^x$ 是单调增加的;当 $0<a<1$ 时,$y=a^x$ 是单调减少的,如图 1-16 所示.

以常数 $e=2.71828182\cdots$ 为底的指数函数
$$y=e^x$$
是科技和经济中常用的指数函数.

3. 对数函数

定义 3　指数函数 $y=a^x$ 的反函数,记为 $y=\log_a x(a$ 是常数且 $a>0$, $a\neq1$),称为对数函数.

对数函数 $y=\log_a x$ 的定义域为 $(0,+\infty)$,其图形过点 $(1,0)$.

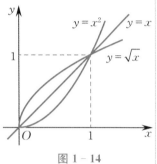

图 1-14

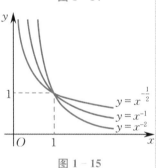

图 1-15

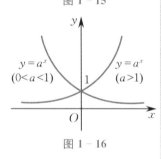

图 1-16

当 $a > 1$ 时, $y = \log_a x$ 单调增加;当 $0 < a < 1$ 时, $y = \log_a x$ 单调减少,如图 1-17 所示.

中学学过的常用对数函数 $y = \lg x$ 是以 10 为底的对数函数.在科技和经济中,常用以 e 为底的对数函数

$$y = \log_e x,$$

称为自然对数函数,简记为

$$y = \ln x.$$

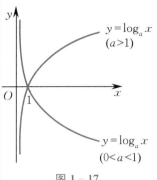

图 1-17

4. 三角函数

常用的三角函数有

$$\text{正弦函数} \quad y = \sin x,$$
$$\text{余弦函数} \quad y = \cos x,$$
$$\text{正切函数} \quad y = \tan x,$$
$$\text{余切函数} \quad y = \cot x,$$

其中自变量以弧度为单位.

它们的图形如图 1-18、图 1-19、图 1-20 和图 1-21 所示,分别称为正弦曲线、余弦曲线、正切曲线和余切曲线.

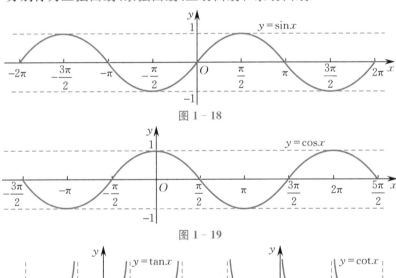

图 1-18

图 1-19

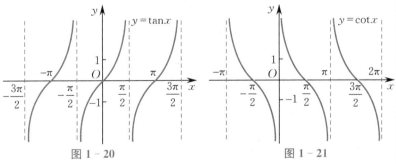

图 1-20   图 1-21

正弦函数和余弦函数都是以 2π 为周期的周期函数,它们的定义域都为 $(-\infty, +\infty)$,值域都为 $[-1, 1]$.正弦函数是奇函数,余弦函数是偶函数.

由于 $\cos x = \sin\left(x + \dfrac{\pi}{2}\right)$,因此把正弦曲线 $y = \sin x$ 沿 x 轴向

左移动 $\frac{\pi}{2}$ 个单位,就获得余弦曲线 $y = \cos x$.

正切函数 $y = \tan x = \frac{\sin x}{\cos x}$ 的定义域为

$$D(f) = \{x \mid x \in \mathbf{R}, x \neq (2n+1)\frac{\pi}{2}, n \text{ 为整数}\}.$$

余切函数 $y = \cot x = \frac{\cos x}{\sin x}$ 的定义域为

$$D(f) = \{x \mid x \in \mathbf{R}, x \neq n\pi, n \text{ 为整数}\}.$$

正切函数和余切函数的值域都是 $(-\infty, +\infty)$,且它们都是以 π 为周期的周期函数,也都是奇函数.

另外,常用的三角函数还有

$$正割函数 \quad y = \sec x,$$
$$余割函数 \quad y = \csc x.$$

它们都是以 2π 为周期的周期函数,且

$$\sec x = \frac{1}{\cos x}, \quad \csc x = \frac{1}{\sin x}.$$

5. 反三角函数

常用的反三角函数有

$$反正弦函数 \quad y = \arcsin x,$$
$$反余弦函数 \quad y = \arccos x,$$
$$反正切函数 \quad y = \arctan x,$$
$$反余切函数 \quad y = \text{arccot} x.$$

它们分别为三角函数 $y = \sin x, y = \cos x, y = \tan x$ 和 $y = \cot x$ 的反函数.

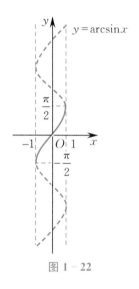

图 1 - 22

严格来说,根据反函数的概念,三角函数 $y = \sin x, y = \cos x,$ $y = \tan x, y = \cot x$ 在其定义域内不存在反函数,因为对值域中的每一个数 y,都有多个 x 与之对应.但这些函数在其定义域的每一个单调增加(或减少)的子区间上都存在反函数.

例如,$y = \sin x$ 在闭区间 $\left[-\frac{\pi}{2}, \frac{\pi}{2}\right]$ 上单调增加,从而存在反函数,称此反函数为反正弦函数的**主值**,记为 $y = \arcsin x$. 通常称 $y = \arcsin x$ 为 反 正 弦 函 数,其定义域为 $[-1, 1]$,值域为 $\left[-\frac{\pi}{2}, \frac{\pi}{2}\right]$. 反正弦函数 $y = \arcsin x$ 在 $[-1, 1]$ 上是单调增加的,它的图形如图 1 - 22 所示.

类似地,可以定义其他 3 个反三角函数的主值 $y = \arccos x,$ $y = \arctan x$ 和 $y = \text{arccot} x$,它们分别称为反余弦函数、反正切函数和反余切函数.

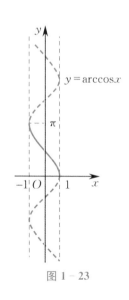

图 1 - 23

反余弦函数 $y = \arccos x$ 的定义域为 $[-1, 1]$,值域为 $[0, \pi]$,在 $[-1, 1]$ 上是单调减少的,其图形如图 1 - 23 所示.

反正切函数 $y = \arctan x$ 的定义域为 $(-\infty, +\infty)$，值域为 $\left(-\dfrac{\pi}{2}, \dfrac{\pi}{2}\right)$，在 $(-\infty, +\infty)$ 上是单调增加的，其图形如图 1-24 所示。

反余切函数 $y = \operatorname{arccot} x$ 的定义域为 $(-\infty, +\infty)$，值域为 $(0, \pi)$，在 $(-\infty, +\infty)$ 上是单调减少的，其图形如图 1-25 所示。

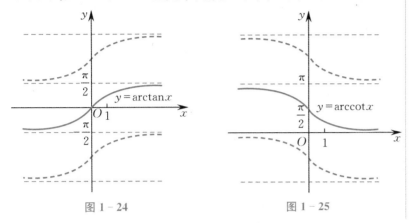

图 1-24　　　　　　　　　　图 1-25

例 1 ▶ 求下列函数的定义域：

(1) $y = \arcsin(2x - 3)$；　　(2) $f(x) = \ln(x^2 - 1) + \arccos \dfrac{x-1}{3}$.

解　(1) 由 $-1 \leqslant 2x - 3 \leqslant 1$ 解得 $1 \leqslant x \leqslant 2$，所以 $y = \arcsin(2x - 3)$ 的定义域为 $[1, 2]$；

(2) 要使 $f(x)$ 有意义，显然 x 要满足：

$$\begin{cases} x^2 - 1 > 0, \\ -1 \leqslant \dfrac{x-1}{3} \leqslant 1, \end{cases} \quad 即 \quad \begin{cases} x < -1 \text{ 或 } x > 1, \\ -2 \leqslant x \leqslant 4, \end{cases}$$

所以 $f(x)$ 的定义域为 $D(f) = [-2, -1) \cup (1, 4]$.

1.4.2　初等函数

由常数和基本初等函数经过有限次四则运算和有限次复合而构成，并能用一个解析式表示的函数，称为初等函数.

例如，$y = x^2 + \sqrt{\dfrac{1 + \sin x}{1 - \sin x}}$，$y = 3x \mathrm{e}^{\sqrt{1-x^2}} + 2$ 都是初等函数.
而分段函数

$$f(x) = \begin{cases} x + 3, & x \geqslant 0, \\ x^2, & x < 0 \end{cases}$$

不是初等函数，因为它在定义域内不能用一个解析式表示. 但分段函数

$$f(x) = \begin{cases} x, & x \geqslant 0, \\ -x, & x < 0 \end{cases}$$

是初等函数,因为它是绝对值函数,可看作由 $y = \sqrt{u}$,$u = x^2$ 复合而成.

注　一般由常数和基本初等函数经过有限次四则运算后所成的函数称为简单函数,而一个复合函数可以分解为若干个简单函数,由此也可以找到中间变量.

例 2 ▶　指出下列函数是由哪些简单函数复合而成的:

(1) $y = (\sin 5x)^3$;

(2) $y = \ln(1 + \sqrt{1 + x^2})$;

(3) $y = \arctan[\sin(e^{4x})]$;

(4) $y = e^{\arctan x^2}$.

解　(1) $y = (\sin 5x)^3$ 是由 $y = u^3$,$u = \sin v$,$v = 5x$ 复合而成的;

(2) $y = \ln(1 + \sqrt{1 + x^2})$ 是由 $y = \ln u$,$u = 1 + \sqrt{v}$,$v = 1 + x^2$ 复合而成的;

(3) $y = \arctan[\sin(e^{4x})]$ 是由 $y = \arctan u$,$u = \sin v$,$v = e^w$,$w = 4x$ 复合而成的;

(4) $y = e^{\arctan x^2}$ 是由 $y = e^u$,$u = \arctan v$,$v = x^2$ 复合而成的.

* 1.4.3　双曲函数

在工程技术中常用到一种由指数函数复合、运算而成的初等函数,称为双曲函数,其定义为

$$\text{双曲正弦函数}\quad \text{sh}x = \frac{e^x - e^{-x}}{2},$$

$$\text{双曲余弦函数}\quad \text{ch}x = \frac{e^x + e^{-x}}{2},$$

$$\text{双曲正切函数}\quad \text{th}x = \frac{\text{sh}x}{\text{ch}x} = \frac{e^x - e^{-x}}{e^x + e^{-x}},$$

$$\text{双曲余切函数}\quad \text{cth}x = \frac{\text{ch}x}{\text{sh}x} = \frac{e^x + e^{-x}}{e^x - e^{-x}}.$$

利用函数 $y = \frac{1}{2}e^x$ 和 $y = \frac{1}{2}e^{-x}$ 的图形的叠加,可以得到 $y = \text{sh}x$ 和 $y = \text{ch}x$ 的图形,如图 1-26 所示.

双曲正弦函数的定义域为 $(-\infty, +\infty)$,它是奇函数,其图形过原点 $(0,0)$ 且关于原点对称,在 $(-\infty, +\infty)$ 内单调增加.

双曲余弦函数的定义域为 $(-\infty, +\infty)$,它是偶函数,其图形过点 $(0,1)$ 且关于 y 轴对称,在 $(-\infty, 0)$ 内单调减少,在 $(0, +\infty)$ 内单调增加.

双曲正切函数的定义域为 $(-\infty, +\infty)$,它是奇函数,其图形过原点 $(0,0)$ 且关于原点对称,在 $(-\infty, +\infty)$ 内单调增加.

双曲余切函数的定义域为 $\{x \mid x \neq 0, x \in \mathbf{R}\}$,它是奇函数,其图

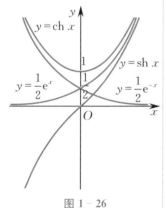

图 1-26

形关于原点对称.

类似于三角恒等式,由双曲函数的定义,可以证明下列几个恒等式:

(1) $\mathrm{ch}^2 x - \mathrm{sh}^2 x = 1$;

(2) $\mathrm{sh}2x = 2\mathrm{sh}x\mathrm{ch}x$;

(3) $\mathrm{ch}2x = \mathrm{sh}^2 x + \mathrm{ch}^2 x$;

(4) $2\mathrm{sh}^2 x = \mathrm{ch}2x - 1, 2\mathrm{ch}^2 x = \mathrm{ch}2x + 1$;

(5) $\mathrm{sh}(x \pm y) = \mathrm{sh}x\mathrm{ch}y \pm \mathrm{ch}x\mathrm{sh}y$;

(6) $\mathrm{ch}(x \pm y) = \mathrm{ch}x\mathrm{ch}y \pm \mathrm{sh}x\mathrm{sh}y$.

我们证明 $\mathrm{sh}(x+y) = \mathrm{sh}x\mathrm{ch}y + \mathrm{ch}x\mathrm{sh}y$,其余请读者自己证明. 由定义,得

$$\mathrm{sh}x\mathrm{ch}y + \mathrm{ch}x\mathrm{sh}y = \frac{\mathrm{e}^x - \mathrm{e}^{-x}}{2} \cdot \frac{\mathrm{e}^y + \mathrm{e}^{-y}}{2} + \frac{\mathrm{e}^x + \mathrm{e}^{-x}}{2} \cdot \frac{\mathrm{e}^y - \mathrm{e}^{-y}}{2}$$
$$= \frac{\mathrm{e}^{x+y} - \mathrm{e}^{-(x+y)}}{2} = \mathrm{sh}(x + y).$$

习题 1-4

1. 求下列函数的定义域:

(1) $y = \arccos(3x - 2)$;

(2) $y = 3\arccos(x - 1)$;

(3) $f(x) = \ln(x + 1) + \arcsin\dfrac{2x-1}{3}$;

(4) $f(x) = \ln(1 - x^2) + \tan 2x$.

2. 将下列函数分解成简单函数的复合:

(1) $y = \ln\ln\ln x$;

(2) $y = \sqrt{\ln(\sin^2 x)}$;

(3) $y = \mathrm{e}^{\arctan x^2}$;

(4) $y = \cos^2 \ln(2 + \sqrt{1 + x^2})$.

§1.5 常用经济函数及其应用

在经济分析中,经常需要用数学方法解决实际问题,其做法是首先建立变量之间的函数关系,即构建该问题的数学模型,然后分析模型(函数)的特性.本节将介绍几种常用的经济函数及其应用.

1.5.1 单利与复利

利息是指借款者向贷款者支付的报酬,它是根据本金的数额

按一定比例计算出来的. 利息又有存款利息、贷款利息、债券利息、贴现利息等几种主要形式.

1. 单利计算公式

设初始本金为 p(元),银行年利率为 r,则

第 1 年末本利和为

$$s_1 = p + rp = p(1+r),$$

第 2 年末本利和为

$$s_2 = p(1+r) + rp = p(1+2r),$$

$$\cdots\cdots$$

第 n 年末本利和为

$$s_n = p(1+nr).$$

2. 复利计算公式

设初始本金为 p(元),银行年利率为 r,则

第 1 年末本利和为

$$s_1 = p + rp = p(1+r),$$

第 2 年末本利和为

$$s_2 = p(1+r) + rp(1+r) = p(1+r)^2,$$

$$\cdots\cdots$$

第 n 年末本利和为

$$s_n = p(1+r)^n.$$

例 1 ▶ 现有初始本金 1 000 元,若银行年储蓄利率为 5%,问:

(1) 按单利计算,3 年末的本利和为多少?

(2) 按复利计算,3 年末的本利和为多少?

(3) 按复利计算,需多少年能使本利和超过初始本金的一倍?

解 (1) 已知 $p = 1\,000, r = 0.05$,由单利计算公式得

$$s_3 = p(1+3r) = 1\,000 \times (1+3 \times 0.05) = 1\,150(元),$$

即 3 年末的本利和为 1 150 元.

(2) 由复利计算公式得

$$s_3 = p(1+r)^3 = 1\,000 \times (1+0.05)^3 \approx 1\,157.6(元).$$

(3) 若 n 年后的本利和超过初始本金的一倍,即要

$$s_n = p(1+r)^n > 2p.$$

因 $r = 0.05$,则 $n\ln(1.05) > \ln 2$,于是 $n > \dfrac{\ln 2}{\ln(1.05)} \approx 14.2$,即需 15 年本利和可超过初始本金一倍.

1.5.2　需求函数、供给函数与市场均衡

1. 需求函数

需求函数是指在某一特定时期内,市场上某种商品的各种可能的购买量和决定这些购买量的诸因素之间的数量关系.

假定其他因素(如消费者的货币收入、偏好和相关商品的价格等)不变,则决定某种商品需求量的因素就是这种商品的价格.此时,需求函数表示的就是商品需求量和价格这两个经济量之间的数量关系,即

$$Q_d = f_d(P),$$

其中 Q_d 表示需求量,P 表示价格.

一般来说,当商品提价时,需求量会减少;当商品降价时,需求量就会增加,因此需求函数为单调减少函数.

在理想情况下,商品的生产应该既满足市场需要又不造成积压,这时需求多少就销售多少,销售多少就生产多少,即产量等于销售量,也等于需求量,它们有时用记号 x 表示,有时也用记号 Q_d 表示.

需求函数的反函数 $P = f_d^{-1}(Q_d)$ 称为价格函数,习惯上将价格函数也统称为需求函数.

2. 供给函数

供给函数是指在某一特定时期内,市场上某种商品的各种可能的供给量和决定这些供给量的诸因素之间的数量关系.若 Q_s 表示供给量,P 表示价格,则供给函数为

$$Q_s = f_s(P).$$

一般来说,当商品的价格提高时,商品的供给量将会相应增加,因此供给函数是关于价格的单调增加函数.

3. 市场均衡

对一种商品而言,如果需求量等于供给量,则这种商品就达到了市场均衡.以线性需求函数和线性供给函数为例,令

$$Q_d = Q_s,$$

即

$$aP + b = cP + d,$$

求得

$$P = \frac{d-b}{a-c} \equiv P_0.$$

这个价格 P_0 称为该商品的市场均衡价格(见图 1-27).

市场均衡价格就是需求函数和供给函数两条直线的交点的横坐标.当市场价格高于均衡价格时,将出现供过于求的现象,而

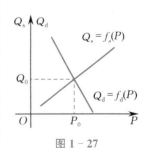

图 1-27

当市场价格低于均衡价格时,将出现供不应求的现象. 当市场均衡时,有

$$Q_d = Q_s = Q_0,$$

称 Q_0 为市场均衡数量.

　　根据市场的不同情况,需求函数与供给函数还可能是二次函数、多项式函数或指数函数等,但其基本规律是相同的,都可找到相应的市场均衡点(P_0, Q_0).

例 2 ▶ 设某商品的需求函数和供给函数分别为

$$Q_d = 170 - 4P, \quad Q_s = 16P - 10,$$

求该商品的市场均衡价格和市场均衡数量.

　　解 由均衡条件 $Q_d = Q_s$,得

$$170 - 4P = 16P - 10,$$

即 $20P = 180$. 因此,市场均衡价格和市场均衡数量分别为

$$P_0 = 9, \quad Q_0 = 16P_0 - 10 = 134.$$

例 3 ▶ 某批发商每次以 150 元/件的价格将 500 件衣服批发给零售商,在这个基础上零售商每次多进 100 件衣服,则批发价相应降低 2 元,批发商最大批发量为每次 $1\,000$ 件. 试将衣服批发价格表示为批发量的函数,并求零售商每次进 900 件衣服时的批发价格.

　　解 由题意看出,所求函数的定义域为$[500, 1\,000]$. 已知每次多进 100 件,价格减少 2 元,设每次进衣服 x 件,则每次批发价减少$\dfrac{2}{100}(x - 500)$ 元/件,于是所求函数为

$$P = 150 - \frac{2}{100}(x - 500) = 150 - \frac{2x - 1\,000}{100} = 160 - \frac{x}{50}.$$

当 $x = 900$ 时,

$$P = 160 - \frac{900}{50} = 142(元/件),$$

即零售商每次进 900 件衣服时的批发价格为 142 元/件.

1.5.3　成本函数、收入函数与利润函数

1. 成本函数

　　产品成本是以货币形式表现的企业生产和销售产品的全部费用支出,成本函数表示费用总额与产量(或销售量)之间的依赖关系. 产品成本可分为固定成本和变动成本两部分. 所谓固定成本,是指在一定时期内不随产量变化的那部分成本,如厂房及设备折旧费、保险费等;所谓变动成本,是指随产量变化而变化的那部分成本,如材料费、燃料费、提成费等. 一般地,以货币计值的(总)成本 C 是产量 x 的函数,即

$$C = C(x) \quad (x \geqslant 0),$$

称其为成本函数. 当产量 $x = 0$ 时, 对应的成本函数值 $C(0)$ 就是产品的固定成本值.

成本函数是单调增加函数, 其图形称为成本曲线.

在讨论总成本的基础上, 还要进一步讨论均摊在单位产量上的成本, 均摊在单位产量上的成本称为平均单位成本, 设 $C(x)$ 为成本函数, 称

$$\overline{C} = \frac{C(x)}{x} \quad (x > 0)$$

为平均单位成本函数或平均成本函数.

2. 收入函数与利润函数

销售某种产品的收入 R, 等于产品的单位价格 P 乘以销售量 x, 即 $R = P \cdot x$, 称其为收入函数.

而销售利润 L 等于收入 R 减去成本 C, 即 $L = R - C$, 称其为利润函数.

当 $L = R - C > 0$ 时, 生产者盈利;

当 $L = R - C < 0$ 时, 生产者亏损;

当 $L = R - C = 0$ 时, 生产者盈亏平衡, 使 $L(x) = 0$ 的点 x_0 称为盈亏平衡点 (又称为保本点).

例 4 ▶ 某产品总成本 C(万元) 为年产量 x(吨) 的函数

$$C = C(x) = a + bx^2,$$

其中 a, b 为待定常数. 已知固定成本为 400 万元, 且当年产量 $x = 100$ 吨时, 总成本 $C = 500$ 万元, 试将平均单位成本 $\overline{C}$ 表示为年产量 x 的函数.

解 由于总成本 $C = C(x) = a + bx^2$, 从而当产量 $x = 0$ 时的总成本为 $C(0) = a$, 说明常数项 a 为固定成本, 因此确定常数

$$a = 400.$$

再将已知条件: $x = 100$ 时 $C = 500$ 代入到总成本 C 的表达式中, 得到

$$500 = 400 + b \cdot 100^2,$$

从而确定常数

$$b = \frac{1}{100}.$$

于是得到总成本函数表达式

$$C = C(x) = 400 + \frac{x^2}{100}.$$

所以平均单位成本为

$$\overline{C} = \overline{C}(x) = \frac{C(x)}{x} = \frac{400}{x} + \frac{x}{100} \quad (x > 0).$$

例 5 ▶ 某厂每年生产 Q 台某商品的平均单位成本为

$$\overline{C} = \overline{C}(Q) = \left(Q + 6 + \frac{20}{Q}\right)(万元 / 台),$$

商品销售价格为 $P = 30$ 万元 / 台,试将每年商品全部销售后获得的总利润 L 表示为年产量 Q 的函数.

解 每年生产 Q 台产品,以价格 $P = 30$ 万元 / 台销售,获得总收入为
$$R = R(Q) = PQ = 30Q,$$

又因为生产 Q 台商品的总成本为
$$C = C(Q) = Q\overline{C}(Q) = Q\left(Q + 6 + \frac{20}{Q}\right) = Q^2 + 6Q + 20.$$

所以总利润为
$$L = L(Q) = R(Q) - C(Q) = 30Q - (Q^2 + 6Q + 20)$$
$$= -Q^2 + 24Q - 20 \quad (Q > 0).$$

例 6 ▶ 某产品总成本 C(元) 为日产量 x(千克) 的函数
$$C = C(x) = \frac{1}{9}x^2 + 6x + 100,$$

产品销售价格为 P(元 / 千克),它与产量 x 的关系为
$$P = P(x) = 46 - \frac{1}{3}x.$$

(1) 试将平均单位成本表示为日产量 x 的函数;

(2) 试将每日产品全部销售后获得的总利润 L 表示为日产量 x 的函数.

解 (1) 平均单位成本为
$$\overline{C} = \overline{C}(x) = \frac{C(x)}{x} = \frac{1}{9}x + 6 + \frac{100}{x} \quad (x > 0).$$

(2) 生产 x 千克产品,以价格 P 元 / 千克销售,获得的总收入为
$$R = R(x) = xP(x) = x\left(46 - \frac{1}{3}x\right) = -\frac{1}{3}x^2 + 46x.$$

又已知生产 x 千克产品的总成本为
$$C = C(x) = \frac{1}{9}x^2 + 6x + 100,$$

所以总利润为
$$L = L(x) = R(x) - C(x) = \left(-\frac{1}{3}x^2 + 46x\right) - \left(\frac{1}{9}x^2 + 6x + 100\right)$$
$$= -\frac{4}{9}x^2 + 40x - 100.$$

产量 $x > 0$,又由于销售价格 $P > 0$,即 $46 - \frac{1}{3}x > 0$,得到 $x < 138$,因此函数定义域为
$$0 < x < 138.$$

例 7 ▶ 已知某商品的成本函数与收入函数分别是
$$C = 12 + 3x + x^2, \quad R = 11x,$$

其中 x 表示产销量,试求该商品的盈亏平衡点,并说明盈亏情况.

解 利润函数
$$L(x) = R(x) - C(x) = 11x - (12 + 3x + x^2)$$
$$= 8x - 12 - x^2 = (x - 2)(6 - x),$$

由 $L = 0$ 得到两个盈亏平衡点分别为 $x_1 = 2, x_2 = 6$.

分析 $L(x)$ 可见,当 $x < 2$ 时亏损,当 $2 < x < 6$ 时盈利,而当 $x > 6$ 时又转为亏损.

习题 1-5

1. 现有初始本金 100 元,若银行年储蓄利率为 7%,问:
   (1) 按单利计算,3 年末的本利和为多少?
   (2) 按复利计算,3 年末的本利和为多少?
   (3) 按复利计算,需多少年能使本利和超过初始本金的一倍?

2. 某种商品的供给函数和需求函数分别为 $Q_d = 25P - 10, Q_s = 200 - 5P$,求该商品的市场均衡价格和市场均衡数量.

3. 某批发商每次以 160 元 / 台的价格将 500 台电扇批发给零售商,在这个基础上零售商每次多进 100 台电扇,则批发价相应降低 2 元,批发商最大批发量为每次 1 000 台,试将电扇批发价格表示为批发量的函数,并求零售商每次进 800 台电扇时的批发价格.

4. 某工厂生产某产品,每日最多生产 200 单位.它的日固定成本为 150 元,生产一个单位产品的可变成本为 16 元.求该厂日总成本函数及平均成本函数.

5. 某工厂生产某产品年产量为 x 台,每台售价 500 元,当年产量超过 800 台时,超过部分只能按 9 折出售.这样可多售出 200 台,如果再多生产,本年就销售不出去了.求出本年的收益(入)函数.

6. 已知某厂生产一个单位产品时,可变成本为 15 元,每天的固定成本为 2 000 元,若这种产品出厂价为 20 元,求:
   (1) 利润函数;
   (2) 若不亏本,该厂每天至少生产多少单位这种产品?

7. 某企业生产一种新产品,在定价时不单是根据生产成本而定,还要请各销售单位来出价,即他们愿意以什么价格来购买.根据调查得出需求函数为 $x = -900P + 45\,000$.该企业生产该产品的固定成本是 270 000 元,而单位产品的变动成本为 10 元.
   (1) 求利润函数;
   (2) 为获得最大利润,出厂价格应为多少?

8. 已知某产品的成本函数与收入函数分别是 $C = 5 - 4x + x^2, R = 2x$,其中 x 表示产量.试求该商品的盈亏平衡点,并说明盈亏情况.

本章小结

一、函数的概念及表示法

1. 函数 $y = f(x)$ 的定义域 $D(f)$ 及其求法.

2. 函数的两个基本要素:定义域和对应法则.

3. 函数的表示法:图示法、列表法、公式法.

4. 分段函数:一个函数在其定义域的不同子集上用不同的表达式来表示,即一个函数由两个或两个以上的式子表示.

绝对值函数 $y = |x| = \begin{cases} x, & x \geqslant 0, \\ -x, & x < 0. \end{cases}$

符号函数 $y = \operatorname{sgn} x = \begin{cases} -1, & x < 0, \\ 0, & x = 0, \\ 1, & x > 0. \end{cases}$

最大取整函数 $y = [x]$,其中$[x]$表示不超过 x 的最大整数.

二、函数的奇偶性、单调性、周期性和有界性

1. 函数奇偶性的判断. 在平面直角坐标系中,奇偶函数图形的对称性.

2. 函数 $f(x)$ 在区间 I 内单调增加、单调减少的概念,单调区间的定义.

3. 以 T 为周期的周期函数 $f(x)$ 的图形特征.

4. 函数 $f(x)$ 是区间 I 上的有界函数需满足公式$|f(x)| \leqslant M$,其中 M 是已知的一个正数. 常见的有界基本初等函数有

$$y = \sin x, y = \cos x, y = \arcsin x, y = \arccos x, y = \arctan x, y = \operatorname{arccot} x.$$

三、反函数与复合函数

1. 反函数存在定理.

2. 求函数 $y = f(x)$ 的反函数 $y = f^{-1}(x)$ 的一般步骤如下:由方程 $y = f(x)$ 解出 $x = f^{-1}(y)$,再将 x 与 y 对换,即得所求的反函数为 $y = f^{-1}(x)$.

3. 由函数 $y = f(u)$ 与 $u = g(x)$ 复合而成的复合函数 $y = f(g(x))$ 的概念.

4. 一个复合函数分解为若干个函数的复合过程.

四、基本初等函数和初等函数

1. 五种基本初等函数:幂函数、指数函数、对数函数、三角函数、反三角函数的性质及其图形.

2. 初等函数:由常数和基本初等函数经过有限次四则运算和有限次复合而构成,并能用一个解析式表示的函数.

五、常用经济函数

1. 单利与复利的计算公式.

2. 需求函数 $Q_d = f_d(P)$,价格函数 $P = f_d^{-1}(Q_d)$,供给函数 $Q_s = f_s(P)$.

3. 市场均衡:$Q_d = Q_s$.

4. 成本函数 $C = C(x)$,平均成本函数 $\overline{C} = \dfrac{C(x)}{x}(x > 0)$.

5. 收入函数 $R = R(x)$,利润函数 $L = R - C$.

6. 盈亏平衡点(保本点):使 $L(x) = 0$ 的点 x_0.

复习题1

(A)

1. 下列函数不相等的是_____.

　A $f(x) = \sqrt[3]{x^3}, g(x) = x$　　　　　　B $f(x) = \sqrt{x^2}, g(x) = |x|$

　C $y = \sin^2(3x+1), u = \sin^2(3t+1)$　　D $f(x) = \dfrac{x^2-1}{x-1}, g(x) = x+1$

2. 求下列函数的定义域:

　(1) $y = \sqrt{2-x} + \arcsin \dfrac{1}{x}$;　　　　(2) $y = \sqrt{x+3} + \dfrac{1}{\ln(1-x)}$;

　(3) $y = \arcsin(2\cos x)$.

3. 函数 $y = \begin{cases} \sin\dfrac{1}{x}, & x \neq 0, \\ 0, & x = 0 \end{cases}$ 的定义域为_____,值域为_____.

4. 设 $f(x) = \begin{cases} 1, & -1 \leqslant x < 0, \\ x+1, & 0 \leqslant x \leqslant 2, \end{cases}$ 则 $f(x-1) = $ _____.

5. 判断下列函数的奇偶性:

 (1) $f(x) = \sqrt{1-x} + \sqrt{1+x}$;   (2) $y = e^{2x} - e^{-2x} + \sin x$.

6. 判断下列函数在定义域内的有界性及单调性:

 (1) $y = \dfrac{x}{1+x^2}$;   (2) $y = x + \ln x$.

7. 设 $y = f(x)$ 的定义域为 $[0,1]$,求下列函数的定义域:

 (1) $f(x^2)$;   (2) $f(\sin x)$;

 (3) $f(x+a)$ $(a>0)$;   (4) $f(x+a) + f(x-a)$ $(a>0)$.

8. 设 $f(x) = 2^x, g(x) = x\ln x$,求 $f(g(x)), g(f(x)), f(f(x))$ 和 $g(g(x))$.

9. 下列函数是由哪些简单函数复合而成的?

 (1) $y = (1+x^2)^{\frac{1}{3}}$;   (2) $y = \dfrac{1}{1+\arccos 3x}$.

10. 设 $f(x)$ 定义在 $(-\infty, +\infty)$ 上,证明:

 (1) $f(x) + f(-x)$ 为偶函数;   (2) $f(x) - f(-x)$ 为奇函数.

11. 邮局规定国内的平信,每 20 克付邮资 0.8 元,不足 20 克按 20 克计算,信件重量不得超过 2 千克,试确定邮资 y 与重量 x 的关系.

(B)

1. 求函数 $f(x) = \dfrac{\lg(3-x)}{\sin x} + \sqrt{5+4x-x^2}$ 的定义域.

2. 设 $f(x) = \begin{cases} 1, & 0 \leqslant x \leqslant 1, \\ -2, & 1 < x \leqslant 2, \end{cases}$ 求函数 $f(x+3)$ 的定义域.

3. 下列函数是奇函数的是_____,是偶函数的是_____.

 A $y = \dfrac{e^x-1}{e^x+1}\ln\dfrac{1-x}{1+x}$ $(-1<x<1)$ B $y = \ln(x+\sqrt{1+x^2})$

 C $y = \dfrac{e^x - e^{-x}}{2} + \cos x$ D $y = \dfrac{e^x + e^{-x}}{x^2} + \sin x$

4. 设 $f\left(x+\dfrac{1}{x}\right) = x^2 + \dfrac{1}{x^2}$,求 $f(x)$.

5. 设函数 $f(x)$ 为 $(-\infty, +\infty)$ 上的奇函数,$f(1) = k$,且对任意 x 都满足:
$$f(x+2) - f(2) = f(x).$$
 (1) 求 $f(2)$ 与 $f(5)$;

 (2) 问 k 为何值时,$f(x)$ 是以 2 为周期的周期函数?

6. 设函数 $f(x)$ 的定义域为 $(-a,a)$,证明:必存在 $(-a,a)$ 上的偶函数 $g(x)$ 及奇函数 $h(x)$,使得
$$f(x) = g(x) + h(x).$$

7. 若 $f(x)$ 对其定义域上的一切 x,恒有 $f(x) = f(2a-x)$,则称 $f(x)$ 对称于直线 $x = a$. 证明:若 $f(x)$ 对称于 $x = a$ 及 $x = b(a<b)$,则 $f(x)$ 是以 $T = 2(b-a)$ 为周期的周期函数.

8. 已知 $f(\sin x) = 3 - \cos 2x$,求 $f(\cos x)$.

9. 已知 $f(x) = \ln(x-1), f(g(x)) = x$,求 $g(x)$.

10. 设 $f\left(\dfrac{x+1}{x-1}\right) = 3f(x) - 2x$,求 $f(x)$.

没有任何问题可以像无穷那样深深地触动人的情感,很少有别的观念能像无穷那样激励理智产生富有成果的思想,然而也没有任何其他的概念能像无穷那样需要加以阐明.

—— 希尔伯特(Hilbert,德国数学家)

第 2 章

极限与连续

极限概念是微积分的理论基础,极限方法是微积分的基本分析方法,因此,掌握好极限方法是学好微积分的关键. 连续是函数的一个重要性态.本章将介绍极限与连续的基本知识和基本方法.

课程思政案例

知识框图

§2.1　数列的极限

2.1.1　数列极限的定义

定义 1　数列是定义在自然数集 **N** 上的函数,记为 $x_n = f(n)(n = 1, 2, 3, \cdots)$. 由于全体自然数可以排成一列,因此数列就是按顺序排列的一串数:

$$x_1, x_2, x_3, \cdots, x_n, \cdots,$$

可以简记为 $\{x_n\}$. 数列中的每个数称为数列的项,其中 x_n 称为数列的一般项或通项.

下面让我们考察当 n 无限增大时(记为 $n \to \infty$,符号 "$\to$" 读作 "趋向于"),一般项 x_n 的变化趋势.

观察下列数列:

(1) $2, 4, 6, \cdots, 2n, \cdots$;

(2) $1, 0, 1, \cdots, \dfrac{1 + (-1)^{n-1}}{2}, \cdots$;

(3) $2, 2, 2, \cdots, 2, \cdots$;

(4) $\dfrac{1}{2}, \dfrac{1}{4}, \dfrac{1}{8}, \dfrac{1}{16}, \cdots, \dfrac{1}{2^n}, \cdots$;

(5) $2, \dfrac{1}{2}, \dfrac{4}{3}, \dfrac{3}{4}, \cdots, \dfrac{n + (-1)^{n-1}}{n}, \cdots$.

容易看出,数列(1)的项随 n 增大时,其值越来越大,且无限增大;数列(2)的各项值交替地取 0 与 1;数列(3)各项的值均相同.

为清楚起见,将数列(4)和(5)的各项用数轴上的对应点 x_1, $x_2, \cdots$ 表示,如图 $2-1$(a),(b) 所示.

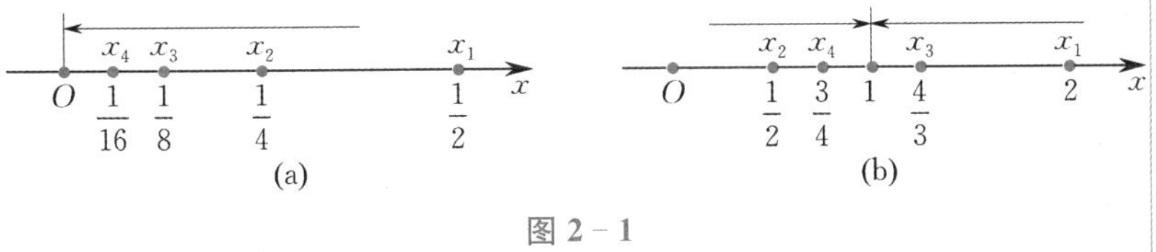

图 2 - 1

从图 $2-1$ 可知,当 n 无限增大时,数列 $\left\{\dfrac{1}{2^n}\right\}$ 在数轴上的对应点从原点的右侧无限接近于 0;数列 $\left\{\dfrac{n + (-1)^{n-1}}{n}\right\}$ 在数轴上的对应点从 $x = 1$ 的两侧无限接近于 1. 一般地,可以给出下面的定义.

定义 2　对于数列 $\{x_n\}$,如果当 n 无限增大时,一般项 x_n 的值无限接近于一个确定的常数 A,则称 A 为数列 $\{x_n\}$ 当 n 趋向于无穷大时的极限,记为

$$\lim_{n\to\infty} x_n = A \text{ 或者 } x_n \to A(n \to \infty).$$

此时也称数列$\{x_n\}$收敛于A,而称$\{x_n\}$为收敛数列. 如果数列的极限不存在,则称它为发散数列.

例如,数列$\left\{\dfrac{1}{2^n}\right\}$,$\left\{\dfrac{n+(-1)^{n-1}}{n}\right\}$是收敛数列,且

$$\lim_{n\to\infty}\frac{1}{2^n} = 0, \quad \lim_{n\to\infty}\frac{n+(-1)^{n-1}}{n} = 1.$$

而$\left\{\dfrac{1+(-1)^{n-1}}{2}\right\}$,$\{2n\}$是发散数列.

有了对数列极限的直观了解后,我们来考察如何用精确、定量化的数学语言来给出数列极限的定义.

现在考察数列$\{x_n\} = \left\{\dfrac{n+1}{n}\right\}$的变化趋势. 由于$|x_n - 1| = \dfrac{1}{n}$,因此当项数$n$充分大时,$|x_n - 1|$可任意小. 例如,若要使$|x_n - 1| = \dfrac{1}{n} < \dfrac{1}{100}$,只要$n > 100$即可. 这意味着数列$\left\{\dfrac{n+1}{n}\right\}$从第101项开始,后面所有的项$x_{101}, x_{102}, \cdots$都能使不等式$|x_n - 1| < \dfrac{1}{100}$成立. 同样,若要使$|x_n - 1| = \dfrac{1}{n} < \dfrac{1}{10\,000}$,只要$n > 10\,000$即可. 这意味着数列从第10\,001项开始,后面所有的项$x_{10\,001}, x_{10\,002}, \cdots$都能使不等式$|x_n - 1| < \dfrac{1}{10\,000}$成立.

一般地,无论给定的正数ε多么小,要使$|x_n - 1| = \dfrac{1}{n} < \varepsilon$,只要$n > \dfrac{1}{\varepsilon}$即可. 如果取自然数$N \geqslant \dfrac{1}{\varepsilon}$,则当$n > N$时,可使得数列中满足$n > N$的一切项$x_n$,不等式$|x_n - 1| = \dfrac{1}{n} < \varepsilon$都成立.

定义 2′(**数列极限的精确定义**)　　如果对于任意给定的正数ε,总存在正整数N,使得对于$n > N$的一切x_n,都有不等式$|x_n - A| < \varepsilon$成立,则称常数A为数列$\{x_n\}$当$n \to \infty$时的极限,或称数列$\{x_n\}$收敛于A,记为

$$\lim_{n\to\infty} x_n = A \text{ 或者 } x_n \to A(n \to \infty).$$

注　定义$2′$称为数列极限的"$\varepsilon - N$"语言,虽然比较抽象,但只要抓住要点,就可以精确描述和论证相关数列的极限.

下面给出数列极限的几何意义.

将数列$\{x_n\}$中的每一项$x_1, x_2, \cdots$都用数轴上的对应点来表示. 若数列$\{x_n\}$的极限为A,则对于任意给定的正数ε,总存在正整数N,使数列从第$N+1$项开始,后面所有的项x_n均满足不等式$|x_n - A| < \varepsilon$,即$A - \varepsilon < x_n < A + \varepsilon$,所以数列在数轴上的对应点中有无穷多个点$x_{N+1}, x_{N+2}, \cdots$都落在开区间$(A - \varepsilon, A + \varepsilon)$内,而

在开区间以外,至多只有有限个点 $x_1, x_2, \cdots, x_N$(见图 2 - 2).

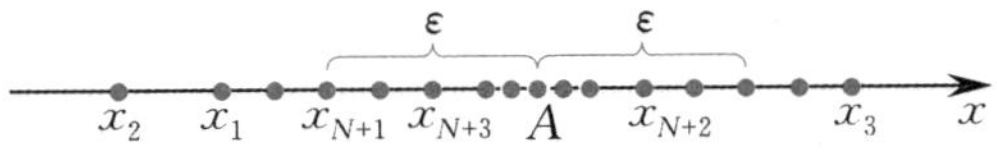

图 2 - 2

为了以后叙述的方便,这里介绍几个符号:

符号"$\forall$"表示"对于任意的""对于所有的"或"对于每一个";

符号"$\exists$"表示"存在""有一个";

符号"$\max\{X\}$"表示数集 X 中的最大数;

符号"$\min\{X\}$"表示数集 X 中的最小数.

下面举两个用精确定义证明极限的例子.

例 1 ▶　证明:$\lim\limits_{n \to \infty} \dfrac{2n+3}{n} = 2$.

证　对于任给的正数 ε,要使 $|x_n - 2| = \left| \dfrac{2n+3}{n} - 2 \right| = \dfrac{3}{n} < \varepsilon$,只要 $n > \dfrac{3}{\varepsilon}$ 即可,所以可取正整数 $N \geqslant \dfrac{3}{\varepsilon}$.

因此,$\forall \varepsilon > 0$,$\exists N = \left[\dfrac{3}{\varepsilon} \right] + 1$,当 $n > N$ 时,总有 $\left| \dfrac{2n+3}{n} - 2 \right| < \varepsilon$,所以

$$\lim_{n \to \infty} \frac{2n+3}{n} = 2.$$

注　用极限的精确定义论证相关结论比较抽象,以下涉及的相关证明,读者可以只记住结论,有选择地学习.

例 2 ▶　证明:$\lim\limits_{n \to \infty} \dfrac{1}{2^n} = 0$.

证　对于任给的正数 ε,要使 $|x_n - 0| = \left| \dfrac{1}{2^n} - 0 \right| = \dfrac{1}{2^n} < \varepsilon$,即 $2^n > \dfrac{1}{\varepsilon}$,只要 $n > \log_2 \dfrac{1}{\varepsilon}$ 即可,所以可取正整数 $N \geqslant \log_2 \dfrac{1}{\varepsilon}$.

因此,$\forall \varepsilon > 0$,$\exists N = \left[\log_2 \dfrac{1}{\varepsilon} \right] + 1$,当 $n > N$ 时,总有 $\left| \dfrac{1}{2^n} - 0 \right| < \varepsilon$,所以

$$\lim_{n \to \infty} \frac{1}{2^n} = 0.$$

下面给出几个常用数列的极限:

(1) $\lim\limits_{n \to \infty} C = C$　(C 为常数);

(2) $\lim\limits_{n \to \infty} \dfrac{1}{n^\alpha} = 0$　($\alpha > 0$);

(3) $\lim\limits_{n \to \infty} q^n = 0$　($|q| < 1$).

2.1.2　数列极限的性质

定义1（唯一性）　若数列收敛,则其极限唯一.

证（反证法）　设数列 $\{x_n\}$ 收敛,但极限不唯一: $\lim_{n\to\infty}x_n=a$, $\lim_{n\to\infty}x_n=b$,且 $a\neq b$,不妨设 $a<b$,由极限定义,取 $\varepsilon=\dfrac{b-a}{2}$,由 $\lim_{n\to\infty}x_n=a$,则 ∃ 正整数 N_1,当 $n>N_1$ 时, $|x_n-a|<\dfrac{b-a}{2}$,即

$$\frac{3a-b}{2}<x_n<\frac{a+b}{2};$$

由 $\lim_{n\to\infty}x_n=b$,则 ∃ 正整数 N_2,当 $n>N_2$ 时, $|x_n-b|<\dfrac{b-a}{2}$,即

$$\frac{a+b}{2}<x_n<\frac{3b-a}{2}.$$

取 $N=\max\{N_1,N_2\}$,则当 $n>N$ 时, 不等式

$$\frac{3a-b}{2}<x_n<\frac{a+b}{2} \text{ 与 } \frac{a+b}{2}<x_n<\frac{3b-a}{2}$$

应同时成立,显然矛盾. 该矛盾证明了收敛数列 $\{x_n\}$ 的极限必唯一.

定义 3　设有数列 $\{x_n\}$,若 ∃$M>0$,使对一切 $n=1,2,\cdots$,有

$$|x_n|\leqslant M,$$

则称数列 $\{x_n\}$ 是有界的,否则称它是无界的.

例如,数列 $\left\{\dfrac{1}{n^2+1}\right\}$, $\{(-1)^n\}$ 有界;数列 $\{n^2\}$ 无界.

定理2（有界性）　若数列 $\{x_n\}$ 收敛,则数列 $\{x_n\}$ 有界.

证　设 $\lim_{n\to\infty}x_n=a$,由极限定义, $\forall \varepsilon>0$,且 $\varepsilon<1$, ∃ 正整数 N,当 $n>N$ 时, $|x_n-a|<\varepsilon<1$,从而 $|x_n|<1+|a|$.

取 $M=\max\{1+|a|,|x_1|,|x_2|,\cdots,|x_N|\}$,则有 $|x_n|\leqslant M$,对一切 $n=1,2,\cdots$ 成立,即 $\{x_n\}$ 有界.

定理 2 的逆命题不成立,例如,数列 $\{(-1)^n\}$ 有界,但它不收敛.

推论　无界数列必发散.

定理3（保号性）　若 $\lim_{n\to\infty}x_n=a$, $a>0$(或 $a<0$),则 ∃ 正整数 N,当 $n>N$ 时, $x_n>0$(或 $x_n<0$).

证　由极限定义,对 $\varepsilon=\dfrac{a}{2}>0$, ∃ 正整数 N,当 $n>N$ 时, $|x_n-a|<\dfrac{a}{2}$,即 $\dfrac{a}{2}<x_n<\dfrac{3}{2}a$,故当 $n>N$ 时, $x_n>\dfrac{a}{2}>0$.

类似可证 $a < 0$ 的情形.

推论　设有数列 $\{x_n\}$, $\exists$ 正整数 N, 当 $n > N$ 时, $x_n > 0$ (或 $x_n < 0$), 若 $\lim\limits_{n\to\infty} x_n = a$, 则必有 $a \geqslant 0$ (或 $a \leqslant 0$).

注　在推论中, 我们只能推出 $a \geqslant 0$ (或 $a \leqslant 0$), 而不能由 $x_n > 0$ (或 $x_n < 0$) 推出其极限 (若存在) 也大于 0 (或小于 0). 例如, $x_n = \dfrac{1}{n} > 0$, 但 $\lim\limits_{n\to\infty} x_n = \lim\limits_{n\to\infty} \dfrac{1}{n} = 0$.

习题 2-1

1. 观察下列数列的变化趋势, 写出其极限:

 (1) $x_n = \dfrac{n}{n+1}$;　　　　　　　(2) $x_n = 2 - (-1)^n$;

 (3) $x_n = 3 + (-1)^n \dfrac{1}{n}$;　　　　(4) $x_n = \dfrac{1}{n^2} - 1$.

2. 判断下列说法是否正确:

 (1) 收敛数列一定有界;

 (2) 有界数列一定收敛;

 (3) 无界数列一定发散;

 (4) 极限大于 0 的数列的通项也一定大于 0.

*3. 用数列极限的精确定义证明下列极限:

 (1) $\lim\limits_{n\to\infty} \dfrac{n + (-1)^{n-1}}{n} = 1$;　　(2) $\lim\limits_{n\to\infty} \dfrac{n^2 - 2}{n^2 + n + 1} = 1$;

 (3) $\lim\limits_{n\to\infty} \dfrac{5 + 2n}{1 - 3n} = -\dfrac{2}{3}$.

§2.2　函数的极限

2.2.1　自变量趋向无穷大时函数的极限

自变量趋向无穷大是指 $|x|$ 无限增大, 它包含两方面: 一是 x 无限增大, 二是 $x < 0$ 且 $|x|$ 无限增大. 先看一个例子.

当 $|x|$ 无限增大 (或称 x 趋向于无穷大, 记为 $x \to \infty$) 时, 考察函数 $f(x) = \dfrac{2x + 3}{x}$ 的变化趋势. 可以看出当 $x \to \infty$ 时, 对应的

函数值 $f(x) = \dfrac{2x+3}{x} = 2 + \dfrac{3}{x}$ 无限接近于常数 2,则称常数 2 为

函数 $f(x) = \dfrac{2x+3}{x}$ 当 $x \to \infty$ 时的极限.

对一般函数 $y = f(x)$ 而言,自变量无限增大时,函数值无限接近一个常数的情形与数列极限类似,所不同的是,自变量的变化可以是连续的.

定义 1 设函数 $f(x)$ 当 $|x|$ 大于某一正数时有定义,A 为一常数,若 $\forall \varepsilon > 0, \exists X > 0$,当 $|x| > X$ 时,都有不等式

$$|f(x) - A| < \varepsilon$$

成立,则称常数 A 为函数 $f(x)$ 当 $x \to \infty$ 时的极限,记为

$$\lim_{x \to \infty} f(x) = A \quad \text{或者} \quad f(x) \to A \quad (x \to \infty).$$

下面给出 $\lim\limits_{x \to \infty} f(x) = A$ 的几何意义.

对于任给的正数 ε,存在正数 X,当点 $(x, f(x))$ 的横坐标 x 落入区间 $(-\infty, -X)$ 及 $(X, +\infty)$ 以内时,纵坐标 $f(x)$ 的值必定落入区间 $(A - \varepsilon, A + \varepsilon)$ 之内,此时,函数 $y = f(x)$ 的图形就介于两平行直线 $y = A - \varepsilon$ 与 $y = A + \varepsilon$ 之间(见图 2-3).

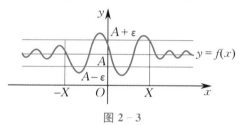

图 2-3

例 1 证明:$\lim\limits_{x \to \infty} \dfrac{\sin x}{x} = 0$.

证 $\forall \varepsilon > 0$,要使 $|f(x) - 0| = \left|\dfrac{\sin x}{x}\right| \leqslant \dfrac{1}{|x|} < \varepsilon$,只要 $|x| > \dfrac{1}{\varepsilon}$ 即可. 所以,$\exists X = \dfrac{1}{\varepsilon}$,当 $|x| > X$ 时,都有 $\left|\dfrac{\sin x}{x} - 0\right| < \varepsilon$. 从而得证

$$\lim_{x \to \infty} \dfrac{\sin x}{x} = 0.$$

例 2 证明:$\lim\limits_{x \to \infty} \dfrac{x-2}{x+1} = 1$.

证 $\forall \varepsilon > 0$,要使 $\left|\dfrac{x-2}{x+1} - 1\right| = \dfrac{3}{|x+1|} < \varepsilon$,只需 $|x+1| > \dfrac{3}{\varepsilon}$,而 $|x+1| \geqslant |x| - 1$,故只需 $|x| - 1 > \dfrac{3}{\varepsilon}$,即 $|x| > 1 + \dfrac{3}{\varepsilon}$.

因此,$\forall \varepsilon > 0, \exists X = 1 + \dfrac{3}{\varepsilon}$,当 $|x| > X$ 时,有 $\left|\dfrac{x-2}{x+1} - 1\right| < \varepsilon$,故由定义 1 得

$$\lim_{x \to \infty} \dfrac{x-2}{x+1} = 1.$$

类似地,可以给出当 $x \to +\infty$ 和 $x \to -\infty$ 时,函数 $f(x)$ 以 A 为极限的定义. 只要将定义 1 中的 $|x| > X$ 分别改为 $x > X$ 与 $x < -X$ 即可.

定义 2　若 $\forall \varepsilon > 0, \exists X > 0$,当 $x > X$ 时,都有不等式 $|f(x) - A| < \varepsilon$ 成立,则称常数 A 为函数 $f(x)$ 当 $x \to +\infty$ 时的极限,记为

$$\lim_{x \to +\infty} f(x) = A.$$

若 $\forall \varepsilon > 0, \exists X > 0$,当 $x < -X$ 时,都有不等式 $|f(x) - A| < \varepsilon$ 成立,则称常数 A 为函数 $f(x)$ 当 $x \to -\infty$ 时的极限,记为

$$\lim_{x \to -\infty} f(x) = A.$$

极限 $\lim\limits_{x \to +\infty} f(x) = A$ 与 $\lim\limits_{x \to -\infty} f(x) = A$ 称为单侧极限.

由定义 1、定义 2 及绝对值性质可得下面的定理.

定理 1　$\lim\limits_{x \to \infty} f(x) = A$ 的充分必要条件是

$$\lim_{x \to +\infty} f(x) = \lim_{x \to -\infty} f(x) = A.$$

例 3 ▶　考察下列极限是否存在:

(1) $\lim\limits_{x \to \infty} \arctan x$;　　　　(2) $\lim\limits_{x \to \infty} \dfrac{1}{x}$.

解　(1) 因为 $\lim\limits_{x \to +\infty} \arctan x = \dfrac{\pi}{2}, \lim\limits_{x \to -\infty} \arctan x = -\dfrac{\pi}{2}$,所以由定理 1 知 $\lim\limits_{x \to \infty} \arctan x$ 不存在(见图 2 - 4).

(2) 因为 $\lim\limits_{x \to -\infty} \dfrac{1}{x} = 0, \lim\limits_{x \to +\infty} \dfrac{1}{x} = 0$,所以 $\lim\limits_{x \to \infty} \dfrac{1}{x} = 0$(见图 2 - 5).

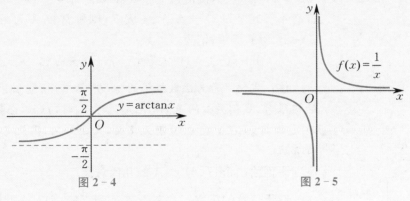

图 2 - 4　　　　　　　　　　　　图 2 - 5

2.2.2　自变量趋于有限值时函数的极限

现讨论当 $x \to x_0$ 时函数 $f(x)$ 的极限问题. 考察当 $x \to 1$ 时,函数 $f(x) = \dfrac{2x^2 - 2}{x - 1}$ 的变化趋势. 注意到当 $x \neq 1$ 时,函数 $f(x) =$

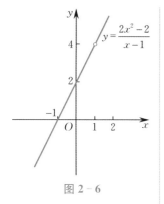

图 2-6

$\dfrac{2x^2-2}{x-1}=2(x+1)$，所以当 $x\to 1$ 时，$f(x)$ 的值无限接近于常数 4(见图 2-6).称常数 4 为函数 $f(x)=\dfrac{2x^2-2}{x-1}$ 当 $x\to 1$ 时的极限.

由此可见，当 x 无限接近于 x_0 时，函数值 $f(x)$ 无限接近于 A，它与 $x\to\infty$ 时函数的极限类似，只是 x 的趋向不同，因此只需对 x 无限接近于 x_0 作出确切的描述即可.

对上面的例子再进一步地分析.要能使 $|f(x)-4|$ 任意小，精确地说，对于任意给定的正数 ε，要使

$$|f(x)-4|=\left|\dfrac{2x^2-2}{x-1}-4\right|=2\,|x-1|<\varepsilon,$$

只要取 $\delta=\dfrac{\varepsilon}{2}$. 于是，对于满足不等式 $0<|x-1|<\delta$ 的一切 x，总有不等式 $|f(x)-4|<\varepsilon$ 成立.

例如，对于 $\varepsilon=0.02$，存在 $\delta=\dfrac{\varepsilon}{2}=0.01$，当 $0<|x-1|<\delta$ 时，能使 $\left|\dfrac{2x^2-2}{x-1}-4\right|<0.02$ 成立. 对于正数 $\varepsilon=0.002$，存在 $\delta=\dfrac{\varepsilon}{2}=0.001$，当 $0<|x-1|<\delta$ 时，能使 $\left|\dfrac{2x^2-2}{x-1}-4\right|<0.002$ 成立. 这就是当 $x\to 1$ 时，函数 $f(x)=\dfrac{2x^2-2}{x-1}$ 的极限为 4 的确切含义.

定义 3　　设函数 $f(x)$ 在点 x_0 的某一去心邻域内有定义. 若 $\forall\varepsilon>0$，$\exists\delta>0$，使得当 $x\in\mathring{U}(x_0,\delta)$(即 $0<|x-x_0|<\delta$) 时，都有不等式 $|f(x)-A|<\varepsilon$ 成立，则称常数 A 为函数 $f(x)$ 当 $x\to x_0$ 时的极限，记为

$$\lim_{x\to x_0}f(x)=A\quad\text{或者}\quad f(x)\to A\ (x\to x_0).$$

注　　定义 3 称为函数极限的"ε-δ"语言.研究 $f(x)$ 当 $x\to x_0$ 的极限时，我们关心的是 x 无限趋近于 x_0 时，$f(x)$ 的变化趋势，而不关心 $f(x)$ 在 $x=x_0$ 处有无定义，大小如何，因此定义中使用去心邻域.

下面给出 $\lim\limits_{x\to x_0}f(x)=A$ 的几何意义.

对于任意的正数 ε，存在正数 δ，当点 $(x,f(x))$ 的横坐标 x 落入 x_0 的去心邻域 $(x_0-\delta,x_0)\bigcup(x_0,x_0+\delta)$ 之内时，纵坐标 $f(x)$ 的值必定落入区间 $(A-\varepsilon,A+\varepsilon)$ 之内，此时，曲线 $y=f(x)$ 必然介于两条平行直线 $y=A-\varepsilon$ 与 $y=A+\varepsilon$ 之间(见图 2-7).

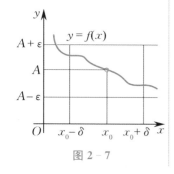

图 2-7

例 4▶　　证明：$\lim\limits_{x\to 3}(2x+1)=7$.

证　　对于任给的正数 ε，要使 $|f(x)-A|=|(2x+1)-7|=2|x-3|<\varepsilon$，只要

$|x-3|<\dfrac{\varepsilon}{2}$.

所以，$\forall \varepsilon>0$，$\exists \delta=\dfrac{\varepsilon}{2}$，当 $0<|x-3|<\delta$ 时，都有不等式 $|(2x+1)-7|<\varepsilon$ 成立. 故

$$\lim_{x\to 3}(2x+1)=7.$$

例 5 ▶　证明：$\lim\limits_{x\to 1}\dfrac{x^2-1}{x-1}=2$.

证　函数 $f(x)=\dfrac{x^2-1}{x-1}$ 在 $x=1$ 处无定义.

$\forall \varepsilon>0$，要找 $\delta>0$，使得当 $0<|x-1|<\delta$ 时，有 $\left|\dfrac{x^2-1}{x-1}-2\right|=|x-1|<\varepsilon$. 因此，

$\forall \varepsilon>0$，$\exists \delta=\varepsilon$，当 $0<|x-1|<\delta$ 时，$\left|\dfrac{x^2-1}{x-1}-2\right|<\varepsilon$ 成立，故

$$\lim_{x\to 1}\dfrac{x^2-1}{x-1}=2.$$

在定义 3 中，$x\to x_0$ 是指 x 从 x_0 的两侧趋向于 x_0. 有些实际问题只需要考虑 x 从 x_0 的一侧趋向于 x_0 时，函数 $f(x)$ 的变化趋势，因此引入下面的函数左右极限的概念.

定义 4　当 x 从 x_0 的左侧趋于 x_0（记为 $x\to x_0^-$）时，对应的函数值 $f(x)$ 无限接近于一个常数 A，则称常数 A 为函数 $f(x)$ 当 $x\to x_0$ 时的**左极限**，记为

$$\lim_{x\to x_0^-}f(x)=A \quad 或者 \quad f(x_0-0)=A.$$

当 x 从 x_0 的右侧趋于 x_0（记为 $x\to x_0^+$）时，对应的函数值 $f(x)$ 无限接近于一个常数 A，则称常数 A 为函数 $f(x)$ 当 $x\to x_0$ 时的**右极限**，记为

$$\lim_{x\to x_0^+}f(x)=A \quad 或者 \quad f(x_0+0)=A.$$

注　定义 4 采用的是描述性定义，读者可试用"ε-δ"语言加以表述.

定理 2　$\lim\limits_{x\to x_0}f(x)=A$ 的充分必要条件是

$$\lim_{x\to x_0^-}f(x)=\lim_{x\to x_0^+}f(x)=A.$$

例 6 ▶　设函数 $f(x)=\begin{cases} x, & x\geqslant 0, \\ -x+1, & x<0, \end{cases}$ 讨论

当 $x\to 0$ 时，$f(x)$ 的极限是否存在.

解　$x=0$ 是函数定义域中两个区间的分界点，且
$$\lim_{x\to 0^-}f(x)=\lim_{x\to 0^-}(-x+1)=1, \quad \lim_{x\to 0^+}f(x)=\lim_{x\to 0^+}x=0,$$
即有

$$\lim_{x\to 0^-}f(x)\neq \lim_{x\to 0^+}f(x),$$

所以 $\lim\limits_{x\to 0}f(x)$ 不存在（见图 2-8）.

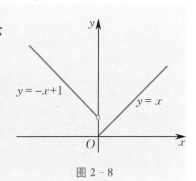

图 2-8

2.2.3　函数极限的性质

与数列极限性质类似,函数极限也具有相似的性质,且其证明过程与数列极限相应定理的证明过程相似,有兴趣的读者可自行完成各定理的证明. 为了叙述方便,今后使用的极限符号"lim"未标明自变量的变化过程,它表示对任何一种极限过程. 函数的极限具有如下几个性质.

定理 3(唯一性)　若极限 $\lim f(x)$ 存在,则其极限是唯一的.

定义 5　在 $x \to x_0$(或 $x \to \infty$)的过程中,若 $\exists M > 0$,使得当 $x \in \mathring{U}(x_0)$(或 $|x| > X$)时,有

$$|f(x)| \leqslant M,$$

则称 $f(x)$ 是 $x \to x_0$(或 $x \to \infty$)时的有界变量.

定理 4　若 $\lim f(x)$ 存在,则 $f(x)$ 是该极限过程中的有界变量.

证　仅就 $x \to x_0$ 的情形证明,其他情形类似可证.

若 $\lim\limits_{x \to x_0} f(x) = A$,由极限定义,对 $\varepsilon = 1$,$\exists \delta > 0$,当 $x \in \mathring{U}(x_0, \delta)$ 时,有 $|f(x) - A| < 1$,则 $|f(x)| < 1 + |A|$. 取 $M = 1 + |A|$,由定义 5 可知,当 $x \to x_0$ 时,$f(x)$ 有界.

注　定理 4 的逆命题不成立. 例如,$\sin x$ 是有界变量,但 $\lim\limits_{x \to \infty} \sin x$ 不存在.

定理 5(保号性)　若 $\lim\limits_{x \to x_0} f(x) = A$,且 $A > 0$(或 $A < 0$),则存在 x_0 的某一去心邻域,当 x 属于该邻域内时,有 $f(x) > 0$(或 $f(x) < 0$).

若 $\lim f(x) = A$,$A > 0$(或 $A < 0$),则 $\exists X > 0$,当 $|x| > X$ 时,有 $f(x) > 0$(或 $f(x) < 0$).

证　仅就 $x \to x_0$ 的情形证明,其他情形类似可证.

设 $A > 0$,因为 $\lim\limits_{x \to x_0} f(x) = A$,所以对于正数 $\varepsilon = \dfrac{A}{2}$,总存在正数 δ,当 $0 < |x - x_0| < \delta$ 时,有不等式 $|f(x) - A| < \varepsilon$ 成立,即

$$A - \varepsilon < f(x) < A + \varepsilon.$$

因为 $A - \varepsilon = \dfrac{A}{2} > 0$,所以 $f(x) > 0$.

同理可证 $A < 0$ 的情形.

推论　在某极限过程中,若 $f(x) \geqslant 0$(或 $f(x) \leqslant 0$),且 $\lim f(x) = A$,则 $A \geqslant 0$(或 $A \leqslant 0$).

证　用反证法. 仅就 $x \to x_0$ 的情形证明,其他情形类似可证.

设 $f(x) \geqslant 0$,假设定理的结论不成立,即 $A < 0$.因为 $\lim\limits_{x \to x_0} f(x) = A$,由定理 5 知,存在 x_0 的某一去心邻域,对该邻域内的任一 x,都有 $f(x) < 0$,这与 $f(x) \geqslant 0$ 的假设矛盾.所以 $A \geqslant 0$.

同理可证,当 $f(x) \leqslant 0$ 时,也有 $A \leqslant 0$.

为方便读者,将极限的精确定义汇总为以下的对照表(见表 $2-1$).

表 $2-1$

记号	对于任给的	总存在	使得对于一切	不等式总成立	结论
$\lim\limits_{n \to \infty} x_n = A$	$\varepsilon > 0$	正整数 N	$n > N$	$\lvert x_n - A \rvert < \varepsilon$	数列 x_n 以 A 为极限
$\lim\limits_{x \to x_0} f(x) = A$	$\varepsilon > 0$	正数 δ	$0 < \lvert x - x_0 \rvert < \delta$	$\lvert f(x) - A \rvert < \varepsilon$	当 $x \to x_0$ 时,$f(x)$ 以 A 为极限
$\lim\limits_{x \to x_0^-} f(x) = A$	$\varepsilon > 0$	正数 δ	$x_0 - \delta < x < x_0$	$\lvert f(x) - A \rvert < \varepsilon$	当 $x \to x_0^-$ 时,$f(x)$ 以 A 为极限
$\lim\limits_{x \to x_0^+} f(x) = A$	$\varepsilon > 0$	正数 δ	$x_0 < x < x_0 + \delta$	$\lvert f(x) - A \rvert < \varepsilon$	当 $x \to x_0^+$ 时,$f(x)$ 以 A 为极限
$\lim\limits_{x \to \infty} f(x) = A$	$\varepsilon > 0$	正数 X	$\lvert x \rvert > X$	$\lvert f(x) - A \rvert < \varepsilon$	当 $x \to \infty$ 时,$f(x)$ 以 A 为极限

习题 $2-2$

1. 利用函数图形,观察变化趋势,写出下列极限:

(1) $\lim\limits_{x \to \infty} \dfrac{1}{x^2}$;

(2) $\lim\limits_{x \to -\infty} \mathrm{e}^x$;

(3) $\lim\limits_{x \to +\infty} \mathrm{e}^{-x}$;

(4) $\lim\limits_{x \to +\infty} \mathrm{arccot} x$;

(5) $\lim\limits_{x \to 1} 2$;

(6) $\lim\limits_{x \to -2} (x^2 + 1)$;

(7) $\lim\limits_{x \to 1} (\ln x + 1)$;

(8) $\lim\limits_{x \to \pi} (\cos x - 1)$.

2. 函数 $f(x)$ 在点 x_0 处有定义,是当 $x \to x_0$ 时 $f(x)$ 有极限的_____.

A 必要条件　　　　　　　　　　　B 充分条件

C 充分必要条件　　　　　　　　　D 无关条件

3. $f(x_0 - 0)$ 与 $f(x_0 + 0)$ 都存在是函数 $f(x)$ 在点 x_0 处有极限的_____.

A 必要条件　　　　　　　　　　　B 充分条件

C 充分必要条件　　　　　　　　　D 无关条件

4. 设 $f(x) = \begin{cases} x^2 + 1, & x < 0, \\ x, & x \geqslant 0. \end{cases}$

(1) 作出 $f(x)$ 的图形;

(2) 求 $\lim\limits_{x \to 0^+} f(x)$ 与 $\lim\limits_{x \to 0^-} f(x)$;

(3) 判别 $\lim\limits_{x \to 0} f(x)$ 是否存在.

5. 设 $f(x) = \dfrac{x}{x}$,$\varphi(x) = \dfrac{\lvert x \rvert}{x}$,当 $x \to 0$ 时,分别求 $f(x)$ 与 $\varphi(x)$ 的左、右极限,并判断 $\lim\limits_{x \to 0} f(x)$ 与 $\lim\limits_{x \to 0} \varphi(x)$ 是否存在.

*6. 用极限的精确定义证明下列极限:

(1) $\lim\limits_{x \to \infty} \dfrac{1-x}{x+1} = -1$;

(2) $\lim\limits_{x \to -1} \dfrac{x^2-1}{x+1} = -2$;

(3) $\lim\limits_{x \to 0} x \sin \dfrac{1}{x} = 0$.

§2.3　无穷小与无穷大

为了进一步研究极限方法,需要先研究两个特殊变量 —— 无穷小与无穷大.

2.3.1　无穷小

对于无穷小的认识,可以远溯到古希腊,那时,**阿基米德**(Archimedes) 就曾用无限小量方法得到许多重要的数学结果,但他认为无限小量方法存在着不合理的地方. 直到 1821 年,法国数学家柯西(Cauchy) 在他的《分析教程》中才对无限小(即这里所说的无穷小) 这一概念给出了明确的回答. 而有关无穷小的理论就是在柯西的理论基础上发展起来的.

定义 1　若 $\lim \alpha(x) = 0$,则称 $\alpha(x)$ 为该极限过程中的一个无穷小量,简称无穷小.

例如,$\lim\limits_{x \to 0} \sin x = 0$,所以当 $x \to 0$ 时,函数 $\sin x$ 是无穷小.

又如,$\lim\limits_{x \to \infty} \dfrac{1}{x} = 0$,所以当 $x \to \infty$ 时,函数 $\dfrac{1}{x}$ 是无穷小.

注　简言之,无穷小是极限为 0 的量.无穷小是相对某极限过程而言,不能认为无穷小就是很小很小的量.

下面的定理说明了无穷小量与函数极限的关系.

定理 1　$\lim f(x) = A$ 的充分必要条件是
$$f(x) = A + \alpha(x),$$
其中 $\alpha(x)$ 为该极限过程中的无穷小量.

证　仅对 $x \to x_0$ 的情形证明,其他极限过程可仿此进行.

必要性　设 $\lim\limits_{x \to x_0} f(x) = A$,记 $\alpha(x) = f(x) - A$,则 $\forall \varepsilon > 0$,$\exists \delta > 0$,当 $x \in \mathring{U}(x_0, \delta)$ 时,有
$$|f(x) - A| < \varepsilon, \quad \text{即} \quad |\alpha(x) - 0| < \varepsilon.$$
由极限定义可知,$\lim\limits_{x \to x_0} \alpha(x) = 0$,即 $\alpha(x)$ 是 $x \to x_0$ 时的无穷小量,且
$$f(x) = A + \alpha(x).$$

充分性　若当 $x \to x_0$ 时,$\alpha(x)$ 是无穷小量,则 $\forall \varepsilon > 0,\exists \delta > 0$,当 $x \in \mathring{U}(x_0,\delta)$ 时,有

$$|\alpha(x) - 0| < \varepsilon, \quad \text{即} \quad |f(x) - A| < \varepsilon.$$

由极限定义可知,$\lim\limits_{x \to x_0} f(x) = A$.

例如,在 §2.2 中讲过 $\lim\limits_{x \to \infty} \dfrac{2x+3}{x} = 2$,可以看到 $\alpha(x) = \dfrac{3}{x}$ 使

$\dfrac{2x+3}{x} = 2 + \dfrac{3}{x}$,而且 $\dfrac{3}{x}$ 为当 $x \to \infty$ 时的无穷小.

在 §2.2 的例 5 中,证明了 $\lim\limits_{x \to 1} \dfrac{x^2-1}{x-1} = 2$.现从无穷小量与函数极限的关系来看,$x \to 1$ 时,$\alpha(x) = \dfrac{(x-1)^2}{x-1}$ 是无穷小,且

$$f(x) = \frac{x^2-1}{x-1} = 2 + \frac{(x-1)^2}{x-1} = 2 + \alpha(x).$$

2.3.2　无穷小的性质

性质 1　有限个无穷小的代数和仍为无穷小.

证　只证两个无穷小的和的情形即可.设 $\alpha(x)$ 及 $\beta(x)$ 都是 $x \to x_0$ 时的无穷小,即

$$\lim_{x \to x_0} \alpha(x) = 0, \quad \lim_{x \to x_0} \beta(x) = 0,$$

则 $\forall \varepsilon > 0,\exists \delta_1 > 0$,当 $0 < |x - x_0| < \delta_1$ 时,$|\alpha(x)| < \dfrac{\varepsilon}{2}$;

$\exists \delta_2 > 0$,当 $0 < |x - x_0| < \delta_2$ 时,$|\beta(x)| < \dfrac{\varepsilon}{2}$.

取 $\delta = \min\{\delta_1,\delta_2\}$,于是当 $0 < |x - x_0| < \delta$ 时,有

$$|\alpha(x) + \beta(x)| \leqslant |\alpha(x)| + |\beta(x)| < \frac{\varepsilon}{2} + \frac{\varepsilon}{2} = \varepsilon,$$

故当 $x \to x_0$ 时,$\alpha(x) + \beta(x)$ 是一无穷小.

性质 2　有界变量与无穷小的乘积是一个无穷小.

证　只证 $x \to \infty$ 时的情形,其他情形证法类似.

设 $f(x)$ 为 $x \to \infty$ 时的有界量,则 $\exists M > 0$,当 $|x| > x_1 > 0$ 时,$|f(x)| < M$.又因 $\lim\limits_{x \to \infty} \alpha(x) = 0$,则 $\forall \varepsilon > 0$,对 $\dfrac{\varepsilon}{M}$ 来说,

$\exists x_2 > 0$,当 $|x| > x_2$ 时,$|\alpha(x)| < \dfrac{\varepsilon}{M}$,取 $X = \max\{x_1,x_2\}$,则当 $|x| > X$ 时,有

$$|f(x) \cdot \alpha(x)| = |f(x)| \cdot |\alpha(x)| < \frac{\varepsilon}{M} \cdot M = \varepsilon.$$

这就证明了当 $x \to \infty$ 时,$f(x) \cdot \alpha(x)$ 是无穷小量.

例 1 ▶ 求 $\lim\limits_{x\to\infty}\dfrac{1}{x}\sin x$.

解 因为 $\forall x\in(-\infty,+\infty)$，$|\sin x|\leqslant 1$，且 $\lim\limits_{x\to\infty}\dfrac{1}{x}=0$，故得

$$\lim_{x\to\infty}\frac{1}{x}\sin x=0.$$

由性质 2 可以推出下面的结论.

推论 1 常数与无穷小的乘积为无穷小.

推论 2 有限个无穷小的乘积为无穷小.

2.3.3 无穷大

在 $\lim f(x)$ 不存在的各种情形下,有一种情形较有规律,即在某极限过程中,$|f(x)|$ 无限增大. 例如,函数 $f(x)=\dfrac{1}{x-1}$,当 $x\to 1$ 时,$|f(x)|=\left|\dfrac{1}{x-1}\right|$ 无限增大(见图 2-9),确切地说,$\forall M>0$(无论它多么大),总 $\exists\delta>0$,当 $x\in\mathring{U}(1,\delta)$ 时,$|f(x)|>M$,这就是下面要介绍的无穷大量.

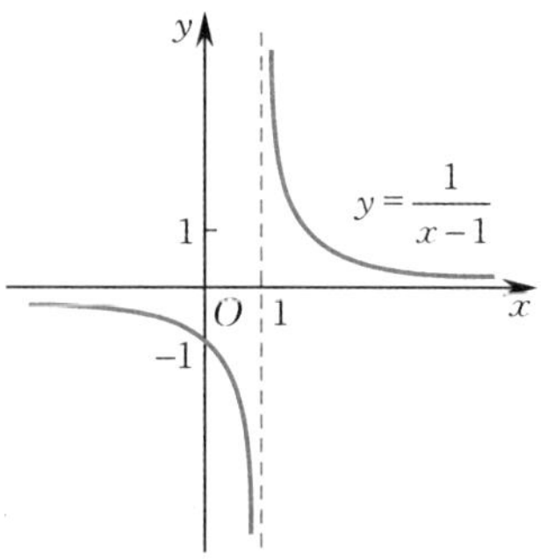

图 2-9

定义 2 如果在某极限过程中,$|f(x)|$ 无限地增大,则称函数 $f(x)$ 为该极限过程的**无穷大量**,简称**无穷大**.

无穷大包括正无穷大和负无穷大. 分别将某极限过程中的无穷大、正无穷大、负无穷大记为

$$\lim f(x)=\infty,\quad \lim f(x)=+\infty,\quad \lim f(x)=-\infty.$$

注 无穷大是一个变量,这里借用 $\lim f(x)=\infty$ 表示 $f(x)$ 是一个无穷大,并不意味着 $f(x)$ 的极限存在.恰恰相反,$\lim f(x)=\infty$ 意味着 $f(x)$ 的极限不存在.

例 2 ▶ $\lim\limits_{x\to+\infty}e^x=+\infty$,即当 $x\to+\infty$ 时,e^x 是正无穷大;

$\lim\limits_{x\to 0^+}\ln x=-\infty$,即当 $x\to 0^+$ 时,$\ln x$ 是负无穷大;

$\lim\limits_{x\to\frac{\pi}{2}^-}\tan x=+\infty,\quad \lim\limits_{x\to\frac{\pi}{2}^+}\tan x=-\infty.$

注 称一个函数为无穷大量时,必须明确地指出自变量的变化趋势.对于一个函数,一般来说,自变量趋向不同会导致函数值的趋向不同.例如,函数 $y=\tan x$,当 $x\to\dfrac{\pi}{2}$ 时,它是一个无穷大量,而当 $x\to 0$ 时,它趋于零.

由无穷大的定义可知,在某一极限过程中的无穷大量必是无

界变量,但其逆命题不成立.例如,当 $n \to \infty$ 时,$x_n = [1+(-1)^n]^n$ 是无界变量,但它不是无穷大量.

在同一极限过程中,无穷小与无穷大之间有如下关系.

定理 2　在某极限过程中,若 $f(x)$ 为无穷大量,则 $\dfrac{1}{f(x)}$ 为无穷小量;反之,若 $f(x)$ 为无穷小量,且 $f(x) \neq 0$,则 $\dfrac{1}{f(x)}$ 为无穷大量.

证　仅对 $x \to x_0$ 的情形证明,其他情形仿此可证.

设 $\lim\limits_{x \to x_0} f(x) = \infty$,则 $\forall \varepsilon > 0$,令 $M = \dfrac{1}{\varepsilon}$,则 $\exists \delta > 0$,当 $x \in \mathring{U}(x_0, \delta)$ 时,$|f(x)| > M = \dfrac{1}{\varepsilon}$,即 $\left| \dfrac{1}{f(x)} \right| < \varepsilon$,故 $\dfrac{1}{f(x)}$ 为 $x \to x_0$ 时的无穷小量.

反之,若 $\lim\limits_{x \to x_0} f(x) = 0$,且 $f(x) \neq 0$,则 $\forall M > 0$,令 $\varepsilon = \dfrac{1}{M}$,则 $\exists \delta > 0$,当 $x \in \mathring{U}(x_0, \delta)$ 时,$|f(x)| < \varepsilon = \dfrac{1}{M}$,即 $\left| \dfrac{1}{f(x)} \right| > M$,故 $\dfrac{1}{f(x)}$ 为 $x \to x_0$ 时的无穷大量.

定理 2 表明,无穷小与无穷大类似于倒数关系.

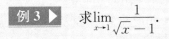 求 $\lim\limits_{x \to 1} \dfrac{1}{\sqrt{x}-1}$.

解　因为 $\lim\limits_{x \to 1} (\sqrt{x}-1) = 0$,所以

$$\lim_{x \to 1} \frac{1}{\sqrt{x}-1} = \infty.$$

习题 2-3

1. 下列函数在什么情况下为无穷小?在什么情况下为无穷大?

(1) $\dfrac{x+2}{x-1}$;　　　　(2) $\ln x$;　　　　(3) $\dfrac{x+1}{x^2}$.

2. 求下列函数的极限:

(1) $\lim\limits_{x \to 0} x^2 \sin \dfrac{1}{x}$;　　　(2) $\lim\limits_{x \to \infty} \dfrac{\arctan x}{x}$;　　　(3) $\lim\limits_{n \to \infty} \dfrac{\cos n^2}{n}$.

§2.4 极限的运算法则

利用无穷小量的性质及无穷小量与函数极限的关系,可得极限运算法则,本节主要介绍极限的四则运算法则和复合函数的极限运算法则.

2.4.1 极限的四则运算法则

定理 1 若 $\lim f(x) = A, \lim g(x) = B$, 则

(1) $\lim[f(x) \pm g(x)] = A \pm B = \lim f(x) \pm \lim g(x)$;

(2) $\lim[f(x) \cdot g(x)] = A \cdot B = \lim f(x) \cdot \lim g(x)$;

(3) $\lim \dfrac{f(x)}{g(x)} = \dfrac{A}{B} = \dfrac{\lim f(x)}{\lim g(x)}$ $(B \neq 0)$.

证 仅证(2),将(1)和(3)留给读者证明.

因为 $\lim f(x) = A, \lim g(x) = B$, 所以
$$f(x) = A + \alpha(x), \quad g(x) = B + \beta(x),$$
其中 $\lim \alpha(x) = 0, \lim \beta(x) = 0$, 于是
$$f(x) \cdot g(x) = [A + \alpha(x)][B + \beta(x)]$$
$$= A \cdot B + A \cdot \beta(x) + B \cdot \alpha(x) + \alpha(x) \cdot \beta(x).$$

由 §2.3 无穷小的性质及其推论可得
$$\lim[B \cdot \alpha(x)] = 0, \ \lim[A \cdot \beta(x)] = 0, \ \lim[\alpha(x) \cdot \beta(x)] = 0.$$
故由无穷小量与函数极限的关系定理可知
$$\lim[f(x) \cdot g(x)] = A \cdot B = \lim f(x) \cdot \lim g(x).$$

推论 1 若 $\lim f(x)$ 存在,C 为常数,则
$$\lim[Cf(x)] = C \lim f(x).$$

这就是说,求极限时,常数因子可提到极限符号外面,因为
$$\lim C = C.$$

推论 2 若 $\lim f(x)$ 存在,n 为正整数,则
$$\lim[f(x)]^n = [\lim f(x)]^n.$$

例 1 ▶ 求 $\lim\limits_{x \to 2}(2x^3 - x^2 + 3)$.

解 $\lim\limits_{x \to 2}(2x^3 - x^2 + 3) = \lim\limits_{x \to 2} 2x^3 - \lim\limits_{x \to 2} x^2 + \lim\limits_{x \to 2} 3 = 2 \left(\lim\limits_{x \to 2} x\right)^3 - \left(\lim\limits_{x \to 2} x\right)^2 + 3$
$$= 2 \times 2^3 - 2^2 + 3 = 15.$$

一般地,设多项式为

$$P(x) = a_n x^n + a_{n-1} x^{n-1} + \cdots + a_1 x + a_0,$$

则有

$$\lim_{x \to x_0} P(x) = a_n x_0^n + a_{n-1} x_0^{n-1} + \cdots + a_1 x_0 + a_0,$$

即

$$\lim_{x \to x_0} P(x) = P(x_0).$$

例 2 ▶　求 $\lim\limits_{x \to 2} \dfrac{2x+1}{x^2-3}$.

解　因为分母的极限不等于 0,所以由运算法则(3) 有

$$\lim_{x \to 2} \frac{2x+1}{x^2-3} = \frac{\lim\limits_{x \to 2}(2x+1)}{\lim\limits_{x \to 2}(x^2-3)} = \frac{5}{1} = 5.$$

例 3 ▶　求 $\lim\limits_{x \to 2} \dfrac{x+2}{x^2-4}$.

解　因为分母的极限为 0,所以不能用商的极限运算法则(3),但是 $\lim\limits_{x \to 2}(x+2) = 4 \neq 0$,因此可先求出

$$\lim_{x \to 2} \frac{x^2-4}{x+2} = \frac{\lim\limits_{x \to 2}(x^2-4)}{\lim\limits_{x \to 2}(x+2)} = \frac{0}{4} = 0,$$

再由无穷小与无穷大的关系,得到

$$\lim_{x \to 2} \frac{x+2}{x^2-4} = \infty.$$

例 4 ▶　求 $\lim\limits_{x \to 2} \dfrac{x-2}{x^2-4}$.

解　当 $x \to 2$ 时,由于分子、分母的极限均为零,这种情形称为 "$\dfrac{0}{0}$" 型,对此情形不能直接运用极限运算法则,通常应设法去掉分母中的"零因子".

$$\frac{x-2}{x^2-4} = \frac{x-2}{(x-2)(x+2)} = \frac{1}{x+2} \quad (x \neq 2),$$

所以

$$\lim_{x \to 2} \frac{x-2}{x^2-4} = \lim_{x \to 2} \frac{1}{x+2} = \frac{1}{4}.$$

例 5 ▶　求 $\lim\limits_{x \to 2} \dfrac{\sqrt{x+7}-3}{x-2}$.

解　此极限仍属于 "$\dfrac{0}{0}$" 型,可采用二次根式有理化的办法去掉分母中的"零因子".

$$\lim_{x \to 2} \frac{\sqrt{x+7}-3}{x-2} = \lim_{x \to 2} \frac{(\sqrt{x+7}-3)(\sqrt{x+7}+3)}{(x-2)(\sqrt{x+7}+3)}$$

$$= \lim_{x \to 2} \frac{x-2}{(x-2)(\sqrt{x+7}+3)}$$

$$= \lim_{x \to 2} \frac{1}{\sqrt{x+7}+3} = \frac{1}{6}.$$

例 6 ▶ 求 $\lim\limits_{x\to\infty}\dfrac{3x^2+x+2}{2x^2-x+3}$.

解 当 $x\to\infty$ 时,其分子、分母均为无穷大,这种情形称为"$\dfrac{\infty}{\infty}$"型.对此情形不能运用商的极限运算法则,通常应设法将其变形.

$$\lim_{x\to\infty}\frac{3x^2+x+2}{2x^2-x+3}=\lim_{x\to\infty}\frac{3+\frac{1}{x}+\frac{2}{x^2}}{2-\frac{1}{x}+\frac{3}{x^2}}=\frac{\lim\limits_{x\to\infty}\left(3+\frac{1}{x}+\frac{2}{x^2}\right)}{\lim\limits_{x\to\infty}\left(2-\frac{1}{x}+\frac{3}{x^2}\right)}=\frac{3}{2}.$$

例 7 ▶ 求 $\lim\limits_{x\to\infty}\dfrac{x+4}{x^2-9}$.

解 当 $x\to\infty$ 时,分子、分母均趋于 ∞,可把分子、分母同除以分母中自变量的最高次幂,即得

$$\lim_{x\to\infty}\frac{x+4}{x^2-9}=\lim_{x\to\infty}\frac{\frac{1}{x}+\frac{4}{x^2}}{1-\frac{9}{x^2}}=0.$$

一般地,设 $a_0\neq0,b_0\neq0,m,n$ 为正整数,则

$$\lim_{x\to\infty}\frac{a_0x^n+a_1x^{n-1}+\cdots+a_n}{b_0x^m+b_1x^{m-1}+\cdots+b_m}=\begin{cases}\dfrac{a_0}{b_0},&m=n,\\0,&m>n,\\\infty,&m<n.\end{cases}$$

例 8 ▶ 求 $\lim\limits_{x\to1}\left(\dfrac{1}{1-x}-\dfrac{3}{1-x^3}\right)$.

解 当 $x\to1$ 时,上式的两项均为无穷大,所以不能用差的极限运算法则,但是可以先通分,再求极限.

$$\lim_{x\to1}\left(\frac{1}{1-x}-\frac{3}{1-x^3}\right)=\lim_{x\to1}\frac{1+x+x^2-3}{1-x^3}=\lim_{x\to1}\frac{(x-1)(x+2)}{(1-x)(1+x+x^2)}$$
$$=\lim_{x\to1}\frac{-(x+2)}{1+x+x^2}=-1.$$

例 9 ▶ 求 $\lim\limits_{n\to\infty}\left(\dfrac{1}{n^2}+\dfrac{2}{n^2}+\cdots+\dfrac{n}{n^2}\right)$.

解 因为有无穷多项,所以不能用和的极限运算法则,但可以经过变形再求出极限.

$$\lim_{n\to\infty}\left(\frac{1}{n^2}+\frac{2}{n^2}+\cdots+\frac{n}{n^2}\right)=\lim_{n\to\infty}\frac{1+2+\cdots+n}{n^2}=\lim_{n\to\infty}\frac{\frac{1}{2}n(n+1)}{n^2}$$
$$=\frac{1}{2}\lim_{n\to\infty}\left(1+\frac{1}{n}\right)=\frac{1}{2}.$$

2.4.2　复合函数的极限

定理 2　设函数 $y=f(\varphi(x))$ 是由 $y=f(u)$，$u=\varphi(x)$ 复合而成，如果 $\lim\limits_{x\to x_0}\varphi(x)=u_0$，且在 x_0 的一个去心邻域内，$\varphi(x)\neq u_0$，又 $\lim\limits_{u\to u_0}f(u)=A$，则

$$\lim_{x\to x_0}f(\varphi(x))=A.$$

该定理可运用函数极限的定义直接推出，故略去证明.

定理 2 表明，在一定条件下，可运用换元法计算极限.

例 10　求 $\lim\limits_{x\to 0}e^{\sin x}$.

解　因为 $\lim\limits_{x\to 0}\sin x=0$，$\lim\limits_{u\to 0}e^u=1$，所以

$$\lim_{x\to 0}e^{\sin x}=1.$$

例 11　求 $\lim\limits_{x\to 1}\sin(\ln x)$.

解　因为 $\lim\limits_{x\to 1}\ln x=0$，$\lim\limits_{u\to 0}\sin u=0$，所以

$$\lim_{x\to 1}\sin(\ln x)=0.$$

例 12　求 $\lim\limits_{x\to 8}\dfrac{\sqrt[3]{x}-2}{x-8}$.

解　令 $u=\sqrt[3]{x}$，因为 $x\to 8$ 时，$u\to 2$，所以

$$\lim_{x\to 8}\frac{\sqrt[3]{x}-2}{x-8}=\lim_{u\to 2}\frac{u-2}{u^3-8}=\lim_{u\to 2}\frac{u-2}{(u-2)(u^2+2u+4)}$$
$$=\lim_{u\to 2}\frac{1}{u^2+2u+4}=\frac{1}{12}.$$

习题 2-4

1. 下列运算正确吗？为什么？

(1) $\lim\limits_{x\to 0}\left(x\cos\dfrac{1}{x}\right)=\lim\limits_{x\to 0}x\cdot\lim\limits_{x\to 0}\cos\dfrac{1}{x}=0\cdot\lim\limits_{x\to 0}\cos\dfrac{1}{x}=0$；

(2) $\lim\limits_{x\to 1}\dfrac{x^2}{1-x}=\dfrac{\lim\limits_{x\to 1}x^2}{\lim\limits_{x\to 1}(1-x)}=\infty$.

2. 求下列极限：

(1) $\lim\limits_{x\to\infty}\dfrac{(3x-1)^{20}(2x+3)^{30}}{(7x+1)^{50}}$；

(2) $\lim\limits_{n\to\infty}\dfrac{2^{n+1}+3^{n+1}}{2^n+3^n}$；

(3) $\lim\limits_{h\to 0}\dfrac{(x+h)^3-x^3}{h}$；

(4) $\lim\limits_{x\to 1}\left(\dfrac{1}{x-1}-\dfrac{2}{x^2-1}\right)$；

(5) $\lim\limits_{x\to\infty}\left(\dfrac{x^3}{2x^2-1}-\dfrac{x^2}{2x+1}\right)$；

(6) $\lim\limits_{x\to\infty}\dfrac{(x^2-x)\operatorname{arccot}x}{x^3-x-5}$

(7) $\lim\limits_{n\to\infty}\dfrac{1+\dfrac{1}{3}+\dfrac{1}{9}+\cdots+\dfrac{1}{3^n}}{1+\dfrac{1}{2}+\dfrac{1}{4}+\cdots+\dfrac{1}{2^n}}$;

(8) $\lim\limits_{n\to\infty}\left(\dfrac{1+2+3+\cdots+n}{n+2}-\dfrac{n}{2}\right)$;

(9) $\lim\limits_{x\to1}\ln\left[\dfrac{x^2-1}{2(x-1)}\right]$.

3. 已知 $f(x)=\begin{cases}x-1, & x<0,\\ \dfrac{x^2+3x-1}{x^3+1}, & x\geqslant0,\end{cases}$ 求 $\lim\limits_{x\to0}f(x),\ \lim\limits_{x\to+\infty}f(x),\ \lim\limits_{x\to\infty}f(x).$

§2.5　极限存在准则与两个重要极限

有些函数的极限不能(或者难以)直接应用极限运算法则求得,往往需要先判定极限存在,然后再用其他方法求得.下面先介绍极限存在的两个准则,再学习两个应用广泛的重要极限和经济领域的连续复利.

2.5.1　极限存在准则

定理 1(夹逼定理)　如果对于 x_0 的某一去心邻域内的一切 x,都有 $g(x)\leqslant f(x)\leqslant h(x)$,且 $\lim\limits_{x\to x_0}g(x)=A,\lim\limits_{x\to x_0}h(x)=A$,则

$$\lim\limits_{x\to x_0}f(x)=A.$$

证　因为 $\lim\limits_{x\to x_0}g(x)=A,\lim\limits_{x\to x_0}h(x)=A$,所以对于任意给定的正数 ε,

$\exists\delta_1$,当 $0<|x-x_0|<\delta_1$ 时,有 $|g(x)-A|<\varepsilon$ 成立;

$\exists\delta_2$,当 $0<|x-x_0|<\delta_2$ 时,有 $|h(x)-A|<\varepsilon$ 成立.

取 $\delta=\min\{\delta_1,\delta_2\}$,则当 $0<|x-x_0|<\delta$ 时,同时有

$$|g(x)-A|<\varepsilon \text{ 和 } |h(x)-A|<\varepsilon$$

成立,即

$$A-\varepsilon<g(x)<A+\varepsilon \quad 且 \quad A-\varepsilon<h(x)<A+\varepsilon,$$

所以,当 $0<|x-x_0|<\delta$ 时,有

$$A-\varepsilon<g(x)\leqslant f(x)\leqslant h(x)<A+\varepsilon,$$

从而 $|f(x)-A|<\varepsilon$ 成立.故

$$\lim\limits_{x\to x_0}f(x)=A.$$

夹逼定理虽然只对 $x\to x_0$ 的情形作了叙述和证明,但是将 $x\to x_0$ 换成其他的极限过程,定理仍成立.

在 §2.1 中,已经知道收敛数列一定有界,但有界数列不一定

收敛,如果数列有界再加上单调增加或者单调减少的条件,就可以保证其收敛.

定理 2(收敛准则)　单调有界数列必有极限.

该准则的证明涉及较多的基础理论,在此略去证明.

例 1 ▶　证明数列 $\left\{\left(1+\dfrac{1}{n}\right)^n\right\}$ 收敛.

证　只需证明 $\left\{\left(1+\dfrac{1}{n}\right)^n\right\}$ 单调增加且有界. 当 $a>b>0$ 时,有

$$a^{n+1}-b^{n+1}=(a-b)(a^n+a^{n-1}b+\cdots+ab^{n-1}+b^n)$$
$$<(n+1)(a-b)a^n,$$

即

$$a^n[(n+1)b-na]<b^{n+1}.$$

取 $a=1+\dfrac{1}{n},b=1+\dfrac{1}{n+1}$ 代入上式,得

$$\left(1+\frac{1}{n}\right)^n<\left(1+\frac{1}{n+1}\right)^{n+1},$$

即数列 $\left\{\left(1+\dfrac{1}{n}\right)^n\right\}$ 是单调增加的.

取 $a=1+\dfrac{1}{2n},b=1$ 代入,则得 $\left(1+\dfrac{1}{2n}\right)^n<2$,从而

$$\left(1+\frac{1}{2n}\right)^{2n}<4,\ n=1,2,\cdots,$$

又由于

$$\left(1+\frac{1}{2n-1}\right)^{2n-1}<\left(1+\frac{1}{2n}\right)^{2n}<4,$$

因此 $\left(1+\dfrac{1}{n}\right)^n<4$ 对一切 $n=1,2,\cdots$ 都成立,即数列 $\left\{\left(1+\dfrac{1}{n}\right)^n\right\}$ 有界. 因此,由收敛准则可知 $\left\{\left(1+\dfrac{1}{n}\right)^n\right\}$ 收敛.

2.5.2　两个重要极限

利用上述极限存在准则,可得两个非常重要的极限.

1. $\lim\limits_{x\to 0}\dfrac{\sin x}{x}=1$

首先证明 $\lim\limits_{x\to 0^+}\dfrac{\sin x}{x}=1$. 因为 $x\to 0^+$,可设 $x\in\left(0,\dfrac{\pi}{2}\right)$. 如图 2-10 所示,其中,弧 EAB 为单位圆弧,且

$$OA=OB=1,\ \angle AOB=x,$$

则 $OC=\cos x,AC=\sin x,DB=\tan x$,又 $\triangle AOC$ 的面积 < 扇形 OAB 的面积 < $\triangle DOB$ 的面积,即

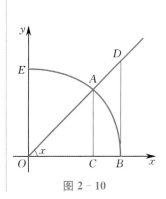

图 2-10

$$\cos x\sin x < x < \tan x.$$

因为 $x\in\left(0,\dfrac{\pi}{2}\right)$，则 $\cos x>0,\sin x>0$，所以上式可写为

$$\cos x < \frac{\sin x}{x} < \frac{1}{\cos x}.$$

由 $\lim\limits_{x\to 0}\cos x=1,\lim\limits_{x\to 0}\dfrac{1}{\cos x}=1$，运用夹逼定理得

$$\lim_{x\to 0^+}\frac{\sin x}{x}=1.$$

注意到 $\dfrac{\sin x}{x}$ 是偶函数，从而有

$$\lim_{x\to 0^-}\frac{\sin x}{x}=\lim_{x\to 0^-}\frac{\sin(-x)}{-x}=\lim_{u\to 0^+}\frac{\sin u}{u}=1.$$

综上所述，得

$$\lim_{x\to 0}\frac{\sin x}{x}=1. \tag{2-1}$$

动画视频

例 2 ▶ 求 $\lim\limits_{x\to 0}\dfrac{\tan x}{x}$.

解 $\lim\limits_{x\to 0}\dfrac{\tan x}{x}=\lim\limits_{x\to 0}\dfrac{\sin x}{x}\cdot\dfrac{1}{\cos x}=\lim\limits_{x\to 0}\dfrac{\sin x}{x}\cdot\lim\limits_{x\to 0}\dfrac{1}{\cos x}=1.$

例 3 ▶ 求 $\lim\limits_{x\to 0}\dfrac{\sin 3x}{x}$.

解 设 $3x=t$，则当 $x\to 0$ 时，有 $t\to 0$，于是

$$\lim_{x\to 0}\frac{\sin 3x}{x}=\lim_{x\to 0}3\cdot\frac{\sin 3x}{3x}=3\lim_{t\to 0}\frac{\sin t}{t}=3\cdot 1=3.$$

例 4 ▶ 求 $\lim\limits_{x\to 0}\dfrac{1-\cos x}{x^2}$.

解 $\lim\limits_{x\to 0}\dfrac{1-\cos x}{x^2}=\lim\limits_{x\to 0}\dfrac{2\sin^2\dfrac{x}{2}}{x^2}=\dfrac{1}{2}\lim\limits_{x\to 0}\dfrac{\sin^2\dfrac{x}{2}}{\left(\dfrac{x}{2}\right)^2}=\dfrac{1}{2}\lim\limits_{x\to 0}\left(\dfrac{\sin\dfrac{x}{2}}{\dfrac{x}{2}}\right)^2$

$$=\frac{1}{2}\left(\lim_{x\to 0}\frac{\sin\dfrac{x}{2}}{\dfrac{x}{2}}\right)^2=\frac{1}{2}\cdot 1^2=\frac{1}{2}.$$

例 5 ▶ 求 $\lim\limits_{n\to\infty}n\cdot\sin\dfrac{\pi}{n}$.

解 当 $n\to\infty$ 时，有 $\dfrac{\pi}{n}\to 0$，因此

$$\lim_{n\to\infty}n\cdot\sin\frac{\pi}{n}=\lim_{n\to\infty}\pi\cdot\frac{\sin\dfrac{\pi}{n}}{\dfrac{\pi}{n}}=\pi\cdot 1=\pi.$$

2. $\lim\limits_{x \to \infty}\left(1+\dfrac{1}{x}\right)^{x}=\mathrm{e}$

在本节例 1 中,我们已证明了 $\lim\limits_{n \to \infty}\left(1+\dfrac{1}{n}\right)^{n}$ 存在,现列表(见表 2 - 2)考察.

表 2 - 2

n	1	3	5	10	100	1 000	10 000	100 000	⋯
$\left(1+\dfrac{1}{n}\right)^{n}$	2	2.37	2.488	2.594	2.705	2.716 9	2.718 15	2.718 27	⋯

n	−10	−100	−1 000	−10 000	−100 000	⋯
$\left(1+\dfrac{1}{n}\right)^{n}$	2.88	2.732	2.720	2.718 3	2.718 28	⋯

从表 2 - 2 可以看到,当 $n \to \infty$ 时,$\left(1+\dfrac{1}{n}\right)^{n}$ 的值无限接近于一个常数 $\mathrm{e}=2.718\ 281\ 828\ 459\ 045\ \cdots$,即 $\lim\limits_{n \to \infty}\left(1+\dfrac{1}{n}\right)^{n}=\mathrm{e}$.

对于任意正实数 x,由夹逼定理可证 $\lim\limits_{x \to +\infty}\left(1+\dfrac{1}{x}\right)^{x}=\mathrm{e}$. 再由代换法可证 $\lim\limits_{x \to -\infty}\left(1+\dfrac{1}{x}\right)^{x}=\mathrm{e}$,因此得到公式

$$\lim\limits_{x \to \infty}\left(1+\dfrac{1}{x}\right)^{x}=\mathrm{e}. \qquad (2-2)$$

在式(2 - 2)中,令 $t=\dfrac{1}{x}$,则当 $x \to \infty$ 时,$t \to 0$,这时式(2 - 2)变为

$$\lim\limits_{t \to 0}(1+t)^{\frac{1}{t}}=\mathrm{e}. \qquad (2-3)$$

例 6 ▶ 求 $\lim\limits_{x \to \infty}\left(1+\dfrac{1}{2x}\right)^{x}$.

解 令 $2x=t$,则当 $x \to \infty$ 时,有 $t \to \infty$,所以

$$\lim\limits_{x \to \infty}\left(1+\dfrac{1}{2x}\right)^{x}=\lim\limits_{t \to \infty}\left(1+\dfrac{1}{t}\right)^{\frac{t}{2}}=\left[\lim\limits_{t \to \infty}\left(1+\dfrac{1}{t}\right)^{t}\right]^{\frac{1}{2}}=\mathrm{e}^{\frac{1}{2}}.$$

例 7 ▶ 求 $\lim\limits_{x \to \infty}\left(1+\dfrac{2}{x}\right)^{x}$.

解 $\lim\limits_{x \to \infty}\left(1+\dfrac{2}{x}\right)^{x}=\lim\limits_{x \to \infty}\left[\left(1+\dfrac{2}{x}\right)^{\frac{x}{2}}\right]^{2}$.

令 $\dfrac{2}{x}=t$,则当 $x \to \infty$ 时,有 $t \to 0$,所以

$$\lim\limits_{x \to \infty}\left(1+\dfrac{2}{x}\right)^{x}=\lim\limits_{t \to 0}\left[(1+t)^{\frac{1}{t}}\right]^{2}=\mathrm{e}^{2}.$$

为了方便地使用式(2-2)和式(2-3),将它们记为下列形式:

(1) 在某极限过程中,若 $\lim u(x) = \infty$,则

$$\lim \left[1 + \frac{1}{u(x)}\right]^{u(x)} = e;$$

(2) 在某极限过程中,若 $\lim u(x) = 0$,则

$$\lim \left[1 + u(x)\right]^{\frac{1}{u(x)}} = e.$$

例 8 ▶ 求 $\lim\limits_{x \to \infty} \left(1 - \dfrac{1}{x}\right)^{3x+2}$.

解 令 $-x = t$,则当 $x \to \infty$ 时,有 $t \to \infty$,所以

$$\lim_{x \to \infty} \left(1 - \frac{1}{x}\right)^{3x+2} = \lim_{t \to \infty} \left(1 + \frac{1}{t}\right)^{-3t+2}$$

$$= \lim_{t \to \infty} \left(1 + \frac{1}{t}\right)^2 \cdot \lim_{t \to \infty}\left[\left(1 + \frac{1}{t}\right)^t\right]^{-3}$$

$$= 1^2 \cdot e^{-3} = e^{-3}.$$

一般地,若 $\lim\limits_{\substack{x \to x_0 \\ (x \to \infty)}} f(x) = A\ (A > 0)$, $\lim\limits_{\substack{x \to x_0 \\ (x \to \infty)}} g(x) = B$,则有

$$\lim_{\substack{x \to x_0 \\ (x \to \infty)}} f(x)^{g(x)} = A^B.$$

例 9 ▶ 求极限 $\lim\limits_{x \to \frac{\pi}{4}} (\tan x)^{\tan 2x}$.

解 令 $t = \tan x - 1$,则 $\tan x = t + 1$,当 $x \to \dfrac{\pi}{4}$ 时,有 $t \to 0$,又

$$\tan 2x = \frac{2\tan x}{1 - \tan^2 x} = \frac{2(t+1)}{1 - (t+1)^2} = -\frac{1}{t} \cdot \frac{2(t+1)}{t+2},$$

故

$$\lim_{x \to \frac{\pi}{4}} (\tan x)^{\tan 2x} = \lim_{t \to 0} (1+t)^{-\frac{1}{t} \cdot \frac{2(t+1)}{t+2}} = \lim_{t \to 0} \left[(1+t)^{\frac{1}{t}}\right]^{\frac{-2(t+1)}{t+2}}$$

$$= \left[\lim_{t \to 0} (1+t)^{\frac{1}{t}}\right]^{\lim_{t \to 0} \frac{-2(t+1)}{t+2}} = e^{-1}.$$

2.5.3　极限的应用 —— 连续复利

设初始本金为 p(元),年利率为 r,按复利付息,若一年分 m 次付息,则第 n 年末的本利和为

$$s_n = p\left(1 + \frac{r}{m}\right)^{mn}.$$

如果利息按连续复利计算,即计算复利的次数 m 趋于无穷大

时，t 年末的本利和可按如下公式计算：

$$s = p \lim_{m \to \infty} \left(1 + \frac{r}{m}\right)^{mt} = p e^{rt}.$$

若要 t 年末的本利和为 s，则初始本金 $p = s e^{-rt}$.

例 10▶　一投资者欲用 10 000 元投资 5 年，设年利率为 6%，试分别按单利、复利、每年按 4 次复利和连续复利付息方式计算，求到第 5 年末该投资者应得的本利和.

解　按单利计算：
$$s = 10\,000 + 10\,000 \times 0.06 \times 5 = 13\,000 (元);$$

按复利计算：
$$s = 10\,000 \times (1 + 0.06)^5 \approx 10\,000 \times 1.338\,23 = 13\,382.3 (元);$$

按每年计算复利 4 次计算：
$$s = 10\,000 \left(1 + \frac{0.06}{4}\right)^{4 \times 5} = 10\,000 \times 1.015^{20}$$
$$\approx 10\,000 \times 1.346\,86 = 13\,468.6 (元);$$

按连续复利计算：
$$s = 10\,000 \cdot e^{0.06 \times 5} = 10\,000 \cdot e^{0.3} = 13\,498.6 (元).$$

注　连续复利的计算公式在其他许多问题中也常有应用. 例如细胞分裂、树木增长等问题.

习题 2-5

1. 求下列函数的极限：

(1) $\lim\limits_{n \to \infty} \dfrac{n}{2} R^2 \sin \dfrac{2\pi}{n}$;

(2) $\lim\limits_{x \to \pi} \dfrac{\sin x}{\pi - x}$;

(3) $\lim\limits_{x \to 0} \dfrac{\arctan 3x}{\sin 2x}$;

(4) $\lim\limits_{x \to 0^+} \dfrac{x}{\sqrt{1 - \cos x}}$;

(5) $\lim\limits_{x \to 0} \dfrac{1 - \cos 4x}{x \sin x}$;

(6) $\lim\limits_{x \to 1} \dfrac{\sin(x-1)}{x^2 - 1}$.

2. 求下列函数的极限：

(1) $\lim\limits_{x \to \infty} \left(\dfrac{x}{1+x}\right)^{x-3}$;

(2) $\lim\limits_{x \to \infty} \left(\dfrac{2x+1}{2x-1}\right)^x$;

(3) $\lim\limits_{x \to 0} (1 + 2\tan x)^{\cot x}$;

(4) $\lim\limits_{x \to \frac{\pi}{2}} (1 + \cos x)^{3\sec x}$.

§2.6 无穷小的比较

考察同一极限过程中的无穷小趋于零的速度,例如,当 $x \to 0$ 时,函数 $x^2, 2x, \sin x$ 都是无穷小,但是,

$$\lim_{x \to 0} \frac{x^2}{2x} = \lim_{x \to 0} \frac{x}{2} = 0,$$

$$\lim_{x \to 0} \frac{2x}{x^2} = \lim_{x \to 0} \frac{2}{x} = \infty,$$

$$\lim_{x \to 0} \frac{\sin x}{2x} = \frac{1}{2} \lim_{x \to 0} \frac{\sin x}{x} = \frac{1}{2}.$$

这说明 $x^2 \to 0$ 比 $2x \to 0$ "快些",或者反过来说 $2x \to 0$ 比 $x^2 \to 0$ "慢些",而 $\sin x \to 0$ 与 $2x \to 0$ "快慢差不多".

由此可见,无穷小虽然都是以零为极限的变量,但是它们趋向于零的速度不尽相同,为了反映无穷小趋向于零的快、慢程度,需要引入无穷小的阶的概念.

定义 设 $\alpha(x), \beta(x)$ 是同一极限过程中的两个无穷小量:
$$\lim \alpha(x) = 0, \quad \lim \beta(x) = 0.$$

(1) 如果 $\lim \dfrac{\beta(x)}{\alpha(x)} = 0$,则称 $\beta(x)$ 是比 $\alpha(x)$ 高阶的无穷小,记为 $\beta = o(\alpha)$;

(2) 如果 $\lim \dfrac{\beta(x)}{\alpha(x)} = \infty$,则称 $\beta(x)$ 是比 $\alpha(x)$ 低阶的无穷小;

(3) 如果 $\lim \dfrac{\beta(x)}{\alpha(x)} = C \neq 0$,则称 $\alpha(x)$ 与 $\beta(x)$ 为同阶无穷小,记为 $\beta = O(\alpha)$.

特别地,当常数 $C = 1$ 时,称 $\alpha(x)$ 与 $\beta(x)$ 为等价无穷小,记为 $\alpha(x) \sim \beta(x)$.

例如,因为 $\lim\limits_{x \to 0} \dfrac{x^2}{2x} = 0$,所以 $x^2 = o(2x)$ $(x \to 0)$;

因为 $\lim\limits_{x \to 0} \dfrac{\sin x}{x} = 1$,所以 $\sin x \sim x$ $(x \to 0)$;

因为 $\lim\limits_{x \to 1} \dfrac{x-1}{x^2-1} = \lim\limits_{x \to 1} \dfrac{1}{x+1} = \dfrac{1}{2}$,所以 $(x-1) = O(x^2-1)$ (当 $x \to 1$).

例 1 ▶ 当 $x \to 1$ 时,将下列各量与无穷小量 $x-1$ 进行比较:

(1) $x^3 - 3x + 2$; (2) $x^2 - 3x + 2$; (3) $(x-1)\sin \dfrac{1}{x-1}$.

解 (1) 因为 $\lim\limits_{x \to 1}(x^3 - 3x + 2) = 0$,所以 $x \to 1$ 时,$x^3 - 3x + 2$ 是无穷小量,又因为

$$\lim_{x\to 1}\frac{x^3-3x+2}{x-1}=\lim_{x\to 1}\frac{(x-1)^2(x+2)}{x-1}=0,$$

所以 x^3-3x+2 是比 $x-1$ 较高阶的无穷小量.

（2）因为 $\lim\limits_{x\to 1}(x^2-3x+2)=0$，所以 $x\to 1$ 时，x^2-3x+2 是无穷小量，又因为

$$\lim_{x\to 1}\frac{x^2-3x+2}{x-1}=\lim_{x\to 1}\frac{(x-1)(x-2)}{x-1}=-1,$$

所以 x^2-3x+2 是关于 $x-1$ 的同阶无穷小量.

（3）由 $\lim\limits_{x\to 1}(x-1)\sin\dfrac{1}{x-1}=0$ 知，当 $x\to 1$ 时，$(x-1)\sin\dfrac{1}{x-1}$ 是无穷小量，但是

$$\lim_{x\to 1}\frac{(x-1)\cdot\sin\dfrac{1}{x-1}}{x-1}=\lim_{x\to 1}\sin\frac{1}{x-1}\ 不存在.\ 所以 (x-1)\sin\frac{1}{x-1} 与 x-1 不能比较.$$

等价无穷小可以简化某些极限的计算，在极限计算中有重要作用，有下面的定理.

定理　设 $\alpha\sim\alpha',\beta\sim\beta'$，若 $\lim\dfrac{\alpha}{\beta}$ 存在，则

$$\lim\frac{\alpha'}{\beta'}=\lim\frac{\alpha}{\beta}.$$

证　因为 $\alpha\sim\alpha',\beta\sim\beta'$，则 $\lim\dfrac{\alpha'}{\alpha}=1,\lim\dfrac{\beta}{\beta'}=1$，由于 $\dfrac{\alpha'}{\beta'}=\dfrac{\alpha'}{\alpha}\cdot\dfrac{\alpha}{\beta}\cdot\dfrac{\beta}{\beta'}$，又 $\lim\dfrac{\alpha}{\beta}$ 存在，所以

$$\lim\frac{\alpha'}{\beta'}=\lim\frac{\alpha'}{\alpha}\lim\frac{\alpha}{\beta}\lim\frac{\beta}{\beta'}=\lim\frac{\alpha}{\beta}.$$

上述定理表明，在求极限的乘除运算中，无穷小量因子可用其等价无穷小量替代. 常用的等价无穷小量有下列几种：当 $x\to 0$ 时，

$$\sin x\sim x,\quad \tan x\sim x,\quad \arcsin x\sim x,\quad \arctan x\sim x,$$
$$1-\cos x\sim\frac{1}{2}x^2,\quad \mathrm{e}^x-1\sim x,\quad \ln(1+x)\sim x,$$
$$\sqrt{1+x}-1\sim\frac{x}{2},\quad (1+x)^\alpha-1\sim\alpha x\ (\alpha\in\mathbf{R}).$$

例 2 ▶　求 $\lim\limits_{x\to 0}\dfrac{\sin 3x}{\tan 2x}$.

解　当 $x\to 0$ 时，$\sin 3x\sim 3x,\tan 2x\sim 2x$，故

$$\lim_{x\to 0}\frac{\sin 3x}{\tan 2x}=\lim_{x\to 0}\frac{3x}{2x}=\frac{3}{2}.$$

例 3 ▶　求 $\lim\limits_{x\to 0}\dfrac{\tan x-\sin x}{x^3}$.

解　如果直接将分子中的 $\tan x,\sin x$ 替换为 x，则

$$\lim_{x\to 0}\frac{\tan x-\sin x}{x^3}=\lim_{x\to 0}\frac{x-x}{x^3}=\lim_{x\to 0}\frac{0}{x^3}=0,$$

这个结果是错误的. 正确的解法为

$$\lim_{x \to 0} \frac{\tan x - \sin x}{x^3} = \lim_{x \to 0} \frac{\sin x (1 - \cos x)}{x^3 \cos x}$$

$$= \lim_{x \to 0} \frac{x \cdot \frac{1}{2}x^2}{x^3 \cos x} = \lim_{x \to 0} \frac{1}{2\cos x} = \frac{1}{2}.$$

例 4 ▶ 求 $\lim\limits_{x \to \infty} x^2 \ln\left(1 + \dfrac{3}{x^2}\right)$.

解 当 $x \to \infty$ 时,$\ln\left(1 + \dfrac{3}{x^2}\right) \sim \dfrac{3}{x^2}$,故

$$\lim_{x \to \infty} x^2 \ln\left(1 + \frac{3}{x^2}\right) = \lim_{x \to \infty}\left(x^2 \cdot \frac{3}{x^2}\right) = 3.$$

例 5 ▶ 求 $\lim\limits_{x \to 0} \dfrac{(1+x^2)^{\frac{1}{3}} - 1}{\cos x - 1}$.

解 当 $x \to 0$ 时,$(1+x^2)^{\frac{1}{3}} - 1 \sim \dfrac{1}{3}x^2$,$\cos x - 1 \sim -\dfrac{1}{2}x^2$,故

$$\lim_{x \to 0} \frac{(1+x^2)^{\frac{1}{3}} - 1}{\cos x - 1} = \lim_{x \to 0} \frac{\frac{1}{3}x^2}{-\frac{1}{2}x^2} = -\frac{2}{3}.$$

例 6 ▶ 求 $\lim\limits_{x \to 0} \dfrac{\sqrt{1+\tan x} - \sqrt{1-\tan x}}{\sqrt{1+2x} - 1}$.

解 由于 $x \to 0$ 时,$\sqrt{1+2x} - 1 \sim x$,$\tan x \sim x$,因此

$$\lim_{x \to 0} \frac{\sqrt{1+\tan x} - \sqrt{1-\tan x}}{\sqrt{1+2x} - 1} = \lim_{x \to 0} \frac{2\tan x}{x(\sqrt{1+\tan x} + \sqrt{1-\tan x})}$$

$$= \lim_{x \to 0} \frac{2}{\sqrt{1+\tan x} + \sqrt{1-\tan x}} = 1.$$

例 7 ▶ 计算 $\lim\limits_{x \to 0} \dfrac{e^x - e^{x\cos x}}{x \ln(1+x^2)}$.

解 注意到当 $x \to 0$ 时,$\ln(1+x^2) \sim x^2$,$e^{x - x\cos x} - 1 \sim x - x\cos x$,所以

$$\lim_{x \to 0} \frac{e^x - e^{x\cos x}}{x \ln(1+x^2)} = \lim_{x \to 0} \frac{e^{x\cos x}(e^{x - x\cos x} - 1)}{x \ln(1+x^2)} = \lim_{x \to 0} \frac{e^{x\cos x}(x - x\cos x)}{x \cdot x^2}$$

$$= \lim_{x \to 0} \frac{e^{x\cos x}(1 - \cos x)}{x^2} = \frac{1}{2}.$$

例 8 ▶ 求 $\lim\limits_{x \to 0} \dfrac{\ln(1+x+x^2) + \ln(1-x+x^2)}{\sec x - \cos x}$.

解 先用对数性质化简分子,

$$原式 = \lim_{x \to 0} \frac{\ln(1+x^2+x^4)}{\sec x - \cos x},$$

因为当 $x \to 0$ 时,有

$$\ln(1+x^2+x^4) \sim x^2+x^4, \quad \sec x - \cos x = \frac{1-\cos^2 x}{\cos x} = \frac{\sin^2 x}{\cos x} \sim x^2,$$

所以

$$原式 = \lim_{x \to 0} \frac{x^2+x^4}{x^2} = 1.$$

习题 2-6

1. 当 $x \to 0$ 时, $2x - x^2$ 与 $x^2 - x^3$ 相比,哪个是高阶无穷小量?

2. 当 $x \to 1$ 时,无穷小量 $1 - x$ 与(1) $1 - x^3$,(2) $\dfrac{1}{2}(1 - x^2)$ 是否同阶?是否等价?

3. 利用等价无穷小,求下列极限:

(1) $\lim\limits_{x \to 0^+} \dfrac{\sin ax}{\sqrt{1 - \cos x}}$;

(2) $\lim\limits_{x \to 0} \dfrac{\cos ax - \cos bx}{x^2}$;

(3) $\lim\limits_{x \to 0} \dfrac{\arctan x^2}{\sin \dfrac{x}{2} \arcsin x}$;

(4) $\lim\limits_{x \to 0} \dfrac{\dfrac{x}{\sqrt{1 - x^2}}}{\ln(1 - x)}$;

(5) $\lim\limits_{x \to 0} \dfrac{1 - \cos 4x}{2\sin^2 x + x \tan^2 x}$;

(6) $\lim\limits_{x \to 0} \dfrac{\ln(\sin^2 x + e^x) - x}{\ln(x^2 + e^{2x}) - 2x}$.

§2.7　函数的连续与间断

2.7.1　函数连续性概念

自然界中许多变量都是连续变化的,例如气温的变化,作物的生长,放射性物质存量的减少,等等.其特点是当时间的变化很微小时,这些量的变化也很微小,反映在数学上就是函数的连续性.

微课视频

定义 1　设函数 $y = f(x)$ 在点 x_0 的某个邻域内有定义,当自变量从 x_0 变到 x,相应的函数值从 $f(x_0)$ 变到 $f(x)$,则称 $x - x_0$ 为自变量的改变量(或增量),记为 $\Delta x = x - x_0$(它可正可负),称 $f(x) - f(x_0)$ 为函数的改变量(或增量),记为 Δy,即

$$\Delta y = f(x) - f(x_0)$$

或

$$\Delta y = f(x_0 + \Delta x) - f(x_0).$$

几何上,函数的改变量表示当自变量从 x_0 变到 $x_0 + \Delta x$ 时,曲线上相应点的纵坐标的改变量(见图 2 - 11).

注　改变量可能为正,可能为负,还可能为零.

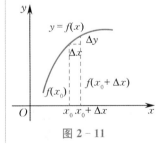

图 2 - 11

例 1　求函数 $y = x^2$,当 $x_0 = 1$, $\Delta x = 0.1$ 时的改变量.

解　$\Delta y = f(x_0 + \Delta x) - f(x_0) = f(1 + 0.1) - f(1)$
$= f(1.1) - f(1) = 1.1^2 - 1^2 = 0.21.$

定义 2 设函数 $f(x)$ 在点 x_0 的某个邻域内有定义,如果

$$\lim_{\Delta x \to 0} \Delta y = \lim_{\Delta x \to 0} [f(x_0 + \Delta x) - f(x_0)] = 0, \quad (2-4)$$

则称函数 $y = f(x)$ 在点 x_0 处连续,x_0 称为函数 $f(x)$ 的连续点.

在上述定义中,设 $x_0 + \Delta x = x$,当 $\Delta x \to 0$ 时,有 $x \to x_0$,而

$$\Delta y = f(x_0 + \Delta x) - f(x_0) = f(x) - f(x_0),$$

因此式(2-4)也可以写为

$$\lim_{\Delta x \to 0} \Delta y = \lim_{x \to x_0} [f(x) - f(x_0)] = 0,$$

即

$$\lim_{x \to x_0} f(x) = f(x_0).$$

所以函数 $y = f(x)$ 在点 x_0 处连续的定义又可以叙述如下:

定义 2′ 设函数 $f(x)$ 在点 x_0 的某个邻域内有定义,如果

$$\lim_{x \to x_0} f(x) = f(x_0), \quad (2-5)$$

则称函数 $y = f(x)$ 在点 x_0 处连续.

例 2 ▶ 证明函数 $f(x) = 3x^2 - 1$ 在 $x = 1$ 处连续.

证 因为 $f(1) = 3 \times 1 - 1 = 2$,且

$$\lim_{x \to 1} f(x) = \lim_{x \to 1} (3x^2 - 1) = 2,$$

所以函数 $f(x) = 3x^2 - 1$ 在 $x = 1$ 处连续.

有时需要考虑函数在某点 x_0 一侧的连续性,由此引入左、右连续的概念.

定义 3 如果 $\lim\limits_{x \to x_0^+} f(x) = f(x_0)$,则称函数 $f(x)$ 在点 x_0 处右连续;如果 $\lim\limits_{x \to x_0^-} f(x) = f(x_0)$,则称函数 $f(x)$ 在点 x_0 处左连续.

由函数的极限与其左、右极限的关系,容易得到函数的连续性与其左、右连续性的关系.

定理 1 函数 $f(x)$ 在点 x_0 处连续的充分必要条件是 $f(x)$ 在点 x_0 处左连续且右连续.

例 3 ▶ 设函数

$$f(x) = \begin{cases} x^2 + 3, & x \geqslant 0, \\ a - x, & x < 0, \end{cases}$$

问 a 为何值时,函数 $y = f(x)$ 在 $x = 0$ 处连续?

解 因为 $f(0) = 3$,且

$$\lim_{x \to 0^-} f(x) = \lim_{x \to 0^-} (a - x) = a, \quad \lim_{x \to 0^+} f(x) = \lim_{x \to 0^+} (x^2 + 3) = 3,$$

故由定理 1 知,$a = 3$ 时,$y = f(x)$ 在 $x = 0$ 处连续.

定义 4　　如果函数 $f(x)$ 在开区间 (a,b) 内每一点都连续，则称函数 $f(x)$ 在区间 (a,b) 内连续，记为 $f(x) \in \mathrm{C}(a,b)$，其中 $\mathrm{C}(a,b)$ 表示区间 (a,b) 内的所有连续函数的集合.

如果 $f(x)$ 在区间 (a,b) 内连续，且在 $x = a$ 处右连续，又在 $x = b$ 处左连续，则称函数 $f(x)$ 在闭区间 $[a,b]$ 上连续，记为 $f(x) \in \mathrm{C}[a,b]$，其中 $\mathrm{C}[a,b]$ 表示区间 $[a,b]$ 上的所有连续函数的集合.

函数 $y = f(x)$ 的连续点全体所构成的区间称为函数的连续区间. 在连续区间上，连续函数的图形是一条连绵不断的曲线.

例 4 ▶　　证明函数 $f(x) = x^2 - 2x + 3$ 在 $(-\infty, +\infty)$ 内连续.

证　设 x_0 为 $(-\infty, +\infty)$ 内任意给定的点，由极限运算法则可知

$$\lim_{x \to x_0} f(x) = \lim_{x \to x_0} (x^2 - 2x + 3) = x_0^2 - 2x_0 + 3 = f(x_0),$$

故 $f(x) = x^2 - 2x + 3$ 在点 x_0 处连续. 又由 x_0 的任意性可知，$f(x) = x^2 - 2x + 3$ 在 $(-\infty, +\infty)$ 内连续.

例 5 ▶　　证明函数 $y = \sin x$ 在定义域 $(-\infty, +\infty)$ 内是连续函数.

证　对于任意 $x \in (-\infty, +\infty)$，

$$\Delta y = \sin(x + \Delta x) - \sin x = 2 \sin \frac{\Delta x}{2} \cos \left(x + \frac{\Delta x}{2} \right).$$

当 $\Delta x \to 0$ 时，有 $\sin \dfrac{\Delta x}{2} \to 0$，且 $\left| \cos \left(x + \dfrac{\Delta x}{2} \right) \right| \leqslant 1$，根据无穷小与有界函数乘积仍为无穷小这一性质，有

$$\lim_{\Delta x \to 0} \Delta y = 2 \lim_{\Delta x \to 0} \sin \frac{\Delta x}{2} \cos \left(x + \frac{\Delta x}{2} \right) = 0.$$

由于 x 为任意点，因此 $y = \sin x$ 在 $(-\infty, +\infty)$ 内连续.

2.7.2　连续函数的运算法则与初等函数的连续性

函数的连续性是通过极限来定义的，因此由极限运算法则和连续性定义可得下列连续函数的运算法则.

法则 1（连续函数的四则运算）　设函数 $f(x), g(x)$ 均在点 x_0 处连续，则 $f(x) \pm g(x)$，$f(x) \cdot g(x)$，$\dfrac{f(x)}{g(x)}(g(x_0) \neq 0)$ 都在点 x_0 处连续.

这个法则说明连续函数的和、差、积、商（分母不为零）都是连续函数.

法则 2（复合函数的连续性）　设函数 $y = f(u)$ 在点 u_0 处连续，又函数 $u = \varphi(x)$ 在点 x_0 处连续，且 $u_0 = \varphi(x_0)$，则复合函数 $y = f(\varphi(x))$ 在点 x_0 处连续.

这个法则说明连续函数的复合函数仍为连续函数,并可得到如下结论:

如果 $\lim\limits_{x \to x_0} \varphi(x) = \varphi(x_0)$, $\lim\limits_{u \to u_0} f(u) = f(u_0)$,且 $u_0 = \varphi(x_0)$,则

$$\lim\limits_{x \to x_0} f(\varphi(x)) = f(\varphi(x_0)),$$

即

$$\lim\limits_{x \to x_0} f(\varphi(x)) = f(\lim\limits_{x \to x_0} \varphi(x)).$$

这表示极限符号与复合函数的符号 f 可以交换次序.

例 6 ▶ 求 $\lim\limits_{x \to 0} \dfrac{\ln(1+x)}{x}$.

解 $\lim\limits_{x \to 0} \dfrac{\ln(1+x)}{x} = \lim\limits_{x \to 0} \ln(1+x)^{\frac{1}{x}}$.

令 $u = (1+x)^{\frac{1}{x}}$,当 $x \to 0$ 时,$u \to e$,而 $y = \ln u$ 在 $u = e$ 处是连续的,所以有

$$\lim\limits_{x \to 0} \ln(1+x)^{\frac{1}{x}} = \ln\left[\lim\limits_{x \to 0}(1+x)^{\frac{1}{x}}\right] = \ln e = 1.$$

例 7 ▶ 求 $\lim\limits_{x \to \infty} \arctan \dfrac{x-2}{x-3}$.

解 因为 $u = \dfrac{x-2}{x-3}$,当 $x \to \infty$ 时极限为 1,而 $y = \arctan u$ 在 $u = 1$ 处连续,所以

$$\lim\limits_{x \to \infty} \arctan \dfrac{x-2}{x-3} = \arctan\left(\lim\limits_{x \to \infty} \dfrac{x-2}{x-3}\right) = \arctan 1 = \dfrac{\pi}{4}.$$

法则 3(反函数的连续性) 单调连续函数的反函数在其对应区间上也是连续的.

由函数极限的讨论及函数的连续性的定义可知,基本初等函数在其定义域内是连续的. 由连续函数的定义及运算法则,可得出如下定理:

定理 2 初等函数在其定义区间内是连续的.

注 对初等函数在其有定义的区间的点求极限时,只需求相应函数值即可.

例 8 ▶ 求函数 $f(x) = \sqrt{1-x^2}$ 的连续区间,并求 $\lim\limits_{x \to \frac{1}{2}} \sqrt{1-x^2}$.

解 函数 $y = \sqrt{1-x^2}$ 的定义域为 $[-1,1]$,所以 $f(x)$ 的连续区间也为 $[-1,1]$,而 $\dfrac{1}{2} \in [-1,1]$,因此

$$\lim\limits_{x \to \frac{1}{2}} \sqrt{1-x^2} = \sqrt{1 - \left(\dfrac{1}{2}\right)^2} = \dfrac{\sqrt{3}}{2}.$$

2.7.3　函数的间断点

定义 5　如果函数 $f(x)$ 在点 x_0 处不连续,就称函数 $f(x)$ 在点 x_0 处间断, $x = x_0$ 称为函数 $y = f(x)$ 的间断点或不连续点.

由函数 $f(x)$ 在点 x_0 处连续的定义可知, $f(x)$ 在点 x_0 处连续必须同时满足以下 3 个条件:

(1) 函数 $f(x)$ 在点 x_0 处有定义 $(x_0 \in D)$;

(2) $\lim\limits_{x \to x_0} f(x)$ 存在;

(3) $\lim\limits_{x \to x_0} f(x) = f(x_0)$.

如果函数 $f(x)$ 不满足 3 个条件中的任何一个,那么 $x = x_0$ 就是函数 $f(x)$ 的一个间断点. 函数的间断点可分为以下几种类型:

(1) 如果函数 $f(x)$ 在点 x_0 处的左、右极限 $f(x_0 - 0)$ 与 $f(x_0 + 0)$ 都存在,则称 $x = x_0$ 为函数 $f(x)$ 的第一类间断点.

如果 $f(x)$ 在点 x_0 处的左、右极限存在且相等,即 $\lim\limits_{x \to x_0} f(x)$ 存在,但不等于该点处的函数值,即 $\lim\limits_{x \to x_0} f(x) = A \neq f(x_0)$;或者 $\lim\limits_{x \to x_0} f(x)$ 存在,但函数在点 x_0 处无定义,则称 $x = x_0$ 为函数的可去间断点.

如果 $f(x)$ 在点 x_0 处的左、右极限存在但不相等,则称 $x = x_0$ 为函数 $f(x)$ 的跳跃间断点.

(2) 如果函数 $f(x)$ 在点 x_0 处的左、右极限 $f(x_0 - 0)$ 与 $f(x_0 + 0)$ 中至少有一个不存在,则称 $x = x_0$ 为函数 $f(x)$ 的第二类间断点.

例 9 ▶　函数 $f(x) = \dfrac{x^3 - 1}{x - 1}$ 在 $x = 1$ 处没有定义,所以 $x = 1$ 是 $f(x)$ 的间断点,又因为 $\lim\limits_{x \to 1} f(x) = \lim\limits_{x \to 1} \dfrac{x^3 - 1}{x - 1} = \lim\limits_{x \to 1}(x^2 + x + 1) = 3$,所以 $x = 1$ 为函数 $f(x)$ 的可去间断点.

例 10 ▶　讨论函数

$$y = \begin{cases} 2x, & x \neq 0, \\ 1, & x = 0 \end{cases}$$

在 $x_0 = 0$ 处的连续性.

解　由于 $\lim\limits_{x \to 0} y = \lim\limits_{x \to 0} 2x = 0$,而 $y\big|_{x=0} = 1$,则由定义知,函数 y 在 $x_0 = 0$ 处不连续.所以 $x = 0$ 为函数 $f(x)$ 的可去间断点(见图 2 - 12(a)).

若修改函数 y 在 $x_0 = 0$ 处的定义,令 $f(0) = 0$,则函数

$$f(x) = \begin{cases} 2x, & x \neq 0, \\ 0, & x = 0 \end{cases}$$

在 $x_0 = 0$ 处连续(见图 2-12(b)).

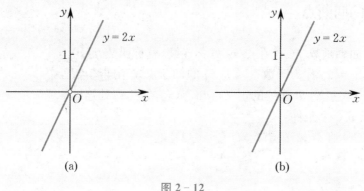

图 2-12

由于函数在可去间断点 x_0 处的极限存在,函数在点 x_0 处不连续的原因是它的极限不等于该点的函数值 $f(x_0)$,或者是 $f(x)$ 在点 x_0 处无定义,因此我们可以补充或改变函数在点 x_0 处的定义,若令 $f(x_0) = \lim\limits_{x \to x_0} f(x)$,就能使点 x_0 成为连续点. 例如,在例 9 中可补充定义 $f(1) = 3$,例 10 中可改变函数在 $x = 0$ 处的定义,令 $f(0) = 0$,则分别可使两例中的函数在 $x = 1$ 与 $x = 0$ 处连续.

例 11▶ 讨论函数

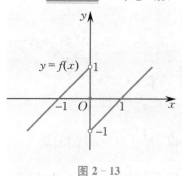

图 2-13

$$f(x) = \begin{cases} x+1, & x < 0, \\ 0, & x = 0, \\ x-1, & x > 0 \end{cases}$$

在 $x = 0$ 处的连续性.

因为

$$\lim_{x \to 0^-} f(x) = \lim_{x \to 0^-} (x+1) = 1,$$
$$\lim_{x \to 0^+} f(x) = \lim_{x \to 0^+} (x-1) = -1,$$

所以 $x = 0$ 为 $f(x)$ 的跳跃间断点(见图 2-13).

例 12▶ 函数 $f(x) = \dfrac{1}{x-1}$ 在 $x = 1$ 处无定义,所以 $x = 1$ 为 $f(x)$ 的间断点. 又因为 $\lim\limits_{x \to 1} f(x) = \infty$,所以 $x = 1$ 为 $f(x)$ 的第二类间断点.

由于 $\lim\limits_{x \to 1} f(x) = \infty$,又称 $x = 1$ 为无穷间断点.

例 13▶ 函数 $f(x) = \sin\dfrac{1}{x}$ 在 $x = 0$ 处无定义,所以 $x = 0$ 为 $f(x)$ 的间断点. 当 $x \to 0$ 时,$f(x) = \sin\dfrac{1}{x}$ 的值在 -1 与 1 之间无限次地振荡,因而不能趋向于某一定值,于是 $\lim\limits_{x \to 0} \sin\dfrac{1}{x}$ 不存在,所以 $x = 0$ 是 $f(x)$ 的第二类间断点(见图 2-14).此时也称 $x = 0$ 为振荡间断点.

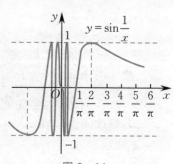

图 2-14

2.7.4　闭区间上连续函数的性质

下面介绍闭区间上连续函数的一些重要性质,并给出几何说明.

定理 3(最大值和最小值定理)　设函数 $f(x)$ 在闭区间 $[a,b]$ 上连续,则在 $[a,b]$ 上至少存在两点 x_1,x_2,使得对于任何 $x\in[a,b]$,都有
$$f(x_1)\leqslant f(x)\leqslant f(x_2).$$
这里 $f(x_2)$ 和 $f(x_1)$ 分别称为函数 $f(x)$ 在闭区间 $[a,b]$ 上的最大值和最小值(见图 2-15).

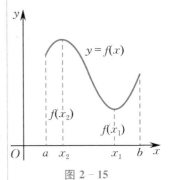

图 2-15

注　(1) 对于开区间内的连续函数或在闭区间上有间断点的函数,定理 3 的结论不一定成立.

例如,函数 $y=x^2$ 在开区间 $(0,1)$ 内连续,但它在 $(0,1)$ 内不存在最大值和最小值.又如,函数
$$f(x)=\begin{cases} x+1, & -1\leqslant x<0, \\ 0, & x=0, \\ x-1, & 0<x\leqslant 1 \end{cases}$$
在闭区间 $[-1,1]$ 上有间断点 $x=0$,$f(x)$ 在闭区间 $[-1,1]$ 上也不存在最大值和最小值(见图 2-16).

(2) 定理 3 中达到最大值和最小值的点也可能是区间 $[a,b]$ 的端点.

例如,函数 $y=2x+1$ 在 $[-1,2]$ 上连续,其最大值为 $f(2)=5$;最小值为 $f(-1)=-1$,均在区间 $[-1,2]$ 的端点上取得.

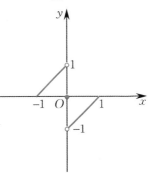

图 2-16

定理 4(介值定理)　设函数 $f(x)$ 在闭区间 $[a,b]$ 上连续,M 和 m 分别是 $f(x)$ 在 $[a,b]$ 上的最大值和最小值,则对于满足 $m\leqslant\mu\leqslant M$ 的任何实数 μ,至少存在一点 $\xi\in[a,b]$,使得
$$f(\xi)=\mu.$$

定理 4 表明,闭区间 $[a,b]$ 上的连续函数 $f(x)$ 可以取遍 m 与 M 之间的一切数值.这个性质反映了函数连续变化的特征,其几何意义是,闭区间上的连续曲线 $y=f(x)$ 与水平直线 $y=\mu(m\leqslant\mu\leqslant M)$ 至少有一个交点(见图 2-17).

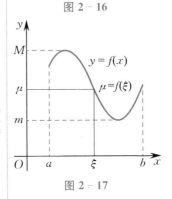

图 2-17

推论(零点存在定理)　若函数 $f(x)$ 在闭区间 $[a,b]$ 上连续,且 $f(a)\cdot f(b)<0$,则至少存在一点 $\xi\in(a,b)$,使得
$$f(\xi)=0.$$

$x=\xi$ 称为函数 $y=f(x)$ 的零点.由零点存在定理可知,$x=\xi$ 为方程 $f(x)=0$ 的一个根,且 ξ 位于开区间 (a,b) 内,所以利用零点存在定理可以判断方程 $f(x)=0$ 在某个开区间内存在实根.故零点存在定理也称为方程实根的存在定理,它的几何意义是,当连续曲线 $y=f(x)$ 的端点 A,B 在 x 轴的两侧时,曲线 $y=f(x)$ 与 x 轴至少有一个交点(见图 2-18).

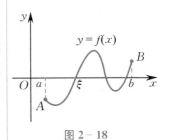

图 2-18

例 14 证明四次代数方程 $x^4 + 1 = 5x^2$ 在区间$(0,1)$内至少有一个实根.

证 设 $f(x) = x^4 - 5x^2 + 1$. 因为函数 $f(x)$ 在闭区间$[0,1]$上连续,又有

$$f(0) = 1, \quad f(1) = -3,$$

所以 $f(0) \cdot f(1) < 0$. 根据零点存在定理知,至少存在一点 $\xi \in (0,1)$,使 $f(\xi) = 0$,即

$$\xi^4 - 5\xi^2 + 1 = 0.$$

因此,方程 $x^4 + 1 = 5x^2$ 在$(0,1)$内至少有一个实根 ξ.

例 15 证明方程 $\ln(1 + e^x) = 2x$ 至少有一个小于 1 的正根.

证 设 $f(x) = \ln(1 + e^x) - 2x$,则显然 $f(x) \in C[0,1]$,又

$$f(0) = \ln 2 > 0,$$

$$f(1) = \ln(1 + e) - 2 = \ln(1 + e) - \ln e^2 < 0,$$

由根的存在定理知,至少存在一点 $x_0 \in (0,1)$,使 $f(x_0) = 0$,即方程$\ln(1 + e^x) = 2x$至少有一个小于 1 的正根.

习 题 2-7

1. 研究下列函数的连续性,并画出图形:

(1) $f(x) = \begin{cases} x^2, & 0 \leqslant x \leqslant 1, \\ 2 - x, & 1 < x < 2; \end{cases}$ (2) $f(x) = \begin{cases} x, & |x| \leqslant 1, \\ 1, & |x| > 1; \end{cases}$

(3) $f(x) = \lim\limits_{n \to \infty} \dfrac{1 - x^{2n}}{1 + x^{2n}} x$.

2. 求下列函数的间断点,并判断其类型. 如果是可去间断点,则补充或改变函数的定义,使其在该点连续:

(1) $y = \dfrac{1 - \cos 2x}{x^2}$;   (2) $y = \arctan \dfrac{1}{x}$;

(3) $y = e^{-\frac{1}{x}}$;   (4) $y = \dfrac{x^2 - 1}{x^2 - 3x + 2}$;

(5) $y = \dfrac{2 \tan x}{x}$;   (6) $f(x) = \begin{cases} \dfrac{\sin x}{|x|}, & x \neq 0, \\ 0, & x = 0. \end{cases}$

3. 在下列函数中,当 a 取什么值时,函数 $f(x)$ 在其定义域内连续?

(1) $f(x) = \begin{cases} \dfrac{x^2 - 9}{x - 3}, & x \neq 3, \\ a, & x = 3; \end{cases}$ (2) $f(x) = \begin{cases} e^x, & x < 0, \\ x - a, & x \geqslant 0. \end{cases}$

4. 求下列函数的极限:

(1) $\lim\limits_{x \to \infty} x[\ln(x + a) - \ln x]$;   (2) $\lim\limits_{x \to \infty} \dfrac{2x^2 - 3x - 4}{\sqrt{x^4 + 1}}$;

(3) $\lim\limits_{x \to 0} \dfrac{\sqrt{1 + x + x^2} - 1}{\sin 2x}$;   (4) $\lim\limits_{x \to 0} \dfrac{\tan x}{1 - \sqrt{1 + \tan x}}$;

(5) $\lim\limits_{x \to +\infty} \cos(\text{arccot} x)$;   (6) $\lim\limits_{x \to 0} \dfrac{\ln(1 + x) - \ln(1 - x)}{x}$.

5. 证明方程 $2^x = x^2$ 在 $(-1,1)$ 内必有实根.

6. 证明方程 $x = a \sin x + b$ 至少有一个正根,并且它不大于 $a + b$ $(a > 0, b > 0)$.

本章小结

一、极限的概念与性质

1. 极限的定义.

(1) $\lim\limits_{n \to \infty} x_n = A$, 数列 $\{x_n\}$ 收敛于 A: 任给正数 ε, 存在正整数 N, 当 $n > N$ 时, 有 $|x_n - A| < \varepsilon$.

(2) $\lim\limits_{x \to \infty} f(x) = A$: $\forall \varepsilon > 0$, $\exists X > 0$, 当 $|x| > X$ 时, 有 $|f(x) - A| < \varepsilon$;

$\lim\limits_{x \to +\infty} f(x) = A$: $\forall \varepsilon > 0$, $\exists X > 0$, 当 $x > X$ 时, 有 $|f(x) - A| < \varepsilon$;

$\lim\limits_{x \to -\infty} f(x) = A$: $\forall \varepsilon > 0$, $\exists X > 0$, 当 $x < -X$ 时, 有 $|f(x) - A| < \varepsilon$.

(3) $\lim\limits_{x \to x_0} f(x) = A$: $\forall \varepsilon > 0$, $\exists \delta > 0$, 当 $0 < |x - x_0| < \delta$ 时, 有 $|f(x) - A| < \varepsilon$;

左极限 $f(x_0 - 0) = \lim\limits_{x \to x_0^-} f(x) = A$: $\forall \varepsilon > 0$, $\exists \delta > 0$, 当 $-\delta < x - x_0 < 0$ 时, 有 $|f(x) - A| < \varepsilon$;

右极限 $f(x_0 + 0) = \lim\limits_{x \to x_0^+} f(x) = A$: $\forall \varepsilon > 0$, $\exists \delta > 0$, 当 $0 < x - x_0 < \delta$ 时, 有 $|f(x) - A| < \varepsilon$.

2. 极限的基本性质.

(1) 唯一性: 若 $\lim f(x) = A$ (或 $\lim\limits_{n \to \infty} x_n = A$), $\lim f(x) = B$ (或 $\lim\limits_{n \to \infty} x_n = B$), 则 $A = B$.

(2) 有界性: 收敛数列必有界.

若函数极限存在, 则该函数为该极限过程中的有界变量.

(3) 保号性: 若函数极限为正 (或负), 则在极限变化某过程中函数也为正 (或负).

(4) $\lim\limits_{x \to \infty} f(x) = A \Leftrightarrow \lim\limits_{x \to +\infty} f(x) = \lim\limits_{x \to -\infty} f(x) = A$.

(5) $\lim\limits_{x \to x_0} f(x) = A \Leftrightarrow \lim\limits_{x \to x_0^-} f(x) = \lim\limits_{x \to x_0^+} f(x) = A$.

二、无穷小量

1. 无穷小 (量): 极限为 0 的量.

2. 无穷大 (量): 若在某极限过程中, $|f(x)|$ 无限地增大, 则称 $f(x)$ 为该极限过程的无穷大.

3. 无穷小与无穷大的关系: 在同一极限过程中, 若 $f(x)$ 为无穷大, 则 $\dfrac{1}{f(x)}$ 为无穷小; 若 $f(x)$ 为无穷小且 $f(x) \neq 0$, 则 $\dfrac{1}{f(x)}$ 为无穷大.

4. 无穷小与极限的关系: $\lim f(x) = A$ 的充要条件是 $f(x) = A + \alpha(x)$, 其中 $\lim \alpha(x) = 0$.

5. 两个无穷小的比较.

设 $\lim \alpha(x) = 0$, $\lim \beta(x) = 0$, 且 $\lim \dfrac{\beta(x)}{\alpha(x)} = C$,

(1) 若 $C = 0$, 称 $\beta(x)$ 是比 $\alpha(x)$ 高阶的无穷小, 记为 $\beta = o(\alpha)$, 也称 $\alpha(x)$ 是比 $\beta(x)$ 低阶的无穷小;

(2) 若 $C \neq 0$, 称 $\alpha(x)$ 与 $\beta(x)$ 为同阶无穷小;

(3) 若 $C = 1$, 称 $\alpha(x)$ 与 $\beta(x)$ 为等价无穷小, 记为 $\alpha(x) \sim \beta(x)$.

6. 重要的等价无穷小.

当 $x \to 0$ 时,$\sin x \sim x$,$\tan x \sim x$,$\arcsin x \sim x$,$\arctan x \sim x$,$1 - \cos x \sim \dfrac{1}{2}x^2$,$e^x - 1 \sim x$,

$\ln(1+x) \sim x$,$\sqrt{1+x} - 1 \sim \dfrac{x}{2}$,$(1+x)^\alpha - 1 \sim \alpha x (\alpha \in \mathbf{R})$.

三、求极限的方法

1. 利用极限的四则运算和幂指数运算法则.

若 $\lim f(x) = A$,$\lim g(x) = B$,则

(1) $\lim[f(x) \pm g(x)] = A \pm B$;

(2) $\lim[f(x) \cdot g(x)] = A \cdot B$;

(3) $\lim \dfrac{f(x)}{g(x)} = \dfrac{A}{B}$ $(B \neq 0)$;

(4) $\lim[f(x)]^{g(x)} = A^B$ $(A > 0)$.

2. 利用函数的连续性求极限.

(1) 代入法:对连续函数求极限可用代入法求函数值. 若 a 在初等函数 $f(x)$ 的定义区间内,则 $\lim\limits_{x \to a} f(x) = f(a)$.

(2) 利用复合函数的连续性:$\lim\limits_{x \to x_0} f(\varphi(x)) = f(\lim\limits_{x \to x_0} \varphi(x))$.

3. 两个重要极限和变量替换法并用.

(1) $\lim\limits_{x \to 0} \dfrac{\sin x}{x} = 1$,$\lim\limits_{u(x) \to 0} \dfrac{\sin u(x)}{u(x)} = 1$.

(2) $\lim\limits_{n \to \infty} \left(1 + \dfrac{1}{n}\right)^n = e$,$\lim\limits_{x \to \infty} \left(1 + \dfrac{1}{x}\right)^x = e$,$\lim\limits_{t \to 0} (1+t)^{\frac{1}{t}} = e$.

4. 利用无穷小的重要性质和等价无穷小代换.

(1) 无穷小的重要性质:有界变量与无穷小的乘积是一个无穷小.

(2) 等价无穷小代换:设 $\alpha \sim \alpha'$,$\beta \sim \beta'$,若 $\lim \dfrac{\alpha}{\beta}$ 存在,则 $\lim \dfrac{\alpha'}{\beta'} = \lim \dfrac{\alpha}{\beta}$.

四、函数连续性

1. 函数连续的概念.

(1) 若 $\lim\limits_{x \to x_0} f(x) = f(x_0)$,则称 $f(x)$ 在点 x_0 处连续.

(2) 若 $\lim\limits_{x \to x_0^-} f(x) = f(x_0)$,则称函数 $f(x)$ 在点 x_0 处左连续;

若 $\lim\limits_{x \to x_0^+} f(x) = f(x_0)$,称 $f(x)$ 在点 x_0 处右连续.

$f(x)$ 在点 x_0 处连续 $\Leftrightarrow f(x)$ 在点 x_0 处左连续且右连续.

(3) 若 $f(x)$ 在 (a,b) 内每一点都连续,则称函数 $f(x)$ 在 (a,b) 内连续.

(4) 若 $f(x)$ 在 (a,b) 内连续,在 $x = a$ 处右连续,在 $x = b$ 处左连续,则称 $f(x)$ 在 $[a,b]$ 上连续.

2. 函数的间断点及其分类.

(1) 若 $f(x)$ 在点 x_0 处不连续,则称 x_0 是 $f(x)$ 的间断点.

(2) 函数的间断点分为两大类:

① 第一类间断点:$f(x_0 - 0)$ 与 $f(x_0 + 0)$ 都存在.

可去间断点:$f(x_0 - 0) = f(x_0 + 0)$;

跳跃间断点:$f(x_0 - 0) \neq f(x_0 + 0)$.

② 第二类间断点：$f(x_0-0)$ 与 $f(x_0+0)$ 至少有一个不存在.

常见的第二类间断点有无穷间断点和振荡间断点.

3. 初等函数的连续性.

(1) 在区间 I 上连续的函数的和、差、积、商（分母不为零），在区间 I 上也连续.

(2) 连续函数的复合函数仍为连续函数.

(3) 单调连续函数的反函数在其对应区间上也连续且单调.

(4) 基本初等函数在其定义域内连续.

(5) 初等函数在其定义区间内连续.

4. 闭区间上连续函数的性质.

设 $f(x)$ 在闭区间 $[a,b]$ 上连续，则有如下性质：

(1) 最大值和最小值定理：$f(x)$ 在 $[a,b]$ 上必有最大值 M 和最小值 m.

(2) 介值定理：对于满足 $m \leqslant \mu \leqslant M$ 的任何实数 μ，至少存在一点 $\xi \in [a,b]$，使得 $f(\xi)=\mu$.

(3) 零点存在定理（方程实根的存在定理）：若 $f(a) \cdot f(b) < 0$，则至少存在一点 $\xi \in (a,b)$，使得 $f(\xi)=0$.

复习题2

（A）

1. 单项选择题.

    (1) 设 $x_n = \dfrac{n}{2}[1+(-1)^n]$，则_____.

        A $\{x_n\}$ 有界　　　　　　　　　　B $\{x_n\}$ 无界

        C $\{x_n\}$ 单调增加　　　　　　　　D $n \to \infty$ 时，x_n 为无穷大

    (2) 若 $f(x)$ 在点 x_0 处的极限存在，则_____.

        A $f(x_0)$ 必存在且等于极限值　　　　B $f(x_0)$ 存在但不一定等于极限值

        C $f(x_0)$ 在 x_0 处的函数值可以不存在　　D 如果 $f(x_0)$ 存在，则必等于极限值

2. 指出下列运算中的错误，并给出正确解法：

    (1) $\displaystyle\lim_{x \to 1}\frac{x^2-1}{x-1} = \frac{\lim_{x \to 1}(x^2-1)}{\lim_{x \to 1}(x-1)} = \frac{0}{0} = 1$；

    (2) $\displaystyle\lim_{x \to 2}\frac{x^2-1}{x-2} = \frac{\lim_{x \to 2}(x^2-1)}{\lim_{x \to 2}(x-2)} = \frac{3}{0} = \infty$；

    (3) $\displaystyle\lim_{x \to 2}\left(\frac{1}{x-2}-\frac{4}{x^2-4}\right) = \lim_{x \to 2}\frac{1}{x-2} - \lim_{x \to 2}\frac{4}{x^2-4} = \infty - \infty = 0$；

    (4) $\displaystyle\lim_{x \to 0}\frac{\sqrt{1+x}-1}{\sqrt[3]{1+x}-1} = \frac{\lim_{x \to 0}(\sqrt{1+x}-1)}{\lim_{x \to 0}(\sqrt[3]{1+x}-1)} = \frac{0}{0} = 1$.

3. 求下列极限：

(1) $\lim\limits_{n\to\infty} \dfrac{(n+1)(2n+2)(3n+3)}{2n^3}$;

(2) $\lim\limits_{n\to\infty}\left[\dfrac{1+3+\cdots+(2n-1)}{n+1}-\dfrac{2n+1}{2}\right]$;

(3) $\lim\limits_{x\to\infty} \dfrac{2x-\sin x}{5x+\sin x}$;

(4) $\lim\limits_{x\to+\infty}(\sqrt{(x+1)(x+2)}-x)$;

(5) $\lim\limits_{x\to4} \dfrac{2-\sqrt{x}}{3-\sqrt{2x+1}}$;

(6) $\lim\limits_{x\to0}\ln\dfrac{\sin2x}{x}$;

(7) $\lim\limits_{x\to0} \dfrac{\mathrm{e}^{2x}-1}{\ln(1+6x)}$;

(8) $\lim\limits_{x\to0}(2\csc2x-\cot x)$;

(9) $\lim\limits_{x\to\infty}\left(\dfrac{x+1}{x-1}\right)^{x}$;

(10) $\lim\limits_{x\to+\infty}\left(1-\dfrac{1}{x}\right)^{\sqrt{x}}$;

(11) $\lim\limits_{x\to0}(1+2x)^{\frac{3}{\sin x}}$;

(12) $\lim\limits_{x\to0} \dfrac{1-\cos x}{(\mathrm{e}^x-1)\ln(1+x)}$.

4. 求下列函数的间断点,并判断其类型. 如果是可去间断点,则补充或改变函数的定义,使其在该点连续:

(1) $y=\begin{cases} x-1, & x\leqslant1, \\ 3-x, & x>1; \end{cases}$

(2) $y=\dfrac{x^2-x}{|x|(x^2-1)}$.

5. 设 $f(x)=\begin{cases} \dfrac{\cos x}{x+2}, & x\geqslant0, \\[2mm] \dfrac{\sqrt{a}-\sqrt{a-x}}{x}, & x<0\ (a>0). \end{cases}$

(1) 当 a 为何值时, $x=0$ 是 $f(x)$ 的连续点?

(2) 当 a 为何值时, $x=0$ 是 $f(x)$ 的间断点?是什么类型的间断点?

6. 试证方程 $x\cdot2^x=1$ 至少有一个小于1的正根.

(B)

1. 讨论极限 $\lim\limits_{x\to0} \dfrac{1-2^{\frac{1}{x}}}{1+2^{\frac{1}{x}}}$ 是否存在.

2. 求下列极限:

(1) $\lim\limits_{x\to\mathrm{e}} \dfrac{x-\mathrm{e}}{\ln x-1}$;

(2) $\lim\limits_{x\to0} \dfrac{\sqrt{1+\sin x}-\sqrt{1+\tan x}}{x^3}$;

(3) $\lim\limits_{x\to\infty}x\sin\dfrac{2x}{1+x^2}$;

(4) $\lim\limits_{x\to0}\left(\lim\limits_{n\to\infty}\cos\dfrac{x}{2}\cos\dfrac{x}{2^2}\cdots\cos\dfrac{x}{2^n}\right)$.

3. 问 a,b 为何值时, $\lim\limits_{x\to0} \dfrac{\sin x}{a-\mathrm{e}^x}(b-\cos x)=2$?

4. 问 a 为何值时,函数 $f(x)=\begin{cases} x^2+1, & |x|\leqslant a, \\[2mm] \dfrac{2}{|x|}, & |x|>a \end{cases}$ 连续?

5. 函数 $f(x)=\dfrac{|x|\sin(x-1)}{x(x-1)(x-2)}$ 在下列区间内有界的是_____.

A $(0,1)$ B $(1,2)$ C $(0,2)$ D $(2,3)$

6. 函数 $f(x)=\dfrac{x^3-x}{\sin\pi x}$ 的可去间断点的个数为_____.

A 1   B 2   C 3   D 无穷多个

7. 函数 $f(x)=\lim\limits_{n\to\infty} \dfrac{1+x}{1+x^{2n}}$ 的间断点情况是_____.

A 不存在间断点   B 存在间断点 $x=1$

C 存在间断点 $x=0$ D 存在间断点 $x=-1$

8. 设 $0 < a < b$,求极限 $\lim\limits_{n\to\infty}(a^{-n}+b^{-n})^{\frac{1}{n}}$.

9. 试确定 a,b,c 的值,使得

$$e^x(1+ax+bx^2) = 1+cx+o(x^3).$$

其中 $o(x^3)$ 是当 $x\to 0$ 时比 x^3 高阶的无穷小.

10. 设函数 $f(x)$ 在区间 $[a,b]$ 上连续,且

$$f(a) < a, \quad f(b) > b,$$

证明:存在 $\xi\in(a,b)$,使得 $f(\xi)=\xi$.

11. 证明方程

$$\frac{1}{x-1}+\frac{1}{x-2}+\frac{1}{x-3}=0$$

有分别包含于 $(1,2),(2,3)$ 内的两个实根.

12. 设 $f(x)$ 在 $[a,+\infty)$ 上连续,$f(a)>0$,且

$$\lim_{x\to+\infty}f(x) = A < 0.$$

证明:在 $[a,+\infty)$ 上至少有一点 ξ,使得 $f(\xi)=0$.

宇宙之大,粒子之微,火箭之速,化工之巧,地球之变,生物之谜,日用之繁,无处不用数学.

—— 华罗庚(中国数学家)

第 3 章

导数与微分

在 科技、经济和实际生活中,经常遇到两类问题:一是求函数相对于自变量的变化率;二是当自变量发生微小变化时,求函数改变量的近似值. 前者是导数的问题,后者是微分的问题.

数学中研究导数、微分及其应用的部分称为微分学,研究不定积分、定积分及其应用的部分称为积分学. 微分学与积分学统称为微积分学. 微积分学是高等数学最基本、最重要的组成部分,是现代数学许多分支的基础.

本章以极限为基础,引入导数与微分的定义,建立导数与微分的计算方法.

课程思政案例

知识框图

§3.1　导数概念

3.1.1　引入导数概念的 3 个实例

1. 切线问题

如图 3-1 所示,给定平面曲线 $C: y = f(x)$,设点 $P_0(x_0, y_0)$ 是 C 上的一点,求过点 P_0 的切线 P_0T.

在 C 上取一点 $P(x_0 + \Delta x, y_0 + \Delta y)$,当 P 趋近于 P_0 时,割线 PP_0 所趋近的确定位置即为切线 P_0T. 由于割线 PP_0 的斜率为

$$\tan\varphi = \frac{\Delta y}{\Delta x} = \frac{f(x_0 + \Delta x) - f(x_0)}{\Delta x}.$$

当 P 趋近于 P_0 时,即 $\Delta x \to 0$,则切线 P_0T 的斜率就是极限

$$k = \lim_{\Delta x \to 0} \frac{\Delta y}{\Delta x} = \lim_{\Delta x \to 0} \frac{f(x_0 + \Delta x) - f(x_0)}{\Delta x}, \qquad (3-1)$$

故切线 P_0T 的方程为

$$y - y_0 = k(x - x_0).$$

当 $k = \pm\infty$ 时, P_0T 的方程为 $x = x_0$,即此时的切线是竖直切线.

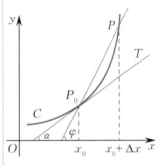

图 3-1

2. 速度问题

我们乘坐汽车在高速公路上感到很舒适时,汽车一般是以 100 km/h 的速度匀速前进. 而当汽车需要经过收费站时,就必须减速. 在减速的过程中,汽车的速度慢慢从高速到低速,最后速度为 0. 这个过程中每一时刻汽车的速度都不相同,如何求 t_0 时刻汽车的瞬时速度呢?

设汽车所经过的路程 s 是时间 t 的函数: $s = s(t)$,任取接近于 t_0 的时刻 $t_0 + \Delta t$,则汽车在这段时间内所经过的路程为

$$\Delta s = s(t_0 + \Delta t) - s(t_0),$$

而汽车在这段时间内的平均速度为

$$\bar{v} = \frac{\Delta s}{\Delta t} = \frac{s(t_0 + \Delta t) - s(t_0)}{\Delta t}.$$

显然, Δt 越小,平均速度 $\bar{v}$ 就与 t_0 时刻的瞬时速度 $v(t_0)$ 越接近. 因此,当 $\Delta t \to 0$ 时,平均速度 $\bar{v}$ 的极限值称为 t_0 时刻的瞬时速度 $v(t_0)$,即

$$v(t_0) = \lim_{\Delta t \to 0} \frac{\Delta s}{\Delta t} = \lim_{\Delta t \to 0} \frac{s(t_0 + \Delta t) - s(t_0)}{\Delta t}. \qquad (3-2)$$

3. 产品总成本的变化率

设某产品的总成本 C 是产量 q 的函数: $C = C(q)$,若产量由 q_0

变为 $q_0 + \Delta q$，则总成本相应的改变量为

$$\Delta C = C(q_0 + \Delta q) - C(q_0),$$

总成本的平均变化率为

$$\frac{\Delta C}{\Delta q} = \frac{C(q_0 + \Delta q) - C(q_0)}{\Delta q}.$$

当 $\Delta q \to 0$ 时，若极限

$$\lim_{\Delta q \to 0} \frac{\Delta C}{\Delta q} = \lim_{\Delta q \to 0} \frac{C(q_0 + \Delta q) - C(q_0)}{\Delta q} \qquad (3-3)$$

存在，则称此极限是产量为 q_0 时的产品总成本的变化率.

以上 3 个实例背景虽然不同，但从所得到的 3 个式子(3-1)，(3-2) 和(3-3) 可见，其实质都是一个特定的极限：当自变量的改变量趋于零时，函数改变量与自变量的改变量之比的极限. 这个特定的极限就称为导数.

3.1.2　导数的定义

定义　设函数 $y = f(x)$ 在点 x_0 的某邻域 U 内有定义，当自变量 x 在点 x_0 处取得改变量 $\Delta x (\Delta x \neq 0$，且 $x_0 + \Delta x \in U)$ 时，函数 y 取得相应的改变量

$$\Delta y = f(x_0 + \Delta x) - f(x_0),$$

若极限

$$\lim_{\Delta x \to 0} \frac{\Delta y}{\Delta x} = \lim_{\Delta x \to 0} \frac{f(x_0 + \Delta x) - f(x_0)}{\Delta x} \qquad (3-4)$$

存在，则称函数 $y = f(x)$ 在点 x_0 处可导，并称此极限值为函数 $y = f(x)$ 在点 x_0 处的导数，记为

$$f'(x_0), \quad y' \Big|_{x = x_0}, \quad \frac{\mathrm{d}y}{\mathrm{d}x} \Big|_{x = x_0} \quad \text{或} \quad \frac{\mathrm{d}f(x)}{\mathrm{d}x} \Big|_{x = x_0}.$$

注　上述定义中 $\Delta x, \Delta y$ 分别是 x, y 的改变量或增量，可正可负. $\frac{\Delta y}{\Delta x}$ 是函数 $y = f(x)$ 在以 x_0 和 $x_0 + \Delta x$ 为端点的区间上的"平均变化率"，而导数 $f'(x_0)$ 则是函数 $y = f(x)$ 在点 x_0 处的变化率，它反映了函数随自变量变化而变化的快慢程度.

函数 $y = f(x)$ 在点 x_0 处可导有时也称为函数 $y = f(x)$ 在点 x_0 处具有导数或导数存在，点 x_0 称为可导点；如果极限式(3-4) 不存在，则称函数 $y = f(x)$ 在点 x_0 处不可导，此时点 x_0 称为不可导点.

导数的定义式(3-4) 也可采取不同的形式，例如，若令 $h = \Delta x$，则式(3-4) 改写为

$$f'(x_0) = \lim_{h \to 0} \frac{f(x_0 + h) - f(x_0)}{h}. \qquad (3-5)$$

若令 $x = x_0 + \Delta x$，则有

$$f'(x_0) = \lim_{x \to x_0} \frac{f(x) - f(x_0)}{x - x_0}. \qquad (3-6)$$

注　式(3-4),(3-5),(3-6)都可作为导数的计算式,需要视实际而选用.

例 1 ▶　求函数 $y = x^3$ 在 $x = 1$ 处的导数 $f'(1)$.

解　当 x 由 1 变到 $1 + \Delta x$ 时,函数相应的增量为

$$\Delta y = (1 + \Delta x)^3 - 1^3 = 3 \cdot \Delta x + 3 \cdot (\Delta x)^2 + (\Delta x)^3,$$

于是

$$\frac{\Delta y}{\Delta x} = 3 + 3\Delta x + (\Delta x)^2,$$

所以

$$f'(1) = \lim_{\Delta x \to 0} \frac{\Delta y}{\Delta x} = \lim_{\Delta x \to 0} [3 + 3\Delta x + (\Delta x)^2] = 3.$$

例 1 是用了式(3-4)求导数,读者可分别试用式(3-5)和式(3-6)求此导数,将会感到方便一些.

例 2 ▶　讨论函数 $y = \sqrt[3]{x}$ 在 $x = 0$ 处的导数是否存在.

解　根据式(3-5),有

$$f'(0) = \lim_{h \to 0} \frac{f(0+h) - f(0)}{h} = \lim_{h \to 0} \frac{\sqrt[3]{h}}{h} = \infty,$$

故函数 $y = \sqrt[3]{x}$ 在 $x = 0$ 处不可导.

注　为方便起见,允许导数 $f'(x_0) = \pm\infty$,但此时不能说 $y = f(x)$ 在点 x_0 处可导!恰恰相反,此时 $y = f(x)$ 在点 x_0 处的导数不存在!

例 3 ▶　讨论函数 $f(x) = \begin{cases} x\sin\dfrac{1}{x}, & x \neq 0, \\ 0, & x = 0 \end{cases}$ 在 $x = 0$ 处的连续性与可导性.

解　因为 $\sin\dfrac{1}{x}$ 是有界函数,所以 $\lim\limits_{x \to 0} x\sin\dfrac{1}{x} = 0$. 因为

$$f(0) = \lim_{x \to 0} f(x) = 0,$$

所以 $f(x)$ 在 $x = 0$ 处连续.

但在 $x = 0$ 处有

$$\lim_{x \to 0} \frac{f(x) - f(0)}{x - 0} = \lim_{x \to 0} \frac{x\sin\dfrac{1}{x}}{x} = \lim_{x \to 0} \sin\frac{1}{x}.$$

由于 $x \to 0$ 时, $\sin\dfrac{1}{x}$ 在 -1 和 1 之间振荡,故该极限不存在. 因此 $f(x)$ 在 $x = 0$ 处不可导.

注　例 3 表明,函数 $y = f(x)$ 在其连续点处不一定可导. 但由以下定理可知,函数 $y = f(x)$ 在其可导点处一定连续.

定理 1　如果函数 $y = f(x)$ 在点 x_0 处可导,则 $y = f(x)$ 在点 x_0 处连续.

证　令 $\Delta y = f(x_0 + \Delta x) - f(x_0)$,则

$$\lim_{\Delta x \to 0} \Delta y = \lim_{\Delta x \to 0} \frac{\Delta y}{\Delta x} \cdot \lim_{\Delta x \to 0} \Delta x = f'(x_0) \cdot 0 = 0,$$

故 $y = f(x)$ 在点 x_0 处连续.

3.1.3　左导数和右导数

由于函数 $y = f(x)$ 在点 x_0 处的导数是否存在取决于极限

$$\lim_{\Delta x \to 0} \frac{\Delta y}{\Delta x} = \lim_{\Delta x \to 0} \frac{f(x_0 + \Delta x) - f(x_0)}{\Delta x}$$

是否存在,而极限存在的充分必要条件是左、右极限都存在且相等,因此,导数 $f'(x_0)$ 存在的充分必要条件是左、右极限

$$\lim_{\Delta x \to 0^-} \frac{f(x_0 + \Delta x) - f(x_0)}{\Delta x} \text{ 和 } \lim_{\Delta x \to 0^+} \frac{f(x_0 + \Delta x) - f(x_0)}{\Delta x}$$

都存在且相等. 这两个极限分别称为函数 $y = f(x)$ 在点 x_0 处的左导数和右导数,分别记为 $f'_-(x_0)$ 和 $f'_+(x_0)$.

定理 2　函数 $y = f(x)$ 在点 x_0 处可导的充分必要条件是函数 $y = f(x)$ 在点 x_0 处的左导数和右导数都存在且相等.

注　定理 2 常用于讨论分段函数在分段点的导数.

例 4 ▶　函数 $f(x) = \begin{cases} x^2, & x \leqslant 0, \\ x^3, & x > 0 \end{cases}$ 在 $x = 0$ 处是否可导?若可导,求其导数.

解　考察 $x = 0$ 处的左、右导数,

$$f'_-(0) = \lim_{h \to 0^-} \frac{f(0+h) - f(0)}{h} = \lim_{h \to 0^-} \frac{h^2}{h} = \lim_{h \to 0^-} h = 0,$$

$$f'_+(0) = \lim_{h \to 0^+} \frac{f(0+h) - f(0)}{h} = \lim_{h \to 0^+} \frac{h^3}{h} = \lim_{h \to 0^+} h^2 = 0,$$

所以函数 $f(x)$ 在 $x = 0$ 处可导,且 $f'(0) = 0$.

例 5 ▶　讨论函数 $f(x) = |x|$ 在 $x = 0$ 处的可导性.

解　考察 $x = 0$ 处的左、右导数,

$$f'_-(0) = \lim_{h \to 0^-} \frac{f(0+h) - f(0)}{h} = \lim_{h \to 0^-} \frac{|h|}{h} = \lim_{h \to 0^-} \frac{-h}{h} = -1,$$

$$f'_+(0) = \lim_{h \to 0^+} \frac{f(0+h) - f(0)}{h} = \lim_{h \to 0^+} \frac{|h|}{h} = \lim_{h \to 0^+} \frac{h}{h} = 1,$$

由于 $f'_-(0) \neq f'_+(0)$,因此 $f(x)$ 在 $x = 0$ 处不可导.

读者可画出该函数的图形,通过分析,可以发现曲线在 $x=0$ 处出现"尖点"的现象. 如果函数在某点可导,则其图形必定在该点处于"光滑"状态.

3.1.4　函数的导数

以上讨论的是函数在某点的导数,如果函数 $y=f(x)$ 在开区间 (a,b) 内每点均可导,则称函数 $y=f(x)$ 在开区间 (a,b) 内可导. 此时,对于 (a,b) 内的每一个点 x,均对应着函数 $f(x)$ 的一个导数值 $f'(x)$,因此也就构成了一个新的函数,这个函数称为 $f(x)$ 的导函数,通常仍简称为导数,记为

$$f'(x), \quad y', \quad \frac{\mathrm{d}y}{\mathrm{d}x} \quad 或 \quad \frac{\mathrm{d}f(x)}{\mathrm{d}x}.$$

根据导数的定义,可得函数导数的计算式为

$$f'(x) = \lim_{h \to 0} \frac{f(x+h) - f(x)}{h}. \tag{3-7}$$

现用式 $(3-7)$ 来计算一些常用的初等函数的导数.

例 6 ▶ 求函数 $f(x) = C(C$ 为常数$)$ 的导数.

解　$f'(x) = \lim\limits_{h \to 0} \dfrac{f(x+h) - f(x)}{h} = \lim\limits_{h \to 0} \dfrac{C - C}{h} = 0,$

即 $(C)' = 0.$

例 7 ▶ 求函数 $y = x^n (n$ 为正整数$)$ 的导数.

解　$(x^n)' = \lim\limits_{h \to 0} \dfrac{(x+h)^n - x^n}{h} = \lim\limits_{h \to 0} \left[nx^{n-1} + \dfrac{n(n-1)}{2!} x^{n-2} h + \cdots + h^{n-1} \right]$

$\qquad = nx^{n-1},$

即 $(x^n)' = nx^{n-1}.$

更一般地,有

$$(x^\mu)' = \mu x^{\mu-1} \quad (\mu \in \mathbf{R}).$$

例如,

$$(\sqrt{x})' = \frac{1}{2} x^{\frac{1}{2}-1} = \frac{1}{2\sqrt{x}};$$

$$\left(\frac{1}{x} \right)' = (x^{-1})' = (-1) x^{-1-1} = -\frac{1}{x^2}.$$

如果已知函数的导函数 $f'(x)$,要求函数在某点的导数 $f'(x_0)$,则只要代入该点计算即可,即

$$f'(x_0) = f'(x) \Big|_{x=x_0}.$$

例如,例 1 可利用例 7 的结果,因为 $(x^3)' = 3x^2$,所以 $y = x^3$ 在 $x=1$ 处的导数 $f'(1) = 3 \times 1^2 = 3.$

请想一想下式是否成立: $f'(x_0) = (f(x_0))'$?

例 8 ▶ 设函数 $f(x) = \sin x$，求 $(\sin x)'$ 及 $(\sin x)'\big|_{x=\frac{\pi}{3}}$.

解 利用式(3-7)及正弦的和差化积公式，得

$$(\sin x)' = \lim_{h \to 0} \frac{\sin(x+h) - \sin x}{h} = \lim_{h \to 0} \cos\left(x + \frac{h}{2}\right) \cdot \frac{\sin\frac{h}{2}}{\frac{h}{2}} = \cos x,$$

即 $(\sin x)' = \cos x$.

$$(\sin x)'\big|_{x=\frac{\pi}{3}} = \cos x\big|_{x=\frac{\pi}{3}} = \frac{1}{2}.$$

类似可得 $(\cos x)' = -\sin x$. 读者可试推导之.

例 9 ▶ 求函数 $f(x) = a^x (a > 0, a \neq 1)$ 的导数.

解 $(a^x)' = \lim_{h \to 0} \frac{a^{x+h} - a^x}{h} = a^x \lim_{h \to 0} \frac{a^h - 1}{h} = a^x \lim_{h \to 0} \frac{e^{h\ln a} - 1}{h}$

$$= a^x \lim_{h \to 0} \frac{h\ln a}{h} = a^x \ln a,$$

即 $(a^x)' = a^x \ln a$.

特别地，当 $a = e$ 时，有 $(e^x)' = e^x$.

请想一想：$(e^{-x})' = ?$

例 10 ▶ 求函数 $y = \log_a x (a > 0, a \neq 1)$ 的导数.

解 $y' = \lim_{h \to 0} \frac{\log_a(x+h) - \log_a x}{h} = \lim_{h \to 0} \frac{\log_a\left(1 + \frac{h}{x}\right)}{\frac{h}{x}} \cdot \frac{1}{x}$

$$= \frac{1}{x} \lim_{h \to 0} \log_a \left(1 + \frac{h}{x}\right)^{\frac{x}{h}} = \frac{1}{x} \log_a e,$$

即 $(\log_a x)' = \frac{1}{x \ln a}$.

特别地，有 $(\ln x)' = \frac{1}{x}$.

以上推导的导数公式可直接应用于解决相关问题，必须熟练掌握. 其他基本初等函数的导数公式将于下一节介绍.

3.1.5 导数的几何意义

动画视频

在 3.1.1 的 3 个实例中，关于速度问题的结论可简述如下：作直线运动的质点，其瞬时速度 $v(t)$ 是路程 $s(t)$ 对时间 t 的导数，即
$$v(t) = s'(t).$$

类似地，产品总成本 $C(q)$ 的变化率为导数 $C'(q)$. 这方面的意义及经济分析将在下一章专门介绍.

关于切线问题的结论可简述如下：若曲线 $y = f(x)$ 在点 (x_0, y_0) 处有切线，则其斜率为导数 $f'(x_0)$. 简言之，导数 $f'(x_0)$ 的几何意义为曲线 $y = f(x)$ 在点 (x_0, y_0) 处的切线斜率.

当 $f'(x_0)$ 存在时，曲线 $y = f(x)$ 在点 (x_0, y_0) 处的切线方程为
$$y - y_0 = f'(x_0)(x - x_0). \tag{3-8}$$

若 $f'(x_0) = \pm\infty$，则曲线 $y = f(x)$ 在点 (x_0, y_0) 处有垂直于 x 轴的切线 $x = x_0$.

过切点 (x_0, y_0) 且与切线垂直的直线称为曲线 $y = f(x)$ 在点 (x_0, y_0) 处的法线，故相对应的法线方程为
$$y - y_0 = -\frac{1}{f'(x_0)}(x - x_0) \quad (f'(x_0) \neq 0). \tag{3-9}$$

请思考：当 $f'(x_0) = 0$ 和 $f'(x_0) = \pm\infty$ 时，曲线 $y = f(x)$ 在点 (x_0, y_0) 处的法线方程分别为怎样的方程？

例 11▶ 求等边双曲线 $y = \dfrac{1}{x}$ 在点 $\left(3, \dfrac{1}{3}\right)$ 处的切线斜率，并写出在该点处的切线方程和法线方程.

解 由导数的几何意义，得切线斜率
$$k = y'\Big|_{x=3} = \left(\frac{1}{x}\right)'\Big|_{x=3} = -\frac{1}{x^2}\Big|_{x=3} = -\frac{1}{9}.$$

故所求切线方程为
$$y - \frac{1}{3} = -\frac{1}{9}(x - 3), \quad \text{即} \quad x + 9y - 6 = 0;$$

法线方程为
$$y - \frac{1}{3} = 9(x - 3), \quad \text{即} \quad 27x - 3y - 80 = 0.$$

例 12▶ 求曲线 $y = \ln x$ 在点 $(1, 0)$ 处的切线与 y 轴的交点.

解 曲线 $y = \ln x$ 在点 $(1, 0)$ 处的切线斜率为
$$k = y'\Big|_{x=1} = \frac{1}{x}\Big|_{x=1} = 1.$$

故切线方程为 $y = x - 1$. 上式中，令 $x = 0$，得 $y = -1$，所以曲线 $y = \ln x$ 在点 $(1, 0)$ 处的切线与 y 轴的交点为 $(0, -1)$.

习题 3-1

1. 设某产品的总成本 C 是产量 q 的函数：$C = q^2 + 1$，求：
   (1) 从 $q = 100$ 到 $q = 102$ 时，自变量的改变量 Δq；
   (2) 从 $q = 100$ 到 $q = 102$ 时，函数的改变量 ΔC；
   (3) 从 $q = 100$ 到 $q = 102$ 时，函数的平均变化率；
   (4) 总成本在 $q = 100$ 处的变化率.

2. 设 $f(x) = 2\sqrt{x}$,根据导数定义求 $f'(4)$.

3. 根据函数导数定义,证明:$(\cos x)' = -\sin x$.

4. 已知 $f'(a) = k$,求下列极限:

(1) $\lim\limits_{x \to 0} \dfrac{f(a-x) - f(a)}{x}$;

(2) $\lim\limits_{x \to 0} \dfrac{f(a+x) - f(a-x)}{x}$.

5. 已知 $f(0) = 0, f'(0) = 1$,计算极限 $\lim\limits_{x \to 0} \dfrac{f(2x)}{x}$.

6. 求下列函数的导数:

(1) $y = x^5$;

(2) $y = \sqrt{x\sqrt{x}}$;

(3) $y = e^{-x}$;

(4) $y = 2^x e^x$;

(5) $y = \lg x$;

(6) $y = \sin \dfrac{\pi}{4}$.

7. 函数 $f(x) = \begin{cases} \sin x, & x < 0, \\ x, & x \geqslant 0 \end{cases}$ 在 $x = 0$ 处是否可导?若可导,求其导数.

8. 讨论函数

$$f(x) = \begin{cases} -x, & x \leqslant 0, \\ 2x, & 0 < x < 1, \\ x^2 + 1, & x \geqslant 1 \end{cases}$$

在点 $x = 0$ 和 $x = 1$ 处的连续性与可导性.

9. 求等边双曲线 $y = \dfrac{1}{x}$ 在点 $\left(\dfrac{1}{2}, 2\right)$ 处的切线斜率,并写出在该点处的切线方程和法线方程.

10. 求曲线 $y = \ln x$ 在点 $(e, 1)$ 处的切线与 y 轴的交点.

§3.2 导数基本运算与导数公式

导数作为解决有关函数的变化率问题的有效工具,需要建立计算导数的简便方法,而直接用定义求导数并不可取. 本节将介绍计算导数的基本法则,并完善基本初等函数的导数公式. 在此基础上,将能方便解决常用初等函数的导数计算问题.

3.2.1 导数的四则运算法则

定理 1 设函数 $u = u(x), v = v(x)$ 是可导函数,则有以下法则:

(1) 线性法则 $(\alpha u + \beta v)' = \alpha u' + \beta v'$,其中 α, β 为常数;

(2) 积法则(莱布尼兹(Leibniz) 法则) $(uv)' = u'v + uv'$;

(3) 商法则 $\left(\dfrac{u}{v}\right)' = \dfrac{u'v - uv'}{v^2} (v \neq 0)$.

证 (1) 线性法则可直接从导数定义推出

$$(\alpha u + \beta v)' = \lim\limits_{h \to 0} \dfrac{[\alpha u(x+h) + \beta v(x+h)] - [\alpha u(x) + \beta v(x)]}{h}$$

$$= \alpha \lim_{h\to 0} \frac{u(x+h)-u(x)}{h} + \beta \lim_{h\to 0} \frac{v(x+h)-v(x)}{h}$$

$$= \alpha u' + \beta v'.$$

$$(2) \ (uv)' = \lim_{h\to 0} \frac{u(x+h)\cdot v(x+h) - u(x)\cdot v(x)}{h}$$

$$= \lim_{h\to 0}\Big[\frac{u(x+h)-u(x)}{h} \cdot v(x+h)$$

$$+ u(x) \frac{v(x+h)-v(x)}{h} \Big]$$

$$= \lim_{h\to 0} \frac{u(x+h)-u(x)}{h} \cdot \lim_{h\to 0} v(x+h)$$

$$+ u(x) \cdot \lim_{h\to 0} \frac{v(x+h)-v(x)}{h}$$

$$= u'v + uv',$$

其中,因 $v = v(x)$ 可导,故 v 连续,于是 $\lim\limits_{h\to 0} v(x+h) = v(x)$.

特别地,$(Cu)' = Cu'$,C 为常数.

类似地,可证明商法则(3),也可由积法则得出

$$\left(\frac{u}{v} \right)' = \frac{1}{v} \cdot u' + u\left(\frac{1}{v} \right)' = \frac{1}{v^2}\left[u'v + uv^2\left(\frac{1}{v} \right)' \right].$$

从而只需证明 $\left(\dfrac{1}{v} \right)' = -\dfrac{1}{v^2} \cdot v'$. 请读者试证之.

注　线性法则与积法则可推广到更一般的情形:

$$\Big(\sum_{i=1}^{n} \alpha_i u_i \Big)' = \sum_{i=1}^{n} \alpha_i u_i';$$

$$(u_1 u_2 \cdots u_n)' = u_1' u_2 \cdots u_n + u_1 u_2' \cdots u_n + \cdots + u_1 u_2 \cdots u_n'.$$

例 1　求 $y = x^4 - 2x^3 + 5\sin x + \ln 3$ 的导数.

解　$y' = (x^4)' - 2(x^3)' + 5(\sin x)' + (\ln 3)' = 4x^3 - 6x^2 + 5\cos x.$

例 2　求 $f(x) = 2\sqrt{x}\cos x$ 的导数,并求 $f'\left(\dfrac{\pi}{2} \right)$.

解　$f'(x) = (2\sqrt{x}\cos x)' = 2(\sqrt{x}\cos x)' = 2[(\sqrt{x})'\cos x + \sqrt{x}(\cos x)']$

$$= 2\left(\frac{1}{2\sqrt{x}}\cos x - \sqrt{x}\sin x \right) = \frac{1}{\sqrt{x}}\cos x - 2\sqrt{x}\sin x.$$

$$f'\left(\frac{\pi}{2} \right) = \left(\frac{1}{\sqrt{x}}\cos x - 2\sqrt{x}\sin x \right)\Big|_{x=\frac{\pi}{2}} = -\sqrt{2\pi}.$$

例 3　求 $y = \mathrm{e}^x \sin 2x$ 的导数.

解　因为 $y = 2\mathrm{e}^x \sin x\cos x$,所以

$$y' = 2(\mathrm{e}^x)'\sin x\cos x + 2\mathrm{e}^x(\sin x)'\cos x + 2\mathrm{e}^x\sin x(\cos x)'$$

$$= 2\mathrm{e}^x\sin x\cos x + 2\mathrm{e}^x\cos x\cos x + 2\mathrm{e}^x\sin x(-\sin x)$$

$$= \mathrm{e}^x(2\sin x\cos x + 2\cos^2 x - 2\sin^2 x)$$

$$= \mathrm{e}^x(\sin 2x + 2\cos 2x).$$

例 4 ▶ 验证下列公式:

(1) $(\tan x)' = \sec^2 x$;　　　　　　(2) $(\cot x)' = -\csc^2 x$;

(3) $(\sec x)' = \sec x \tan x$;　　　　(4) $(\csc x)' = -\csc x \cot x$.

证 (1) $(\tan x)' = \left(\dfrac{\sin x}{\cos x}\right)' = \dfrac{(\sin x)' \cos x - \sin x (\cos x)'}{\cos^2 x}$

$$= \frac{\cos^2 x + \sin^2 x}{\cos^2 x} = \frac{1}{\cos^2 x} = \sec^2 x.$$

同理可推出(2) $(\cot x)' = -\csc^2 x$.

(3) $(\sec x)' = \left(\dfrac{1}{\cos x}\right)' = \dfrac{-(\cos x)'}{\cos^2 x} = \dfrac{\sin x}{\cos^2 x} = \sec x \tan x$.

同理可推出(4) $(\csc x)' = -\csc x \cot x$.

3.2.2　复合函数的求导法则

定理 2(链式法则)　若函数 $u = g(x)$ 在点 x 处可导,而 $y = f(u)$ 在点 $u = g(x)$ 处可导,则复合函数 $y = f(g(x))$ 在点 x 处可导,且其导数为

$$\frac{\mathrm{d}y}{\mathrm{d}x} = f'(u) \cdot g'(x) \quad \text{或} \quad \frac{\mathrm{d}y}{\mathrm{d}x} = \frac{\mathrm{d}y}{\mathrm{d}u} \cdot \frac{\mathrm{d}u}{\mathrm{d}x}. \quad (3-10)$$

证　因 $y = f(u)$ 在点 u 处可导,故

$$\lim_{\Delta u \to 0} \frac{\Delta y}{\Delta u} = f'(u).$$

令

$$\alpha = \alpha(\Delta u) = \begin{cases} \dfrac{\Delta y}{\Delta u} - f'(u), & \Delta u \neq 0, \\ 0, & \Delta u = 0, \end{cases}$$

因 $u = g(x)$ 可导,故 $u = g(x)$ 连续,从而 $\lim\limits_{\Delta x \to 0} \Delta u = 0$,所以 $\lim\limits_{\Delta x \to 0} \alpha = 0$,且

$$\Delta y = f'(u) \Delta u + \alpha \cdot \Delta u.$$

(当 $\Delta u = 0$ 时,上式右边为零,左边 $\Delta y = f(u + \Delta u) - f(u) = 0$,故上式也成立.)

由于 $y = f(g(x))$,$\Delta y = f(g(x + \Delta x)) - f(g(x))$,因此

$$\frac{\mathrm{d}y}{\mathrm{d}x} = \lim_{\Delta x \to 0} \frac{\Delta y}{\Delta x} = \lim_{\Delta x \to 0} \left(f'(u) \frac{\Delta u}{\Delta x} + \alpha \cdot \frac{\Delta u}{\Delta x} \right)$$

$$= f'(u) \cdot g'(x).$$

注　复合函数求导的链式法则可叙述如下:复合函数的导数,等于函数对中间变量的导数乘以中间变量对自变量的导数.

例 5 ▶ 求函数 $y = (3x + 1)^{10}$ 的导数.

解　设 $y = u^{10}, u = 3x + 1$,则

$$\frac{dy}{dx} = \frac{dy}{du} \cdot \frac{du}{dx} = 10u^9 \cdot 3 = 10(3x+1)^9 \cdot 3 = 30(3x+1)^9.$$

例 6 ▶　求函数 $y = \ln\cos x$ 的导数.

解　设 $y = \ln u, u = \cos x$,则

$$\frac{dy}{dx} = \frac{dy}{du} \cdot \frac{du}{dx} = \frac{1}{u} \cdot (-\sin x) = -\frac{\sin x}{\cos x} = -\tan x.$$

例 7 ▶　求函数 $y = \sin\ln x$ 的导数.

解　$y' = \cos\ln x \cdot (\ln x)' = \cos\ln x \cdot \frac{1}{x} = \frac{\cos\ln x}{x}.$

例 8 ▶　求 $y = e^x \cdot \sin 2x$ 的导数.

解　$y' = (e^x)'\sin 2x + e^x(\sin 2x)' = e^x\sin 2x + e^x(\cos 2x \cdot 2)$
$= e^x(\sin 2x + 2\cos 2x).$

这里不必像例 3 那样拆开 $\sin 2x$,显然计算要简单得多.

复合函数求导的链式法则可推广到多个中间变量的情形.例如,设 $y = f(u(v(x))), y = f(u), u = u(v), v = v(x)$ 可导,则

$$\frac{dy}{dx} = f'(u) \cdot u'(v) \cdot v'(x) \quad \text{或} \quad \frac{dy}{dx} = \frac{dy}{du} \cdot \frac{du}{dv} \cdot \frac{dv}{dx}.$$

注　在运用复合函数求导的链式法则时,要把握"由外及里,逐层求导"的思想.首先要始终明确所求的导数是哪个函数对哪个变量(不管是自变量还是中间变量)的导数;其次,在逐层求导时,不要遗漏,也不要重复.熟练之后就不必写出中间变量,记在心中,一气呵成.

例 9 ▶　求函数 $y = e^{\tan(1+2x)}$ 的导数.

解 1　令 $y = e^u, u = \tan v, v = 1+2x$,于是
$y'_x = y'_u \cdot u'_v \cdot v'_x = (e^u)' \cdot (\tan v)' \cdot (1+2x)'$
$= e^u \cdot \sec^2 v \cdot 2 = 2e^{\tan(1+2x)} \cdot \sec^2(1+2x).$

解 2　$y' = e^{\tan(1+2x)}[\tan(1+2x)]' = e^{\tan(1+2x)} \cdot \sec^2(1+2x) \cdot (1+2x)'$
$= 2e^{\tan(1+2x)} \cdot \sec^2(1+2x).$

3.2.3　反函数的求导法则

定理 3　设函数 $x = \varphi(y)$ 在区间 J 上单调、可导且 $\varphi'(y) \neq 0$,则其反函数 $y = f(x)$ 在对应的区间 I 上也可导,且

$$f'(x) = \frac{1}{\varphi'(y)} \quad \text{或} \quad \frac{dy}{dx} = \frac{1}{\frac{dx}{dy}}.$$

注　反函数的求导法则可叙述如下:反函数的导数等于直接函数的导数的倒数.

略去定理的严格证明,但可见,由 $y = f(x)$ 可导,则可对恒等式 $\varphi(f(x)) = x$ 求导并用复合函数求导的链式法则,得到 $\varphi'(y)f'(x) = 1$,从而得证.

例 10▶ 求函数 $y = \arcsin x$ 的导数.

解 因为 $x = \sin y$ 在 $J = \left(-\dfrac{\pi}{2}, \dfrac{\pi}{2}\right)$ 内单调、可导,且 $(\sin y)' = \cos y > 0$,所以在对应区间 $I = (-1, 1)$ 内,有

$$(\arcsin x)' = \frac{1}{(\sin y)'} = \frac{1}{\cos y} = \frac{1}{\sqrt{1 - \sin^2 y}} = \frac{1}{\sqrt{1 - x^2}}.$$

类似地,可得

$$(\arccos x)' = -\frac{1}{\sqrt{1 - x^2}},$$

$$(\arctan x)' = \frac{1}{1 + x^2},$$

$$(\text{arccot} x)' = -\frac{1}{1 + x^2}.$$

至此,已求出所有基本初等函数的导数,现将公式汇总如下,以备查用.

3.2.4　导数表(常数和基本初等函数的导数公式)

(1) $(C)' = 0$;　　　　　　　　(2) $(x^\mu)' = \mu x^{\mu-1}$;

(3) $(a^x)' = a^x \ln a$;　　　　　(4) $(\text{e}^x)' = \text{e}^x$;

(5) $(\log_a x)' = \dfrac{1}{x \ln a}$;　　　(6) $(\ln x)' = \dfrac{1}{x}$;

(7) $(\sin x)' = \cos x$;　　　　(8) $(\cos x)' = -\sin x$;

(9) $(\tan x)' = \sec^2 x$;　　　(10) $(\cot x)' = -\csc^2 x$;

(11) $(\sec x)' = \sec x \tan x$;　(12) $(\csc x)' = -\csc x \cot x$;

(13) $(\arcsin x)' = \dfrac{1}{\sqrt{1 - x^2}}$;

(14) $(\arccos x)' = -\dfrac{1}{\sqrt{1 - x^2}}$;

(15) $(\arctan x)' = \dfrac{1}{1 + x^2}$;

(16) $(\text{arccot} x)' = -\dfrac{1}{1 + x^2}$.

例 11▶ 求函数 $y = \arcsin \sqrt{\sin x}$ 的导数.

解 $y' = \dfrac{1}{\sqrt{1 - \left(\sqrt{\sin x}\right)^2}} \left(\sqrt{\sin x}\right)' = \dfrac{1}{\sqrt{1 - \sin x}} \cdot \dfrac{1}{2\sqrt{\sin x}} (\sin x)'$

$$= \frac{\cos x}{2\sqrt{\sin x(1-\sin x)}}.$$

例 12 ▶ 已知 $f(u)$ 可导,求函数 $y = f(\arctan x)$ 的导数.

解 $y' = [f(\arctan x)]' = f'(\arctan x) \cdot (\arctan x)' = \dfrac{f'(\arctan x)}{1+x^2}.$

注 求此类含抽象函数的导数时,应特别注意记号的含义,在例 12 中,$f'(\arctan x)$ 表示对中间变量 $u = \arctan x$ 求导,而 $[f(\arctan x)]'$ 表示对 x 求导.

请想一想:如何利用例 12 的结果求函数 $y = (\arctan x)^3 + \ln(\arctan x)$ 的导数?

例 13 ▶ 求 $y = f(x^2) + [f(x)]^2$ 的导数,其中 $f(x)$ 可导.

解 $y' = f'(x^2) \cdot (x^2)' + 2f(x) \cdot f'(x) = 2xf'(x^2) + 2f(x) \cdot f'(x).$

习 题 3-2

1. 求下列函数的导数:

(1) $y = x^2 + 3x - \sin x$;

(2) $y = \dfrac{x^6 + 2\sqrt{x} - 1}{x^3}$;

(3) $s = \sqrt{t}\sin t + \ln 2$;

(4) $y = x\cos x \cdot \ln x$;

(5) $y = \dfrac{x+1}{x-1}$;

(6) $y = \dfrac{e^x}{x^2+1}$.

2. 求下列函数在给定点处的导数:

(1) $y = x\arccos x$,求 $y'\big|_{x=\frac{1}{2}}$;

(2) $\rho = \theta\tan\theta + \sec\theta$,求 $\dfrac{d\rho}{d\theta}\big|_{\theta=\frac{\pi}{4}}$;

(3) $f(x) = \ln\sqrt{\dfrac{e^{3x}}{e^{3x}+1}}$,求 $f'(0)$.

3. 曲线 $y = x^3 - x + 2$ 上哪一点的切线与直线 $2x - y - 1 = 0$ 平行?

4. 求下列函数的导数:

(1) $y = \ln\sin x$;

(2) $y = (x^3 - 1)^{10}$;

(3) $y = (x + \cos^2 x)^3$;

(4) $y = \ln\dfrac{\sqrt[3]{x-2}}{\sqrt{x^2+1}}$;

(5) $y = \sin^2 x \cdot \sin x^2$;

(6) $y = \tan[\ln(1+x^2)]$;

(7) $y = 2^{\sin\frac{1}{x}}$;

(8) $y = e^{\frac{x}{\ln x}}$;

(9) $y = \ln(x + \sqrt{x^2 + a^2})$;

(10) $y = \dfrac{x}{2}\sqrt{a^2 - x^2} + \dfrac{a^2}{2}\arcsin\dfrac{x}{a}\ (a > 0)$.

5. 已知 $f(u)$ 可导,求下列函数的导数:

(1) $y = f(\csc x)$;

(2) $y = f(\tan x) + \tan(f(x))$.

§3.3 隐函数与参变量函数求导法则

前面所讨论的函数 $y=f(x)$ 的特点是：等号左边是因变量，含有自变量的式子都在等号右边. 如 $y=\mathrm{e}^{\sin x}+x^2, y=x\ln x-3\tan x$ 等. 这种形式的函数称为显函数. 其实，函数 $y=f(x)$ 还可以这样表示，例如，$y=f(x)$ 由方程 $x^2+y^2-1=0(y\geqslant 0),x^2+y^3-1=0$ 确定,这种形式表示的函数就称为隐函数. 此外，函数 $y=f(x)$ 还可由参数方程确定. 本节首先讨论隐函数的求导问题,其次介绍对数求导法,最后讨论参变量函数的求导.

3.3.1 隐函数的求导法则

隐函数求导法:假设 $y=y(x)$ 是由方程 $F(x,y)=0$ 所确定的函数,则对恒等式

$$F(x,y(x))\equiv 0$$

的两边同时对自变量 x 求导,利用复合函数求导法则,视 y 为中间变量,就可解出所求导数 $\dfrac{\mathrm{d}y}{\mathrm{d}x}$.

注 隐函数求导法实质上是复合函数求导法则的应用.

例 1 求由 $x^2+y\sin x-\cos(x-y)=0$ 所确定的函数 $y=y(x)$ 的导数 $\dfrac{\mathrm{d}y}{\mathrm{d}x}$.

解 方程两边同时对自变量 x 求导,得

$$2x+y\cos x+\sin x\cdot\frac{\mathrm{d}y}{\mathrm{d}x}+\sin(x-y)\cdot\left(1-\frac{\mathrm{d}y}{\mathrm{d}x}\right)=0,$$

整理得

$$[\sin(x-y)-\sin x]\frac{\mathrm{d}y}{\mathrm{d}x}=2x+y\cos x+\sin(x-y),$$

解得

$$\frac{\mathrm{d}y}{\mathrm{d}x}=\frac{2x+y\cos x+\sin(x-y)}{\sin(x-y)-\sin x}.$$

例 2 求由方程 $xy+\mathrm{e}^{-x}-\mathrm{e}^y=0$ 所确定的隐函数 y 的导数 $\dfrac{\mathrm{d}y}{\mathrm{d}x},\dfrac{\mathrm{d}y}{\mathrm{d}x}\Big|_{x=0}$.

解 方程两边对 x 求导,得

$$y+x\frac{\mathrm{d}y}{\mathrm{d}x}-\mathrm{e}^{-x}-\mathrm{e}^y\frac{\mathrm{d}y}{\mathrm{d}x}=0,$$

解得

$$\frac{\mathrm{d}y}{\mathrm{d}x}=\frac{\mathrm{e}^{-x}-y}{x-\mathrm{e}^y}.$$

由原方程知 $x=0,y=0$,所以

$$\frac{\mathrm{d}y}{\mathrm{d}x}\Big|_{x=0} = \frac{\mathrm{e}^{-x}-y}{x-\mathrm{e}^y}\Big|_{\substack{x=0\\y=0}} = -1.$$

例 3 ▶　求由方程 $x^3-3xy+y^3=3$ 所确定的曲线 $y=f(x)$ 在点 $M(1,2)$ 处的切线方程.

解　方程两边同时对自变量 x 求导,得

$$3x^2-3y-3xy'+3y^2y'=0,$$

解得 $y'=\dfrac{y-x^2}{y^2-x}$. 在点 $M(1,2)$ 处,$y'\Big|_{(1,2)}=\dfrac{1}{3}$,于是,在点 $M(1,2)$ 处的切线方程为

$$y-2=\frac{1}{3}(x-1),\quad 即\quad x-3y+5=0.$$

3.3.2　对数求导法

请想一想:如何求下列两个函数

$$y=x^x,\quad y=\mathrm{e}^{x^2}\sqrt{\frac{(x-1)(x-2)}{x-3}}$$

的导数?

事实上,直接使用前面的求导法则,难以求出这类函数的导数. 利用所谓的对数求导法可以比较方便地求出幂指函数(形如 $y=u(x)^{v(x)}$,$u(x)>0$ 的函数)及由多个因子积(商)的形式构成的函数的导数.

对数求导法:在函数式两边取对数,利用对数的性质化简,等式两边同时对自变量 x 求导,最后解出所求导数.

注　在运用对数求导法的过程中,一般会遇到 $\ln y$ 对 x 求导,此时务必视 y 为中间变量,应用复合函数求导法则.

例 4 ▶　求函数 $y=x^x(x>0)$ 的导数 $\dfrac{\mathrm{d}y}{\mathrm{d}x}$.

解　等式两边取对数,得

$$\ln y=x\cdot\ln x.$$

两边对 x 求导,得

$$\frac{1}{y}y'=\ln x+x\cdot\frac{1}{x},$$

故

$$\frac{\mathrm{d}y}{\mathrm{d}x}=y(\ln x+1)=x^x(\ln x+1).$$

例 5 ▶　求函数 $y=\mathrm{e}^{x^2}\sqrt{\dfrac{(x-1)(x-2)}{x-3}}$ 的导数 y'.

解　当 $x>3$ 时,函数式两边取对数,并利用对数的性质化简得

$$\ln y = x^2 + \frac{1}{2}\big[\ln(x-1)+\ln(x-2)-\ln(x-3)\big].$$

上式两边对 x 求导,得

$$\frac{1}{y}y' = 2x + \frac{1}{2}\Big(\frac{1}{x-1}+\frac{1}{x-2}-\frac{1}{x-3}\Big),$$

解得

$$y' = \frac{e^{x^2}}{2}\sqrt{\frac{(x-1)(x-2)}{x-3}}\Big(4x+\frac{1}{x-1}+\frac{1}{x-2}-\frac{1}{x-3}\Big).$$

容易验算,所得结果亦适用于 $1 < x < 2$ 的情形.

例 6 设 $(\sin y)^x = (\cos x)^y$,求 $\dfrac{dy}{dx}$.

解 等式两边取对数,得

$$x\ln\sin y = y\ln\cos x.$$

上式两边对 x 求导,得

$$\ln\sin y + x\cot y \cdot \frac{dy}{dx} = \frac{dy}{dx}\cdot\ln\cos x - y\cdot\tan x,$$

解得

$$\frac{dy}{dx} = \frac{\ln\sin y + y\tan x}{\ln\cos x - x\cot y}.$$

3.3.3 参变量函数的导数

所谓参变量函数是指由参数方程

$$\begin{cases} x = x(t), \\ y = y(t) \end{cases}$$

所确定的 y 与 x 之间的函数 $y = f(x)$. 在实际问题中,需要计算参变量函数的导数,但要从参数方程中消去参数 t 有时会有困难. 因此,需要有一种方法能直接从参数方程出发计算出参变量函数的导数.

事实上,若函数 $x(t),y(t)$ 可导且 $x'(t)\neq 0$,$x = x(t)$ 具有单调连续的反函数,且此反函数能与 $y = y(t)$ 构成 y 关于 x 的复合函数,则由复合函数求导法则及反函数求导法则,可得参变量函数的导数公式

$$\frac{dy}{dx} = \frac{y'(t)}{x'(t)} \quad \text{或} \quad \frac{dy}{dx} = \frac{\frac{dy}{dt}}{\frac{dx}{dt}}. \tag{3-11}$$

注 参变量函数的导数公式中用 $\dfrac{dy}{dx}$ 比较恰当,这样避免与 $y'(t)$ 混淆.该公式要分清分子与分母的区别.

例 7 ▶ 求由参数方程 $\begin{cases} x = t - \arctan t, \\ y = \ln(1 + t^2) \end{cases}$ 所确定的函数 $y = y(x)$ 的导数.

解　$\dfrac{\mathrm{d}y}{\mathrm{d}x} = \dfrac{y'(t)}{x'(t)} = \dfrac{\dfrac{2t}{1+t^2}}{1 - \dfrac{1}{1+t^2}} = \dfrac{2}{t}.$

例 8 ▶ 求摆线 $\begin{cases} x = t - \sin t, \\ y = 1 - \cos t \end{cases}$ 在 $t = \dfrac{\pi}{2}$ 相应点处的切线方程.

解　因为

$$\frac{\mathrm{d}y}{\mathrm{d}x} = \frac{y'(t)}{x'(t)} = \frac{(1-\cos t)'}{(t-\sin t)'} = \frac{\sin t}{1 - \cos t},$$

所以当 $t = \dfrac{\pi}{2}$ 时, 切线斜率为 $\dfrac{\mathrm{d}y}{\mathrm{d}x}\bigg|_{t=\frac{\pi}{2}} = 1$, 且 $x\left(\dfrac{\pi}{2}\right) = \dfrac{\pi}{2} - 1, y\left(\dfrac{\pi}{2}\right) = 1$. 故所求切线方程为

$$y - 1 = x - \left(\frac{\pi}{2} - 1\right), \quad \text{即} \quad x - y = \frac{\pi}{2} - 2.$$

习题 3-3

1. 求下列方程所确定的隐函数 $y = y(x)$ 的导数 $\dfrac{\mathrm{d}y}{\mathrm{d}x}$:

(1) $x^4 - y^4 = 4 - 4xy$;　　　　　(2) $y\sin x + \cos(x - y) = 0$;

(3) $\mathrm{e}^x - \mathrm{e}^y - \sin xy = 0$;　　　(4) $\arctan \dfrac{y}{x} = \ln \sqrt{x^2 + y^2}$.

2. 求曲线 $x^3 + 3xy + y^3 = 5$ 在点 $(1,1)$ 处的切线方程和法线方程.

3. 用对数求导法求下列各函数的导数:

(1) $y = x^{\sin x} \ (x > 0)$;　　　　　(2) $y = x^a + a^x + x^x$;

(3) $y = \sqrt{\dfrac{(x-1)(x-2)}{(x-3)(x-4)}}$;　　(4) $(\sin x)^y = (\cos y)^x$.

4. 求下列参数方程所确定的函数的导数 $\dfrac{\mathrm{d}y}{\mathrm{d}x}$:

(1) $\begin{cases} x = t - t^2, \\ y = 1 - t^2; \end{cases}$　　　　　(2) $\begin{cases} x = a\cos^3 \theta, \\ y = a\sin^3 \theta. \end{cases}$

5. 求椭圆 $\begin{cases} x = 6\cos t, \\ y = 4\sin t \end{cases}$ 在 $t = \dfrac{\pi}{4}$ 相应点处的切线方程.

§3.4 微分及其运算

3.4.1 微分的概念

微分是微分学的组成部分,它在研究当自变量发生微小变化而引起函数变化的近似计算问题中起重要作用. 如图 3-2 所示的典型实例:一块边长为 x_0 的正方形薄片受热后,其边长增加了 Δx,从而其面积的改变量为

$$\Delta S = (x_0 + \Delta x)^2 - x_0^2 = 2x_0 \cdot \Delta x + (\Delta x)^2.$$

因 Δx 很小,$(\Delta x)^2$ 必定比 Δx 小很多,故可认为

$$\Delta S \approx 2x_0 \cdot \Delta x.$$

这个近似公式表明,正方形薄片面积的改变量可以近似地由 Δx 的线性部分来代替,由此产生的误差只不过是一个当 $\Delta x \to 0$ 时的关于 Δx 的高阶无穷小(即以 Δx 为边长的小正方形面积). 这就引出了微分的概念.

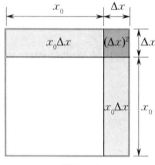

图 3-2

定义 设函数 $y = f(x)$ 在 x_0 的某邻域内有定义,若存在与 Δx 无关的常数 A,使函数的改变量 $\Delta y = f(x_0 + \Delta x) - f(x_0)$ 可表示为

$$\Delta y = A \cdot \Delta x + o(\Delta x), \tag{3-12}$$

则称函数 $y = f(x)$ 在点 x_0 处**可微**,且称 $A \cdot \Delta x$ 为函数 $y = f(x)$ 在点 x_0 处的**微分**,记为 $\mathrm{d}y$,即

$$\mathrm{d}y = A \cdot \Delta x. \tag{3-13}$$

注 由式$(3-12)$,$(3-13)$知 $\Delta y = \mathrm{d}y + o(\Delta x)$,因此也称 $\mathrm{d}y$ 是 Δy 的**线性主部**.

由微分的定义,$\Delta y = A \cdot \Delta x + o(\Delta x)$,于是

$$\lim_{\Delta x \to 0} \frac{\Delta y}{\Delta x} = \lim_{\Delta x \to 0} \frac{A \cdot \Delta x + o(\Delta x)}{\Delta x} = \lim_{\Delta x \to 0} \left[A + \frac{o(\Delta x)}{\Delta x} \right] = A.$$

这表明,如果函数 $y = f(x)$ 在点 x_0 处可微,则在点 x_0 处也一定可导,且 $f'(x_0) = A$.

反之,如果 $y = f(x)$ 在点 x_0 处可导,即 $\lim\limits_{\Delta x \to 0} \dfrac{\Delta y}{\Delta x} = f'(x_0)$,令 $f'(x_0) = A$,于是有

$$\frac{\Delta y}{\Delta x} = A + \alpha,$$

其中 $\alpha \to 0(\Delta x \to 0)$. 从而有

$$\Delta y = A \cdot \Delta x + \alpha \cdot \Delta x = A \cdot \Delta x + o(\Delta x),$$

即式$(3-12)$成立,因此函数 $y = f(x)$ 在点 x_0 处可微.

综合以上分析,即得"可微"与"可导"的关系定理.

定理　设函数 $y = f(x)$ 在点 x_0 的某邻域内有定义,则 $f(x)$ 在点 x_0 处可微的充分必要条件是 $f(x)$ 在点 x_0 处可导,且

$$\mathrm{d}y = f'(x_0) \cdot \Delta x. \tag{3-14}$$

注　由于函数可微与可导的等价性,因此通常称可导函数为可微函数,即可导一定可微,可微一定可导.

思考下列说法是否正确:由于函数可微与可导的等价性,因此"微分就是导数,导数就是微分".

函数 $y = f(x)$ 在任意点 x 处的微分称为函数 $y = f(x)$ 的微分,记为 $\mathrm{d}y$ 或 $\mathrm{d}f(x)$,即

$$\mathrm{d}y = f'(x) \cdot \Delta x. \tag{3-15}$$

当 $y \equiv x$ 时,$\mathrm{d}x = x' \cdot \Delta x = \Delta x$. 因此,通常把自变量的改变量 Δx 作为自变量的微分 $\mathrm{d}x$. 于是函数 $f(x)$ 在点 x_0 处的微分可写成

$$\mathrm{d}y = f'(x_0) \cdot \mathrm{d}x,$$

函数的微分可写成

$$\mathrm{d}y = f'(x) \cdot \mathrm{d}x. \tag{3-16}$$

从而有

$$\frac{\mathrm{d}y}{\mathrm{d}x} = f'(x).$$

注　由于函数的导数等于函数的微分与自变量的微分的商. 因此,导数又称为微商. 微分的计算和导数的计算本质相同,前面所述诸求导法用微分理解起来会很有意思,例如,复合函数求导的链式法则与参变量函数的导数

$$\frac{\mathrm{d}y}{\mathrm{d}x} = \frac{\mathrm{d}y}{\mathrm{d}u} \cdot \frac{\mathrm{d}u}{\mathrm{d}x} \quad \text{与} \quad \frac{\mathrm{d}y}{\mathrm{d}x} = \frac{\mathrm{d}y}{\mathrm{d}t} \bigg/ \frac{\mathrm{d}x}{\mathrm{d}t}.$$

从微分的形式而言,只不过是微分的代数恒等式!

例 1 ▶　求函数 $y = x^3$ 当 x 由 1 改变到 1.01 的微分.

解　因为 $\mathrm{d}y = y'\mathrm{d}x = 3x^2\mathrm{d}x$,由题设条件知

$$x = 1, \quad \mathrm{d}x = \Delta x = 1.01 - 1 = 0.01,$$

故所求微分为

$$\mathrm{d}y = 3 \times 1^2 \times 0.01 = 0.03.$$

例 2 ▶　求函数 $y = \ln x$ 在 $x = 2$ 处的微分.

解　所求微分为

$$\mathrm{d}y = (\ln x)' \bigg|_{x=2} \mathrm{d}x = \frac{1}{2}\mathrm{d}x.$$

3.4.2 微分的计算

微分公式 $dy = f'(x) \cdot dx$ 表明,求微分时,只要求出导数 $f'(x)$,再乘以 dx 即可. 对应导数的基本公式和运算法则,可得到相应的微分基本公式和运算法则.

1. 微分表(可与导数表对照)

(1) $d(C) = 0$;　　　　　　(2) $d(x^\mu) = \mu x^{\mu-1} dx$;

(3) $d(a^x) = a^x \ln a \, dx$;　　　(4) $d(e^x) = e^x dx$;

(5) $d(\log_a x) = \dfrac{1}{x \ln a} dx$;　(6) $d(\ln x) = \dfrac{1}{x} dx$;

(7) $d(\sin x) = \cos x \, dx$;　　(8) $d(\cos x) = -\sin x \, dx$;

(9) $d(\tan x) = \sec^2 x \, dx$;　(10) $d(\cot x) = -\csc^2 x \, dx$;

(11) $d(\sec x) = \sec x \tan x \, dx$;

(12) $d(\csc) x = -\csc x \cot x \, dx$;

(13) $d(\arcsin x) = \dfrac{1}{\sqrt{1-x^2}} dx$;

(14) $d(\arccos x) = -\dfrac{1}{\sqrt{1-x^2}} dx$;

(15) $d(\arctan x) = \dfrac{1}{1+x^2} dx$;

(16) $d(\text{arccot} x) = -\dfrac{1}{1+x^2} dx$.

2. 基本法则(设 u, v 可微)

(1) 线性法则:$d(\alpha u + \beta v) = \alpha du + \beta dv$, α, β 为常数;

(2) 积法则:$d(uv) = v du + u dv$;

(3) 商法则:$d\left(\dfrac{u}{v}\right) = \dfrac{v du - u dv}{v^2} (v \neq 0)$;

(4) 链式法则:$df(u) = f'(u)\varphi'(x) dx (u = \varphi(x))$.

注意到 $du = \varphi'(x) dx$,则 $df(u) = f'(u) du$,表明无论 u 是自变量还是中间变量,微分形式保持不变,这种性质称为一阶微分形式不变性. 这对求复合函数的微分时,简化了中间变量的认识,更加直接和方便.

例3 ▶　求函数 $y = x^2 e^{-x}$ 的微分.

解1　因为
$$y' = (x^2 e^{-x})' = 2x e^{-x} - x^2 e^{-x} = x e^{-x}(2-x),$$
所以
$$dy = y' dx = x e^{-x}(2-x) dx.$$

解2　利用微分基本运算法则,有
$$dy = e^{-x} d(x^2) + x^2 d(e^{-x}) = e^{-x} \cdot 2x dx + x^2 \cdot (-e^{-x}) dx$$

$$= x\mathrm{e}^{-x}(2-x)\mathrm{d}x.$$

例 4 ▶　求函数 $y = \ln(\cos x^2)$ 的微分.

解　利用微分形式不变性直接得到

$$\mathrm{d}y = \frac{1}{\cos x^2}\mathrm{d}(\cos x^2) = \frac{-\sin x^2}{\cos x^2}\mathrm{d}(x^2) = -\tan x^2 \cdot 2x\mathrm{d}x = -2x\tan x^2\mathrm{d}x.$$

例 5 ▶　用微分的方法求由方程 $xy + \mathrm{e}^{-x} - \mathrm{e}^{y} = 0$ 所确定的隐函数 y 的导数 $\dfrac{\mathrm{d}y}{\mathrm{d}x}$.

解　方程两边求微分,有

$$x\mathrm{d}y + y\mathrm{d}x - \mathrm{e}^{-x}\mathrm{d}x - \mathrm{e}^{y}\mathrm{d}y = 0.$$

整理得 $(x - \mathrm{e}^{y})\mathrm{d}y = (\mathrm{e}^{-x} - y)\mathrm{d}x$,解得

$$\frac{\mathrm{d}y}{\mathrm{d}x} = \frac{\mathrm{e}^{-x} - y}{x - \mathrm{e}^{y}}.$$

*3.4.3　微分的几何意义及在近似计算中的应用

如图 3-3 所示,MP 是曲线 $y = f(x)$ 在点 $M(x_0, y_0)$ 处的切线,其斜率为 $\tan\alpha = f'(x_0)$,则

$$QP = \tan\alpha \cdot \Delta x = f'(x_0)\Delta x = \mathrm{d}y.$$

因此,函数 $y = f(x)$ 在点 x_0 处的微分 $\mathrm{d}y$ 的几何意义就是曲线 $y = f(x)$ 过点 $M(x_0, y_0)$ 的切线纵坐标的改变量.

若用线段 QP 近似代替线段 QN,即用 $\mathrm{d}y$ 近似代替 Δy,则有近似公式(当 $|\Delta x|$ 充分小时):

$$\Delta y = f(x_0 + \Delta x) - f(x_0) \approx f'(x_0) \cdot \Delta x \qquad (3-17)$$

或

$$f(x_0 + \Delta x) \approx f(x_0) + f'(x_0) \cdot \Delta x. \qquad (3-18)$$

这种以直代曲的近似法称为**切线近似法**. 这种近似法的精度未必很高,但其简单实用的形式受到广泛应用. 在式(3-17)中,取 $x_0 = 0$,用 x 替换 Δx,则得到形式更为简单的近似公式:

$$f(x) \approx f(0) + f'(0) \cdot x, \qquad (3-19)$$

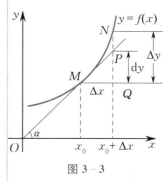

图 3-3

其中 $f(x)$ 在 $x_0 = 0$ 处可微,$|x|$ 充分小. 应用公式(3-19)可推出下列常用的简易近似公式($|x|$ 充分小):

(1) $(1+x)^{\alpha} \approx 1 + \alpha x$;

(2) $\mathrm{e}^{x} \approx 1 + x$;

(3) $\ln(1+x) \approx x$;

(4) $\sin x \approx x$;

(5) $\tan x \approx x$.

例 6 ▶　一块边长为 10 cm 的正方形薄片受热后,其边长增加了 0.05 cm,问面积大约增大了多少?

解 面积 $S = x^2$，$x = 10(\mathrm{cm})$，$\Delta x = 0.05(\mathrm{cm})$. 由近似公式$(3-17)$，得到

$$\Delta S \approx \mathrm{d}S = 2x \cdot \Delta x = 2 \times 10 \times 0.05 = 1(\mathrm{cm}^2).$$

故面积大约增大了 $1\mathrm{cm}^2$.

读者可计算其精确值，进行比较.

例 7 ▶ 计算下列各数的近似值：

(1) $\sqrt[3]{1.06}$；　　　　　　　　(2) $\mathrm{e}^{-0.02}$.

解 利用常用简易近似公式，即得

(1) $\sqrt[3]{1.06} = \sqrt[3]{1+0.06} \approx 1 + \dfrac{1}{3} \times 0.06 = 1.02.$

实际上，$\sqrt[3]{1.06}$ 的精确值为 $1.019\ 61\cdots$.

(2) $\mathrm{e}^{-0.02} \approx 1 - 0.02 = 0.98$（精确值为 $0.980\ 199\ \cdots$）.

例 8 ▶ 计算 $\sqrt[4]{17}$ 的近似值.

解 显然不能直接应用简易近似公式，应先变形.

$$\sqrt[4]{17} = \sqrt[4]{16+1} = \sqrt[4]{16\left(1+\dfrac{1}{16}\right)} = 2\sqrt[4]{1+\dfrac{1}{16}}$$

$$\approx 2\left(1 + \dfrac{1}{4} \cdot \dfrac{1}{16}\right) = 2.031\ 25.$$

实际上，$\sqrt[4]{17}$ 的精确值为 $2.030\ 54\cdots$.

习 题 3－4

1. 求函数 $y = x^2$ 当 x 由 1 改变到 1.005 的微分.

2. 求函数 $y = \sin 2x$ 在 $x = 0$ 处的微分.

3. 求下列各函数的微分 $\mathrm{d}y$：

(1) $y = \mathrm{e}^{3x}\cos x$；　　　　　　　　(2) $y = \dfrac{\sin 2x}{x^2}$；

(3) $y = \ln(1 + \mathrm{e}^{-x^2})$；　　　　　　(4) $y = \arctan\sqrt{1+x^2}$；

(5) $\mathrm{e}^{xy} = 3x + y^2$；　　　　　　　(6) $xy^2 + x^2y = 1$.

4. 计算下列各数的近似值：

(1) $\mathrm{e}^{0.03}$；　　　　　　　　　　(2) $\sqrt[5]{30}$.

5. 在下列等式的横线上填入适当的函数，使等式成立：

(1) $\mathrm{d}\ \underline{\hspace{2cm}} = 3\mathrm{d}x$；　　　　　　(2) $\mathrm{d}\ \underline{\hspace{2cm}} = 2x\mathrm{d}x$；

(3) $\mathrm{d}\ \underline{\hspace{2cm}} = \sin\omega t\,\mathrm{d}t$；　　　　(4) $\mathrm{d}(\cos x^2) = \underline{\hspace{2cm}}\mathrm{d}(\sqrt{x})$.

§3.5　高　阶　导　数

3.5.1　高阶导数的概念

定义　如果函数 $f(x)$ 的导数 $f'(x)$ 在点 x 处可导,即
$$(f'(x))' = \lim_{\Delta x \to 0} \frac{f'(x+\Delta x) - f'(x)}{\Delta x}$$
存在,则称 $(f'(x))'$ 为函数 $f(x)$ 在点 x 处的**二阶导数**,记为
$$f''(x), \quad y'', \quad \frac{\mathrm{d}^2 y}{\mathrm{d}x^2} \quad \text{或} \quad \frac{\mathrm{d}^2 f(x)}{\mathrm{d}x^2}.$$

类似地,二阶导数的导数称为**三阶导数**,记为
$$f'''(x), \quad y''', \quad \frac{\mathrm{d}^3 y}{\mathrm{d}x^3} \quad \text{或} \quad \frac{\mathrm{d}^3 f(x)}{\mathrm{d}x^3}.$$

一般地,$f(x)$ 的 $n-1$ 阶导数的导数称为 $f(x)$ 的 n 阶导数,记为
$$f^{(n)}(x), \quad y^{(n)}, \quad \frac{\mathrm{d}^n y}{\mathrm{d}x^n} \quad \text{或} \quad \frac{\mathrm{d}^n f(x)}{\mathrm{d}x^n}.$$

函数 $f(x)$ 的各阶导数在 x_0 处的导数值记为
$$f'(x_0), \quad f''(x_0), \quad \cdots, \quad f^{(n)}(x_0)$$
或
$$y'\Big|_{x=x_0}, \quad y''\Big|_{x=x_0}, \quad \cdots, \quad y^{(n)}\Big|_{x=x_0}.$$

注　二阶和二阶以上的导数统称为**高阶导数**.相应地,$f(x)$ 称为**零阶导数**;$f'(x)$ 称为**一阶导数**.

在 §3.1 的速度问题中,瞬时速度 $v(t)$ 是路程函数 $s=s(t)$ 对时间 t 的导数,即
$$v(t) = s'(t).$$

根据物理学知识,速度函数 $v(t)$ 对于时间 t 的变化率就是加速度 $a(t)$,即 $a(t)$ 是 $v(t)$ 对于时间 t 的导数,即
$$a(t) = v'(t) = (s'(t))'.$$

因此,变速直线运动的加速度就是路程函数 $s(t)$ 对 t 的二阶导数,即
$$a(t) = s''(t).$$

3.5.2　高阶导数的计算

由高阶导数的定义可以看出,高阶导数 $f^{(n)}(x)$ 的计算并不需

要新的求导公式.

当 n 不太大时,通常采取"逐次求导法"计算,即只需对函数 $f(x)$ 逐次求出导数 $f'(x), f''(x), \cdots$.

如果要求任意阶导数,或者当 n 比较大时,则采用从较低阶的导数找规律等方法.

例 1 ▶ 设 $y = \arctan x$,求 $y'''(1)$.

解 $y' = \dfrac{1}{1+x^2}$,

$$y'' = \left(\frac{1}{1+x^2} \right)' = \frac{-2x}{(1+x^2)^2},$$

$$y''' = \left(\frac{-2x}{(1+x^2)^2} \right)' = \frac{2(3x^2-1)}{(1+x^2)^3},$$

$$y'''(1) = \frac{2(3x^2-1)}{(1+x^2)^3} \bigg|_{x=1} = \frac{1}{2}.$$

例 2 ▶ 设函数 $y = f(x)$ 二阶可导,$y = f(e^{-x})$,求 $\dfrac{d^2 y}{dx^2}$.

解 $\dfrac{dy}{dx} = f'(e^{-x}) \cdot (e^{-x})' = -e^{-x} \cdot f'(e^{-x})$,

$$\frac{d^2 y}{dx^2} = -(e^{-x})' \cdot f'(e^{-x}) - e^{-x} \cdot f''(e^{-x}) \cdot (e^{-x})'$$

$$= e^{-x} \cdot f'(e^{-x}) + e^{-2x} \cdot f''(e^{-x}).$$

例 3 ▶ 已知函数 $y = y(x)$ 由方程 $y - x = \ln(x+y)$ 所确定,求 $\dfrac{d^2 y}{dx^2}$.

解 方程两边对 x 求导,得

$$y' - 1 = \frac{1}{x+y}(1+y'),$$

即

$$y' = \frac{x+y+1}{x+y-1} = 1 + \frac{2}{x+y-1}.$$

因此求得

$$\frac{d^2 y}{dx^2} = -\frac{2}{(x+y-1)^2}(1+y') = -\frac{2}{(x+y-1)^2}\left(1 + \frac{x+y+1}{x+y-1}\right)$$

$$= -\frac{4(x+y)}{(x+y-1)^3}.$$

例 4 ▶ 求由参数方程 $\begin{cases} x = t - \arctan t, \\ y = \ln(1+t^2) \end{cases}$ 所确定的函数 $y = y(x)$ 的二阶导数 $\dfrac{d^2 y}{dx^2}$.

解 $\dfrac{dy}{dx} = \dfrac{y'(t)}{x'(t)} = \dfrac{\dfrac{2t}{1+t^2}}{1 - \dfrac{1}{1+t^2}} = \dfrac{2}{t}$,

$$\frac{\mathrm{d}^2 y}{\mathrm{d}x^2} = \frac{\mathrm{d}}{\mathrm{d}x}\left(\frac{2}{t}\right) = \frac{\dfrac{\mathrm{d}}{\mathrm{d}t}\left(\dfrac{2}{t}\right)}{\dfrac{\mathrm{d}x}{\mathrm{d}t}} = \frac{-\dfrac{2}{t^2}}{1 - \dfrac{1}{1+t^2}} = -\frac{2(1+t^2)}{t^4}.$$

注　在计算由参数方程所确定的函数的二阶导数中,需认清是对 x 的再求导,例如,上例中应避免出现 $\dfrac{\mathrm{d}^2 y}{\mathrm{d}x^2} = \left(\dfrac{2}{t}\right)' = -\dfrac{2}{t^2}$ 的错误做法.

例 5 ▶　设 $y = x^\mu (\mu \in \mathbf{R})$,求 $y^{(n)}$.

解　$y' = \mu x^{\mu-1}$,

$y'' = (\mu x^{\mu-1})' = \mu(\mu-1)x^{\mu-2}$,

$y''' = (y'')' = \mu(\mu-1)(\mu-2)x^{\mu-3}$,

……

$y^{(n)} = \mu(\mu-1)\cdots(\mu-n+1)x^{\mu-n} \quad (n \geqslant 1)$.

若 μ 为自然数 n,则 $y^{(n)} = (x^n)^{(n)} = n!$.

请想一想:$(x^n)^{(n+1)} = ?$

注　计算 n 阶导数时,在求出 1 至 3 阶或 4 阶后,不要急于合并,分析结果的规律性,写出 n 阶导数(利用数学归纳法).

例 6 ▶　设 $y = \sin x$,求 $y^{(n)}$.

解　$y' = \cos x = \sin\left(x + \dfrac{\pi}{2}\right)$,

$y'' = (y')' = \cos\left(x + \dfrac{\pi}{2}\right) = \sin\left(x + \dfrac{\pi}{2} + \dfrac{\pi}{2}\right) = \sin\left(x + 2 \cdot \dfrac{\pi}{2}\right)$,

$y''' = (y'')' = \cos\left(x + 2 \cdot \dfrac{\pi}{2}\right) = \sin\left(x + 3 \cdot \dfrac{\pi}{2}\right)$,

……

$y^{(n)} = \sin\left(x + n \cdot \dfrac{\pi}{2}\right)$,即

$$(\sin x)^{(n)} = \sin\left(x + \frac{n\pi}{2}\right).$$

事实上,可用数学归纳法证明公式:

$$(\sin x)^{(n)} = \sin\left(x + \frac{n\pi}{2}\right).$$

用同样方法可得到如下常用的任意阶导数公式:

$$(\cos x)^{(n)} = \cos\left(x + \frac{n\pi}{2}\right);$$

$$\left(\frac{1}{x}\right)^{(n)} = \frac{(-1)^n n!}{x^{n+1}} \quad (x \neq 0);$$

$$(a^x)^{(n)} = a^x(\ln a)^n \quad (a > 0, a \neq 1);$$
$$(\mathrm{e}^x)^{(n)} = \mathrm{e}^x.$$

例 7 ▷ 设 $y = (x+1)(x+2)\cdots(x+10)$，求 $y^{(9)}(0), y^{(10)}(0), y^{(11)}(0)$.

解 由题设,得

$$y = x^{10} + (1+2+\cdots+10)x^9 + \cdots,$$

故得

$$y^{(9)} = 10! \, x + (1+2+\cdots+10) \times 9!,$$
$$y^{(9)}(0) = 55 \times 9!,$$
$$y^{(10)}(0) = 10!,$$
$$y^{(11)}(0) = 0.$$

习 题 3−5

1. 求下列函数的二阶导数:
   (1) $y = x^3 + 8x - \cos x$;　　　　　　(2) $y = (1+x^2)\arctan x$;
   (3) $y = x\mathrm{e}^{x^2}$;　　　　　　　　　　(4) $y = x^x$.

2. 验证函数 $y = C_1 \mathrm{e}^{2x} + C_2 \mathrm{e}^{-3x}$(其中 C_1, C_2 为任意常数) 满足方程
$$y'' + y' - 6y = 0.$$

3. 设函数 $y = f(x)$ 二阶可导,求下列函数的二阶导数:
   (1) $y = f(\sin x)$;　　　　　　　　　(2) $y = x^2 f(\ln x)$.

4. 对下列方程所确定的函数 $y = y(x)$ 求 $\dfrac{\mathrm{d}^2 y}{\mathrm{d}x^2}$:

   (1) $\mathrm{e}^y + xy = \mathrm{e}^2$;　　　　　　　(2) $\ln \sqrt{x^2 + y^2} = \arctan \dfrac{x}{y}$.

5. 对下列参数方程所确定的函数 $y = y(x)$ 求 $\dfrac{\mathrm{d}^2 y}{\mathrm{d}x^2}$:

   (1) $\begin{cases} x = t^2 - 2t, \\ y = t^3 - 3t \end{cases} (t \neq 1)$;　　　　(2) $\begin{cases} x = a(t - \sin t), \\ y = a(1 - \cos t). \end{cases}$

6. 求下列函数的 n 阶导数:
   (1) $y = \sin^2 x$;　　　　　　　　　(2) $y = \ln(x+1)$;
   (3) $y = \dfrac{1}{x^2 - 1}$;　　　　　　　(4) $y = x(x+1)(x+2)\cdots(x+n)$.

本章小结

一、导数和微分的概念
1. 导数定义式.
$$f'(x_0) = \lim_{\Delta x \to 0} \frac{f(x_0 + \Delta x) - f(x_0)}{\Delta x},$$

$$f'(x_0) = \lim_{x \to x_0} \frac{f(x) - f(x_0)}{x - x_0}.$$

2. 左导数和右导数.

$$f'_-(x_0) = \lim_{\Delta x \to 0^-} \frac{f(x_0 + \Delta x) - f(x_0)}{\Delta x},$$

$$f'_+(x_0) = \lim_{\Delta x \to 0^+} \frac{f(x_0 + \Delta x) - f(x_0)}{\Delta x}.$$

$f(x)$ 在点 x_0 处可导 $\Leftrightarrow f(x)$ 在点 x_0 处的左导数和右导数都存在且相等.

讨论分段函数在分段点的导数时, 必须先讨论函数在分段点的左导数和右导数.

3. 导数的几何意义.

导数 $f'(x_0)$ 的几何意义: 曲线 $y = f(x)$ 在点 (x_0, y_0) 的切线斜率.

切线方程: $y - y_0 = f'(x_0)(x - x_0)$;

法线方程: $y - y_0 = -\dfrac{1}{f'(x_0)}(x - x_0) \quad (f'(x_0) \neq 0).$

4. 函数的可导性与连续性之间的关系.

若函数 $y = f(x)$ 在点 x_0 处可导, 则 $y = f(x)$ 在点 x_0 处一定连续; 若 $y = f(x)$ 在点 x_0 处连续, 则 $y = f(x)$ 在点 x_0 处不一定可导.

5. 微分的定义、可微与可导的关系.

函数 $f(x)$ 在点 x_0 处的微分: $\mathrm{d}y = f'(x_0) \cdot \mathrm{d}x.$

函数 $f(x)$ 的微分: $\mathrm{d}y = f'(x) \cdot \mathrm{d}x.$

$f(x)$ 在点 x_0 可微 $\Leftrightarrow f(x)$ 在点 x_0 可导.

6. 高阶导数的概念.

如果函数 $y = f(x)$ 的导数 $f'(x)$ 在点 x 处也可导, 则称 $(f'(x))'$ 为函数 $f(x)$ 在点 x 处的二阶导数, 记为 $f''(x), y'', \dfrac{\mathrm{d}^2 y}{\mathrm{d}x^2}$ 或 $\dfrac{\mathrm{d}^2 f(x)}{\mathrm{d}x^2}.$

一般地, $f(x)$ 的 $n-1$ 阶导数的导数称为 $f(x)$ 的 n 阶导数: $f^{(n)}(x) = (f^{(n-1)}(x))'.$

二、导数和微分的计算

1. 导数表和微分表.

常数和基本初等函数的导数公式与微分公式(详见教材 3.2.4 节与 3.4.2 节).

2. 导数和微分的四则运算.

(1) $(\alpha u + \beta v)' = \alpha u' + \beta v'$;

(2) $(uv)' = u'v + uv'$;

(3) $\left(\dfrac{u}{v}\right)' = \dfrac{u'v - uv'}{v^2} \quad (v \neq 0)$;

(4) $\mathrm{d}(\alpha u + \beta v) = \alpha \mathrm{d}u + \beta \mathrm{d}v$;

(5) $\mathrm{d}(uv) = v\mathrm{d}u + u\mathrm{d}v$;

(6) $\mathrm{d}\left(\dfrac{u}{v}\right) = \dfrac{v\mathrm{d}u - u\mathrm{d}v}{v^2} \quad (v \neq 0).$

3. 复合函数微分法.

(1) 链式法则: $\dfrac{\mathrm{d}y}{\mathrm{d}x} = \dfrac{\mathrm{d}y}{\mathrm{d}u} \cdot \dfrac{\mathrm{d}u}{\mathrm{d}x}$;

(2) 一阶微分形式的不变性: $\mathrm{d}f(u) = f'(u)\mathrm{d}u.$

4.隐函数求导法.

设 $y = y(x)$ 是由方程 $F(x, y) = 0$ 所确定的函数,把 $F(x, y) = 0$ 两边同时对 x 求导,利用复合函数求导法则,视 y 为中间变量,就可解出所求导数 $\dfrac{\mathrm{d}y}{\mathrm{d}x}$.

5.对数求导法.

在所给函数式的两边取对数,利用对数的性质化简,等式两边同时对自变量 x 求导,最后解出所求导数.

对数求导法的对象:

(1) 幂指函数 $y = u(x)^{v(x)}, u(x) > 0$;

(2) 由多个因子积(商)或开方组成的函数.

6.参变量函数的导数.

由参数方程 $\begin{cases} x = x(t), \\ y = y(t) \end{cases}$ 所确定的函数 $y = f(x)$ 的导数公式为

$$\frac{\mathrm{d}y}{\mathrm{d}x} = \frac{y'(t)}{x'(t)} \quad (x'(t) \neq 0).$$

复习题3

(A)

1. 已知 $f'(x_0) = k(k$ 为常数),则

   (1) $\lim\limits_{\Delta x \to 0} \dfrac{f(x_0 + 2\Delta x) - f(x_0)}{\Delta x} = $ _____;

   (2) $\lim\limits_{n \to \infty} n\left[f\left(x_0 + \dfrac{1}{n}\right) - f(x_0) \right] = $ _____;

   (3) $\lim\limits_{h \to 0} \dfrac{f(x_0 + h) - f(x_0 - 2h)}{h} = $ _____.

2. 函数 $y = f(x)$ 在点 x_0 处的左导数 $f'_-(x_0)$ 和右导数 $f'_+(x_0)$ 都存在,是 $f(x)$ 在 x_0 可导的 _____.

   A 充分必要条件　　　　　　　　　B 充分但非必要条件

   C 必要但非充分条件　　　　　　　D 既非充分又非必要条件

3. 函数 $f(x) = |\sin x|$ 在 $x = 0$ 处 _____.

   A 可导　　　　　　　　　　　　　B 连续但不可导

   C 不连续　　　　　　　　　　　　D 极限不存在

4. 设 $f(x)$ 对定义域中的任意 x 均满足 $f(x+1) = mf(x)$,且 $f'(0) = n$,则必有 _____.

   A $f'(1)$ 不存在　　　　　　　　　B $f'(1) = m$

   C $f'(1) = n$　　　　　　　　　　D $f'(1) = mn$

5. 解答下列各题:

   (1) 设 $y = \sqrt{\sin x^2} + \ln 2$,求 y';

   (2) 设 $y = x^a + a^x + x^x + a^a (a > 0, a \neq 1)$,求 $\dfrac{\mathrm{d}y}{\mathrm{d}x}$;

   (3) 设 $y = x^2 \cdot f(\mathrm{e}^{2x}), f(u)$ 可导,求 $\mathrm{d}y$;

(4) 设 $y = \sqrt{\left(\dfrac{b}{a}\right)^x \left(\dfrac{a}{x}\right)^b \left(\dfrac{x}{b}\right)^a}$，求 $\dfrac{\mathrm{d}y}{\mathrm{d}x}$；

(5) 求曲线 $xy - \sin(x+y) = 0$ 在点 $(\pi, 0)$ 处的切线与法线方程；

(6) 已知函数 $y = y(x)$ 由方程 $\begin{cases} x = a\cos^3 t, \\ y = a\sin^3 t \end{cases}$ 确定，求 $\dfrac{\mathrm{d}y}{\mathrm{d}x}, \dfrac{\mathrm{d}^2 y}{\mathrm{d}x^2}$；

(7) 设 $f'(\sin x) = \cos 2x + \csc x$，求 $f''(x)$；

(8) 设 $y = \dfrac{x^3}{x+1}$，求 $y^{(n)}$ $(n \geqslant 3)$.

6. 设函数 $f(x) = \begin{cases} ax + b, & x < 1, \\ x^2, & x \geqslant 1 \end{cases}$ 在 $x = 1$ 处可导，求 a, b 的值.

7. 设函数 $g(x)$ 在 $x = a$ 处连续，且 $f(x) = (x - a)g(x)$，证明 $f(x)$ 在 $x = a$ 处可导，并求出 $f'(a)$.

8. 验证函数 $y = C_1 \mathrm{e}^{\sqrt{x}} + C_2 \mathrm{e}^{-\sqrt{x}}$（其中 C_1, C_2 为任意常数）满足方程

$$4xy'' + 2y' - y = 0.$$

（B）

1. 设函数 $f(x)$ 在 $x = 0$ 处连续，下列命题错误的是 _____.

A 若 $\lim\limits_{x \to 0} \dfrac{f(x)}{x}$ 存在，则 $f(0) = 0$

B 若 $\lim\limits_{x \to 0} \dfrac{f(x)}{x}$ 存在，则 $f'(0)$ 存在

C 若 $\lim\limits_{x \to 0} \dfrac{f(2x) + f(x)}{x}$ 存在，则 $f(0) = 0$

D 若 $\lim\limits_{x \to 0} \dfrac{f(x) - f(-x)}{x}$ 存在，则 $f'(0)$ 存在

2. 若 $f(t) = \lim\limits_{x \to \infty} t\left(1 + \dfrac{1}{x}\right)^{2tx}$，则 $f'(t) =$ _____.

3. 设周期函数 $f(x)$ 在 $(-\infty, +\infty)$ 内周期为 3，且 $\lim\limits_{x \to 0} \dfrac{f(1) - f(1-x)}{3x} = 1$，则曲线 $y = f(x)$ 在点 $(4, f(4))$ 处的切线斜率为 _____.

4. 已知 $f(x) = \dfrac{(x-1)(x-2)\cdots(x-10)}{(x+1)(x+2)\cdots(x+10)}$，求 $f'(1)$.

5. 设 $f'(a)$ 存在，求 $\lim\limits_{x \to a} \dfrac{xf(a) - af(x)}{x - a}$.

6. 设 $f(x) = \max\{x, \sqrt{x}\}$，在区间 $(0, 2)$ 内求 $f'(x)$.

7. 设函数 $g(x)$ 在 $x = x_0$ 处连续，且 $f(x) = |x - x_0| g(x)$，讨论 $f(x)$ 在 $x = x_0$ 处的可导性.

8. 验证下列命题：

(1) 若定义在 $(-\infty, +\infty)$ 内以 T 为周期的周期函数 $f(x)$ 可微，则 $f'(x)$ 也是以 T 为周期的周期函数；

(2) 若函数 $f(x)$ 在 $(-a, a)$ 内是可微奇（偶）函数，则 $f'(x)$ 在 $(-a, a)$ 内必为偶（奇）函数.

9. 设函数 $f(x)$ 可微，且 $f(x+y) = f(x) + f(y) - 2xy$，$f'(0) = 3$，求 $f(x)$.

10. 设函数 $f(x)$ 在 $(-\infty, \infty)$ 内有定义，且 $f(0) = 0$，$f'(0) = C (C \neq 0)$，又 $g(x) = \mathrm{e}^x \sin^2 x + \cos x$，对任意 x, y 有关系式 $f(x+y) = f(x)g(y) + f(y)g(x)$ 成立，证明 $f'(x) = C \cdot g(x)$.

思维的经济原则在数学中得到了高度的发挥. 数学是各门科学在高度发展中所达到的最高形式的一门科学, 各门自然学科都频繁地求助于它.

—— 马赫(Mach, 奥地利物理学家)

微分中值定理与导数的应用

第 4 章

导数作为函数的变化率, 刻画了函数的变化性态, 因此是研究函数的一个有力工具, 在科技和经济等领域中得到广泛的应用. 本章以微分学的基本定理 —— 微分中值定理及其拓广的泰勒定理为基础, 应用导数解决诸如多项式近似表达函数, 函数不定式的极限, 判断函数的单调性和凹凸性, 求函数的极值、最大(小) 值, 函数作图等问题, 并用专门一节介绍导数在经济学中的应用.

课程思政案例

知识框图

§4.1　微分中值定理

本节将介绍 3 个微分中值定理,它们揭示了函数在某区间的整体性质与该区间内部某一点的导数之间的关系,因而称为微分中值定理.这些定理有明显的直观几何解释,且相互之间有着内在的联系.

4.1.1　罗尔定理

定理 1(罗尔(Rolle) 定理)　如果函数 $y = f(x)$ 满足下列 3 个条件:

(1) 在闭区间 $[a,b]$ 上连续;

(2) 在开区间 (a,b) 内可导;

(3) 在区间端点的函数值相等,即 $f(a) = f(b)$,

则有结论:在 (a,b) 内至少存在一点 $\xi(a < \xi < b)$,使得

$$f'(\xi) = 0.$$

证　因 $y = f(x)$ 在 $[a,b]$ 上连续,故 $y = f(x)$ 在 $[a,b]$ 上必有最大值 M 和最小值 m.

若 $M = m$,则 $f(x)$ 恒为常数,因此定理的结论自然成立.

若 $M \neq m$,即 $M > m$,则由于 $f(a) = f(b)$,$f(x)$ 必在 (a,b) 内取得最大值 M 或最小值 m.不妨设 $f(x)$ 在某点 $\xi \in (a,b)$ 取得最大值 M,于是

$$f'(\xi) = f'_-(\xi) = \lim_{x \to \xi^-} \frac{f(x) - f(\xi)}{x - \xi} \geqslant 0,$$

$$f'(\xi) = f'_+(\xi) = \lim_{x \to \xi^+} \frac{f(x) - f(\xi)}{x - \xi} \leqslant 0.$$

所以 $f'(\xi) = 0$.定理的结论成立.

罗尔定理的几何意义是:如果连续曲线 $y = f(x)$ 在 A,B 处的纵坐标相等且除端点外处处有不垂直于 x 轴的切线,则至少有一点 $(\xi, f(\xi))(a < \xi < b)$ 使得曲线在该点处有水平切线(见图 4-1).

注　罗尔定理的 3 个条件缺一不可,如果有一个不满足,定理的结论就可能不成立.

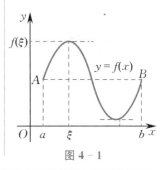

图 4-1

例 1 ▶　对函数 $f(x) = \sin 2x$ 在区间 $[0, \pi]$ 上验证罗尔定理的正确性.

解　显然 $f(x)$ 在 $[0, \pi]$ 上连续,在 $(0, \pi)$ 内可导,且 $f(0) = f(\pi) = 0$,而在 $(0, \pi)$ 内

确存在一点 $x = \dfrac{\pi}{4}$,使得

$$f'\left(\dfrac{\pi}{4}\right) = (2\cos 2x)\Big|_{x=\frac{\pi}{4}} = 0.$$

罗尔定理的结论相当于:方程 $f'(x) = 0$ 在 (a,b) 内至少有一实根. 因此可应用该定理解决方程根的存在问题.

例 2 ▶ 不求导数,判断函数 $f(x) = (x^2 - 3x + 2)(x - 3)$ 的导数有几个零点及这些零点所在的范围.

解 因为 $f(1) = f(2) = f(3) = 0$,所以 $f(x)$ 在闭区间 $[1,2]$ 和 $[2,3]$ 上均满足罗尔定理的 3 个条件,从而,在 $(1,2)$ 内至少存在一点 ξ_1,使得 $f'(\xi_1) = 0$,即 ξ_1 是 $f'(x)$ 的一个零点;又在 $(2,3)$ 内至少存在一点 ξ_2,使得 $f'(\xi_2) = 0$,即 ξ_2 是 $f'(x)$ 的一个零点.

又因为 $f'(x)$ 为二次多项式,最多只能有两个零点,所以 $f'(x)$ 恰好有两个零点,分别在区间 $(1,2)$ 和 $(2,3)$ 内.

例 3 ▶ 设 $f(x)$ 在 $[0,1]$ 上连续,在 $(0,1)$ 内可导,且 $f(1) = 0$. 证明:在 $(0,1)$ 内至少存在一点 ξ,使得 $f(\xi) = -\xi f'(\xi)$.

证 设 $g(x) = x f(x)$,则 $g(x)$ 在 $[0,1]$ 上连续,在 $(0,1)$ 内可导,且

$$g(1) = f(1) = 0, \quad g(0) = 0.$$

由罗尔定理可知,$\exists \xi \in (0,1)$,使得

$$g'(\xi) = f(\xi) + \xi f'(\xi) = 0,$$

即 $f(\xi) = -\xi f'(\xi)$.

注 例题 3 的关键是重新构建一个新的函数,使得该函数的导数刚好与要证明的式子相同或相关.

4.1.2 拉格朗日中值定理

罗尔定理的第 3 个条件 $f(a) = f(b)$ 相当特殊,它使罗尔定理的应用受到限制. 如果取消这个条件的限制,仍保留其余两个条件,则可得到相应的结论,这就是微分学中具有重要地位的中值定理 —— 拉格朗日(Lagrange)中值定理.

定理 2(拉格朗日中值定理) 如果函数 $y = f(x)$ 在闭区间 $[a,b]$ 上连续,在开区间 (a,b) 内可导,则在 (a,b) 内至少存在一点 $\xi(a < \xi < b)$,使得

$$f'(\xi) = \dfrac{f(b) - f(a)}{b - a} \tag{4-1}$$

或

$$f(b) - f(a) = f'(\xi)(b - a). \tag{4-2}$$

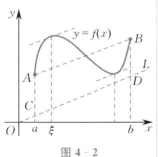

图 4-2

将图 4-1 中坐标系的图形旋转一个角度可得图 4-2,可见罗

尔定理是拉格朗日中值定理在 $f(a) = f(b)$ 的特殊情形. 拉格朗日中值定理的几何意义是:如果连续曲线 $y = f(x)$ 在除端点外处处有不垂直于 x 轴的切线,则至少有一点 $(\xi, f(\xi))(a < \xi < b)$ 使得曲线在该点处的切线平行于弦 AB,即其斜率为 $\dfrac{f(b) - f(a)}{b - a}$.

式(4-1)及(4-2)称为拉格朗日中值公式,为了证明拉格朗日中值定理,可从拉格朗日中值公式出发,引入辅助函数,应用罗尔定理即可证之.

证　拉格朗日中值公式可改写为
$$f'(\xi)(b - a) - [f(b) - f(a)] = 0,$$
即
$$\{f(x)(b - a) - x[f(b) - f(a)]\}'\Big|_{x = \xi} = 0.$$
因此,引入辅助函数
$$\varphi(x) = f(x)(b - a) - x[f(b) - f(a)].$$

容易验证函数 $\varphi(x)$ 满足罗尔定理的3个条件: $\varphi(x)$ 在闭区间 $[a, b]$ 上连续;在开区间 (a, b) 内可导; $\varphi(a) = \varphi(b) = bf(a) - af(b)$. 故在开区间 (a, b) 内至少有一点 ξ,使得 $\varphi'(\xi) = 0$,即证得拉格朗日中值公式成立.

注　拉格朗日中值公式反映了可导函数在 $[a, b]$ 上的整体平均变化率与在 (a, b) 内某点 ξ 处的局部变化率的关系. 对于 $b < a$ 的情形,公式仍然成立.

经变量代换,可得到拉格朗日中值公式的其他形式. 设 x 为区间 $[a, b]$ 内一点, $x + \Delta x$ 为该区间内的另一点 ($\Delta x > 0$ 或 $\Delta x < 0$),则在 $[x, x + \Delta x]$ ($\Delta x > 0$) 或 $[x + \Delta x, x]$ ($\Delta x < 0$) 上应用拉格朗日中值公式,得
$$f(x + \Delta x) - f(x) = f'(x + \theta \Delta x) \cdot \Delta x \quad (0 < \theta < 1).$$

如果记 $f(x)$ 为 y,则上式又可写为
$$\Delta y = f'(x + \theta \Delta x) \cdot \Delta x \quad (0 < \theta < 1). \tag{4-3}$$
与微分 $\mathrm{d}y = f'(x) \cdot \Delta x$ 比较可见: $\mathrm{d}y = f'(x) \cdot \Delta x$ 是函数增量 Δy 的近似表达式,而 $\Delta y = f'(x + \theta \Delta x) \cdot \Delta x$ 是函数增量 Δy 的精确表达式.式(4-3)称为有限增量公式.

例 4 ▶　设 $f(x)$ 在 $[a, b]$ 上连续,在 (a, b) 内二阶可导,且在 (a, b) 内存在一点 c 使得 $f(c) < \min\{f(a), f(b)\}$.证明:在 (a, b) 内至少存在一点 ξ,使得 $f''(\xi) > 0$.

证　对 $f(x)$ 分别在 $[a, c]$ 和 $[c, b]$ 上应用拉格朗日中值定理,得
$$f(c) - f(a) = f'(\xi_1) \cdot (c - a), \quad \xi_1 \in (a, c);$$
$$f(b) - f(c) = f'(\xi_2) \cdot (b - c), \quad \xi_2 \in (c, b).$$
由于 $f(c) - f(a) < 0, f(b) - f(c) > 0$,因此 $f'(\xi_1) < 0, f'(\xi_2) > 0$.

再对 $f'(x)$ 在 $[\xi_1, \xi_2]$ 上应用拉格朗日中值定理可得

$$f'(\xi_2) - f'(\xi_1) = f''(\xi) \cdot (\xi_2 - \xi_1), \quad \xi \in (\xi_2, \xi_1).$$

由于 $f'(\xi_2) - f'(\xi_1) > 0$，$\xi_2 - \xi_1 > 0$，因此 $f''(\xi) > 0$. 从而证得在 (a,b) 内至少存在一点 ξ，使得 $f''(\xi) > 0$.

例 5 ▶ 证明：当 $x > 0$ 时，$\dfrac{x}{1+x} < \ln(1+x) < x$.

证 设 $f(x) = \ln(1+x)$，则 $f(x)$ 在 $[0,x]$ 上满足拉格朗日中值定理的条件，故

$$f(x) - f(0) = f'(\xi)(x-0) \quad (0 < \xi < x).$$

由 $f(0) = 0$，$f'(x) = \dfrac{1}{1+x}$，从而

$$\ln(1+x) = \frac{x}{1+\xi} \quad (0 < \xi < x).$$

又由 $1 < 1+\xi < 1+x$，得 $\dfrac{1}{1+x} < \dfrac{1}{1+\xi} < 1$，故

$$\frac{x}{1+x} < \frac{x}{1+\xi} < x, \quad 即 \quad \frac{x}{1+x} < \ln(1+x) < x.$$

读者可能会想到：既然常数的导数为零，那么，导数恒为零的函数是否为常数呢? 下面的推论给出了肯定的回答.

推论 1 如果函数 $f(x)$ 在区间 I 上的导数恒为零，那么 $f(x)$ 在区间 I 上是一个常数.

证 在区间 I 内任取两点 x_1，$x_2(x_1 < x_2)$，应用拉格朗日中值定理，有

$$f(x_2) - f(x_1) = f'(\xi)(x_2 - x_1) \quad (x_1 < \xi < x_2).$$

由假定，$f'(\xi) = 0$，所以 $f(x_2) - f(x_1) = 0$，即

$$f(x_2) = f(x_1).$$

这就表明，$f(x)$ 在 I 上的任意两点函数值相等，即 $f(x)$ 在 I 上的函数值总是相等的. 因此 $f(x)$ 在区间 I 上是一个常数.

由推论 1 容易推出第 5 章不定积分中非常有用的结论.

推论 2 如果函数 $f(x)$，$g(x)$ 在区间 I 上可微，且 $f'(x) \equiv g'(x)$，则在 I 上有

$$f(x) = g(x) + C \quad (C \text{ 是常数}).$$

例 6 ▶ 利用推论 1 证明三角恒等式 $\arctan x + \operatorname{arccot} x = \dfrac{\pi}{2}$.

证 设 $f(x) = \arctan x + \operatorname{arccot} x$，因为

$$f'(x) = \frac{1}{1+x^2} + \left(-\frac{1}{1+x^2}\right) = 0,$$

所以

$$f(x) \equiv C \quad (C \text{ 是常数}).$$

又

$$f(1) = \arctan 1 + \operatorname{arccot} 1 = \frac{\pi}{4} + \frac{\pi}{4} = \frac{\pi}{2}, \quad 即 \quad C = \frac{\pi}{2}.$$

故

$$\arctan x + \operatorname{arccot} x = \frac{\pi}{2}.$$

4.1.3　柯西中值定理

将拉格朗日中值定理进一步推广,可得到广义中值定理 —— 柯西中值定理.

定理 3（柯西中值定理）　如果函数 $f(x),g(x)$ 在闭区间 $[a,b]$ 上连续;在开区间 (a,b) 内可导;且在 (a,b) 内每一点处, $g'(x) \neq 0$,则在 (a,b) 内至少存在一点 $\xi(a < \xi < b)$,使得

$$\frac{f(a) - f(b)}{g(a) - g(b)} = \frac{f'(\xi)}{g'(\xi)}. \qquad (4-4)$$

式(4-4)称为柯西中值公式,若 $g(x) = x$,则柯西中值公式变为拉格朗日中值公式.

证　由 $g'(x) \neq 0$,知 $g(a) - g(b) \neq 0$. 否则,若 $g(a) = g(b)$,则由罗尔定理有 $\eta(a < \eta < b)$,使 $g'(\eta) = 0$,与 $g'(x) \neq 0$ 矛盾.

类似拉格朗日中值定理的证明方法,可引入辅助函数

$$\varphi(x) = f(x)[g(b) - g(a)] - g(x)[f(b) - f(a)].$$

易证 $\varphi(x)$ 满足罗尔定理的 3 个条件: $\varphi(x)$ 在闭区间 $[a,b]$ 上连续;在开区间 (a,b) 内可导;且

$$\varphi(a) = \varphi(b) = f(a)g(b) - g(a)f(b).$$

故在 (a,b) 内至少有一点 ξ,使得

$$\varphi'(\xi) = f'(\xi)[g(b) - g(a)] - g'(\xi)[f(b) - f(a)] = 0,$$

整理即得柯西中值公式.

例 7 ▶　设函数 $f(x)$ 在 $[0,1]$ 上连续, 在 $(0,1)$ 内可导. 试证明:至少存在一点 $\xi \in (0,1)$, 使得

$$f(\xi) + f'(\xi) = \frac{ef(1) - f(0)}{e - 1}.$$

证　令 $F(x) = e^x f(x)$, $g(x) = e^x$,则 $F(x),g(x)$ 在 $[0,1]$ 上满足柯西中值定理的条件,故在 $(0,1)$ 内至少存在一点 ξ,使

$$\frac{F(1) - F(0)}{g(1) - g(0)} = \frac{F'(\xi)}{g'(\xi)}.$$

又 $F'(x) = e^x f(x) + e^x f'(x) = e^x[f(x) + f'(x)]$, $g'(x) = e^x$,因此存在一点 $\xi \in (0,1)$, 使得

$$\frac{ef(1) - f(0)}{e - 1} = \frac{e^\xi[f(\xi) + f'(\xi)]}{e^\xi} = f(\xi) + f'(\xi).$$

习 题 4-1

1. 验证下列各题的正确性,并求出满足结论的 ξ 的值:

　(1) 验证函数 $f(x) = \cos 2x$ 在区间 $\left[-\dfrac{\pi}{4}, \dfrac{\pi}{4}\right]$ 上满足罗尔定理;

　(2) 验证函数 $f(x) = \sqrt{x}$ 在区间 $[4,9]$ 上满足拉格朗日中值定理;

　(3) 验证函数 $f(x) = x^3 + 1$, $g(x) = x^2$ 在区间 $[1,2]$ 上满足柯西中值定理.

2. 不求函数 $f(x) = x(x+1)(x+2)$ 的导数,判断方程 $f'(x) = 0$ 有几个实根,并指出这些根的范围.

3. 设函数 $f(x)$ 是定义在 $(-\infty, +\infty)$ 内处处可导的奇函数,试证对任意正数 a,存在 $\xi \in (-a, a)$,使得 $f(a) = a f'(\xi)$.

4. 应用拉格朗日中值定理证明下列不等式:

　(1) 当 $b > a > 0$ 时,$\dfrac{b-a}{a} > \ln \dfrac{b}{a} > \dfrac{b-a}{b}$;

　(2) 若 $x \neq 1$,则 $\mathrm{e}^x > \mathrm{e}x$.

5. 应用拉格朗日中值定理的推论证明下列恒等式:

　(1) $\arcsin x + \arccos x = \dfrac{\pi}{2} \ (-1 \leqslant x \leqslant 1)$;

　(2) $\arctan x + \arccos\left(\dfrac{x}{\sqrt{1+x^2}}\right) = \dfrac{\pi}{2}$.

6. 设函数 $f(x)$ 在 $[0,1]$ 上连续,在 $(0,1)$ 内可导.试证明:至少存在一点 $\xi \in (0,1)$,使得
$$f'(\xi) = 3\xi^2 [f(1) - f(0)].$$

*§4.2　泰 勒 公 式

数学家简介

　　由于理论分析和数值计算的需要,对于一些比较复杂的函数,经常用一些如多项式等简单的函数来近似表达,这种近似表达在数学上常称为逼近.本节将介绍泰勒(Taylor)公式及其简单应用,其结果表明,具有直到 $n+1$ 阶导数的函数在一个点的邻域内的值可以用函数在该点的函数值及各阶导数值组成的 n 次多项式近似表达.

4.2.1　泰勒中值定理

　　在微分的应用中已经知道,当 $|\Delta x|$ 很小时,有近似公式
$$f(x) \approx f(0) + f'(0) \cdot x.$$
例如,$\mathrm{e}^x \approx 1 + x, \ln(1+x) \approx x$ 等.

这种近似表达式的不足之处是：只适用于 $|\Delta x|$ 很小的情况，且精确度不高，所产生的误差仅是关于 x 的高阶无穷小，不能具体估算出误差大小. 因此，对于精确度要求较高且需要估计误差时，就必须用高次多项式来近似表达函数，同时还需要给出误差公式.

设函数 $f(x)$ 在含有 x_0 的开区间 (a,b) 内具有直到 $n+1$ 阶导数，我们希望做到：找出一个关于 $(x-x_0)$ 的 n 次多项式函数

$$p_n(x) = a_0 + a_1(x-x_0) + a_2(x-x_0)^2 + \cdots + a_n(x-x_0)^n,$$
$$(4-5)$$

使得

$$f(x) \approx p_n(x), \qquad (4-6)$$

且误差 $R_n(x) = f(x) - p_n(x)$ 是比 $(x-x_0)^n$ 高阶的无穷小，并给出误差的具体表达式.

定理（泰勒中值定理）　　如果函数 $f(x)$ 在含有 x_0 的开区间 (a,b) 内具有直到 $n+1$ 阶导数，则当 x 在 (a,b) 内时，$f(x)$ 可以表示为 $(x-x_0)$ 的一个 n 次多项式与一个余项 $R_n(x)$ 之和：

$$f(x) = f(x_0) + f'(x_0)(x-x_0) + \frac{f''(x_0)}{2!}(x-x_0)^2$$
$$+ \cdots + \frac{f^{(n)}(x_0)}{n!}(x-x_0)^n + R_n(x), \qquad (4-7)$$

其中

$$R_n(x) = \frac{f^{(n+1)}(\xi)}{(n+1)!}(x-x_0)^{n+1} \quad (\xi \text{ 介于 } x_0 \text{ 与 } x \text{ 之间}).$$
$$(4-8)$$

证　由已知条件可知，函数

$$R_n(x) = f(x) - f(x_0) - f'(x_0)(x-x_0) - \frac{f''(x_0)}{2!}(x-x_0)^2$$
$$- \cdots - \frac{f^{(n)}(x_0)}{n!}(x-x_0)^n$$

在 (a,b) 内具有直到 $n+1$ 阶导数，且有

$$R_n(x_0) = R_n'(x_0) = \cdots = R_n^{(n)}(x_0) = 0,$$
$$R_n^{(n+1)}(x) = f^{(n+1)}(x).$$

令 $G(x) = (x-x_0)^{n+1}$，则有

$$G(x_0) = G'(x_0) = \cdots = G^{(n)}(x_0) = 0,$$
$$G^{(n+1)}(x) = (n+1)!.$$

对 $R_n(x)$ 和 $G(x)$ 应用柯西中值定理 $n+1$ 次，得

$$\frac{R_n(x)}{G(x)} = \frac{R_n(x) - R_n(x_0)}{G(x) - G(x_0)} = \frac{R_n'(\xi_1)}{G'(\xi_1)} = \frac{R_n''(\xi_2)}{G''(\xi_2)}$$
$$= \cdots = \frac{R_n^{(n)}(\xi_n)}{G^{(n)}(\xi_n)} = \frac{R_n^{(n+1)}(\xi)}{G^{(n+1)}(\xi)} = \frac{f^{(n+1)}(\xi)}{(n+1)!},$$

其中 $\xi_1, \xi_2, \cdots, \xi_n, \xi$ 介于 x_0 与 x 之间. 于是得到

$$R_n(x) = \frac{f^{(n+1)}(\xi)}{(n+1)!}(x-x_0)^{n+1} \quad (\xi \text{介于} x_0 \text{与} x \text{之间}).$$

式$(4-7)$称为函数 $f(x)$ 在点 x_0 处的 n 阶泰勒公式,式$(4-8)$ 称为拉格朗日型余项. 多项式 $p_n(x) = \sum_{k=0}^{n} \frac{f^{(k)}(x_0)}{k!}(x-x_0)^k$ 称为 $f(x)$ 在点 x_0 处的 n 阶泰勒多项式.

当 $n=0$ 时,泰勒公式变成拉格朗日中值公式:

$$f(x) = f(x_0) + f'(\xi)(x-x_0) \quad (\xi \text{在} x_0 \text{与} x \text{之间}).$$

因此,泰勒中值定理是拉格朗日中值定理的推广.

例 1 ▶ 写出函数 $f(x) = x^2 \ln x$ 在 $x_0 = 1$ 处的三阶泰勒公式.

解 $\quad f(x) = x^2 \ln x, \qquad\qquad f(1) = 0;$

$\qquad f'(x) = 2x\ln x + x, \qquad\quad f'(1) = 1;$

$\qquad f''(x) = 2\ln x + 3, \qquad\quad f''(1) = 3;$

$\qquad f'''(x) = \dfrac{2}{x}, \qquad\qquad\qquad f'''(1) = 2;$

$\qquad f^{(4)}(x) = -\dfrac{2}{x^2}, \qquad\qquad f^{(4)}(\xi) = -\dfrac{2}{\xi^2}.$

于是所求泰勒公式为

$$x^2 \ln x = (x-1) + \frac{3}{2!}(x-1)^2 + \frac{2}{3!}(x-1)^3 - \frac{2}{4!\xi^2}(x-1)^4,$$

其中 ξ 在 1 与 x 之间.

用 n 阶泰勒多项式 $p_n(x)$ 近似表达函数 $f(x)$ 时,误差为 $|R_n(x)|$. 如果对于某个固定的 n,当 x 在区间 (a,b) 内变动时, $|f^{(n+1)}(x)|$ 总不超过一个常数 M,则有估计式:

$$|R_n(x)| = \left| \frac{f^{(n+1)}(\xi)}{(n+1)!}(x-x_0)^{n+1} \right| \leqslant \frac{M}{(n+1)!}|x-x_0|^{n+1}$$

及

$$\lim_{x \to x_0} \frac{R_n(x)}{(x-x_0)^n} = 0.$$

可见,当 $x \to x_0$ 时,$R_n(x)$ 是比 $(x-x_0)^n$ 高阶的无穷小,即 $R_n(x) = o((x-x_0)^n)$,这种形式的余项称为皮亚诺(Peano)型余项.

把 $x_0 = 0$ 时的泰勒公式称为麦克劳林(Maclaurin)公式:

$$f(x) = f(0) + f'(0)x + \frac{f''(0)}{2!}x^2 + \cdots + \frac{f^{(n)}(0)}{n!}x^n$$

$$+ \frac{f^{(n+1)}(\xi)}{(n+1)!}x^{n+1} \quad (\xi \text{在} 0 \text{与} x \text{之间}) \qquad (4-9)$$

或

$$f(x) = f(0) + f'(0)x + \frac{f''(0)}{2!}x^2 + \cdots + \frac{f^{(n)}(0)}{n!}x^n + o(x^n).$$

$$(4-10)$$

由此得近似公式：
$$f(x) \approx f(0) + f'(0)x + \frac{f''(0)}{2!}x^2 + \cdots + \frac{f^{(n)}(0)}{n!}x^n,$$
误差估计式变为
$$|R_n(x)| \leqslant \frac{M}{(n+1)!}|x|^{n+1}.$$

在式 $(4-9)$ 中，令 $\xi = \theta x (0 < \theta < 1)$，则麦克劳林公式为
$$f(x) = \sum_{k=0}^{n} \frac{f^{(k)}(0)}{k!}x^k + \frac{f^{(n+1)}(\theta x)}{(n+1)!}x^{n+1}. \qquad (4-11)$$

例 2 ▶　求 $f(x) = e^x$ 的 n 阶麦克劳林公式.

解　因
$$f'(x) = f''(x) = \cdots = f^{(n)}(x) = e^x,$$
故
$$f(0) = f'(0) = f''(0) = \cdots = f^{(n)}(0) = 1,$$
又 $f^{(n+1)}(\theta x) = e^{\theta x}$，代入式 $(4-11)$，得 $f(x) = e^x$ 的 n 阶麦克劳林公式为
$$e^x = 1 + x + \frac{x^2}{2!} + \cdots + \frac{x^n}{n!} + \frac{e^{\theta x}}{(n+1)!}x^{n+1} \quad (0 < \theta < 1).$$

故有近似公式
$$e^x \approx 1 + x + \frac{x^2}{2!} + \cdots + \frac{x^n}{n!},$$
其误差为
$$|R_n(x)| = \left| \frac{e^{\theta x}}{(n+1)!}x^{n+1} \right| < \frac{e^{|x|}}{(n+1)!}|x|^{n+1}.$$

取 $x = 1$，得
$$e \approx 1 + 1 + \frac{1}{2!} + \cdots + \frac{1}{n!},$$
其误差为
$$|R_n| < \frac{e}{(n+1)!} < \frac{3}{(n+1)!}.$$

例 3 ▶　求 $f(x) = \sin x$ 的麦克劳林公式，并求 $\sin 20°$ 的近似值.

解　由 §3.5 的公式 $(\sin x)^{(n)} = \sin\left(x + \frac{n\pi}{2}\right)$，可知
$$f'(0) = 1,\ f''(0) = 0,\ f'''(0) = -1,\ f^{(4)}(0) = 0, \cdots,$$
即
$$f^{(2k)}(0) = 0,\quad f^{(2k+1)}(0) = (-1)^k (k \geqslant 0).$$
故可得
$$\sin x = x - \frac{x^3}{3!} + \frac{x^5}{5!} - \cdots + (-1)^{n-1}\frac{x^{2n-1}}{(2n-1)!} + (-1)^n \frac{\cos\theta x}{(2n+1)!}x^{2n+1} \quad (0 < \theta < 1).$$
上式中，取 $n = 2$ 得
$$\sin x = x - \frac{x^3}{3!} + \frac{\cos\theta x}{5!}x^5 \quad (0 < \theta < 1).$$

以 $x = 20° = \dfrac{\pi}{9}$ 代入,得

$$\sin 20° \approx \dfrac{\pi}{9} - \dfrac{1}{6}\left(\dfrac{\pi}{9}\right)^3 \approx 0.341\,98,$$

其误差为

$$|R_4| = \dfrac{1}{5!}\left(\dfrac{\pi}{9}\right)^5 \cos\dfrac{\theta\pi}{9} < \dfrac{1}{5!}\left(\dfrac{\pi}{9}\right)^5 \approx 0.000\,043.$$

事实上,$\sin 20°$ 的精确值为 $0.342\,020\cdots$.

由以上求麦克劳林公式的方法,类似可得到其他常用初等函数的麦克劳林公式. 为应用方便,将这些公式汇总如下:

$$\mathrm{e}^x = 1 + x + \dfrac{x^2}{2!} + \cdots + \dfrac{x^n}{n!} + \dfrac{\mathrm{e}^{\theta x}}{(n+1)!}x^{n+1};$$

$$\sin x = x - \dfrac{x^3}{3!} + \dfrac{x^5}{5!} - \cdots + (-1)^n \dfrac{x^{2n+1}}{(2n+1)!} + o(x^{2n+1});$$

$$\cos x = 1 - \dfrac{x^2}{2!} + \dfrac{x^4}{4!} - \dfrac{x^6}{6!} + \cdots + (-1)^n \dfrac{x^{2n}}{(2n)!} + o(x^{2n});$$

$$\ln(1+x) = x - \dfrac{x^2}{2} + \dfrac{x^3}{3} - \cdots + (-1)^{n-1}\dfrac{x^n}{n} + o(x^n);$$

$$\dfrac{1}{1-x} = 1 + x + x^2 + \cdots + x^n + o(x^n);$$

$$(1+x)^m = 1 + mx + \dfrac{m(m-1)}{2!}x^2 + \cdots.$$

在实际应用中,这些常用初等函数的麦克劳林公式常用于间接地展开一些更复杂的函数的麦克劳林公式,并在求某些函数的极限中起重要作用.

例 4 ▶ **求下列函数的麦克劳林公式:**

(1) $f(x) = \dfrac{1}{2-3x+x^2}$;   (2) $f(x) = \ln\dfrac{1-x}{1+x}$.

解 (1) $f(x) = \dfrac{1}{2-3x+x^2} = \dfrac{1}{(1-x)(2-x)}$

$$= \dfrac{1}{1-x} - \dfrac{1}{2-x} = \dfrac{1}{1-x} - \dfrac{1}{2\left(1-\dfrac{x}{2}\right)}$$

$$= [1 + x + x^2 + \cdots + x^n + o(x^n)]$$

$$- \dfrac{1}{2}\left[1 + \dfrac{x}{2} + \left(\dfrac{x}{2}\right)^2 + \cdots + \left(\dfrac{x}{2}\right)^n + o(x^n)\right]$$

$$= \sum_{k=0}^{n}\left(1 - \dfrac{1}{2^{k+1}}\right)x^k + o(x^n).$$

(2) $f(x) = \ln\dfrac{1-x}{1+x} = \ln(1-x) - \ln(1+x)$

$$= \left[-x - \dfrac{x^2}{2} - \dfrac{x^3}{3} - \cdots - \dfrac{x^n}{n} + o(x^n)\right]$$

$$-\left[x-\frac{x^2}{2}+\frac{x^3}{3}-\cdots+(-1)^{n-1}\frac{x^n}{n}+o(x^n)\right]$$

$$=\sum_{k=1}^{n}\left[-1+(-1)^k\right]\frac{x^k}{k}+o(x^n)$$

$$=-2\sum_{k=1}^{m}\frac{x^{2k-1}}{2k-1}+o(x^{2m-1}).$$

泰勒公式除用于近似计算外,还可方便地用于极限计算.

例 5 ▶ 计算 $\lim\limits_{x\to 0}\dfrac{xe^{-x}-2\ln(1+x)+x}{x^3}$.

解 由

$$xe^{-x}=x\left[1-x+\frac{1}{2!}x^2+o(x^2)\right]=x-x^2+\frac{1}{2!}x^3+o(x^3),$$

$$2\ln(1+x)=2x-x^2+\frac{2x^3}{3}+o(x^3),$$

得

$$xe^{-x}-2\ln(1+x)+x=\left(\frac{1}{2!}-\frac{2}{3}\right)x^3+o(x^3)=-\frac{1}{6}x^3+o(x^3).$$

故

$$\lim_{x\to 0}\frac{xe^{-x}-2\ln(1+x)+x}{x^3}=\lim_{x\to 0}\frac{-\frac{1}{6}x^3+o(x^3)}{x^3}=-\frac{1}{6}.$$

习题 4-2

1. 写出函数 $f(x)=x^3\ln x$ 在 $x_0=1$ 处的四阶泰勒公式.

2. 写出函数 $f(x)=\dfrac{1}{x}$ 在 $x_0=-1$ 处的带皮亚诺型余项的 n 阶泰勒公式.

3. 求下列函数的带皮亚诺型余项的 n 阶麦克劳林公式:

   (1) $f(x)=xe^{-x}$;　　　　　　　　　　(2) $f(x)=\dfrac{1-x}{1+x}$.

4. 用泰勒公式计算下列极限:

   (1) $\lim\limits_{x\to 0}\dfrac{\cos x-e^{-\frac{x^2}{2}}}{x^3\sin x}$;　　　　(2) $\lim\limits_{x\to 0}\dfrac{2\sqrt{1+x^2}-2-x^2}{(\cos x-e^{x^2})\cdot\sin^2 x}$.

5. 利用四阶泰勒公式计算下列各数的近似值,并估计误差:

   (1) $\ln\dfrac{6}{5}$;　　　　　　　　　　(2) e.

§ 4.3 **洛必达法则与不定式的极限**

在第 2 章中,我们曾讨论过两个无穷小之比的极限问题,例如 $\lim\limits_{x\to0}\dfrac{e^x-1}{x}$, $\lim\limits_{x\to1}\dfrac{x-1}{(x-1)^2}$,这类极限有的存在,有的不存在,称为 $\dfrac{0}{0}$ 型不定式. 类似地,两个无穷大之比的极限称为 $\dfrac{\infty}{\infty}$ 型不定式. 本节利用微分中值定理建立计算不定式极限的洛必达(L'Hospital)法则.

4.3.1　$\dfrac{0}{0}$ 型与 $\dfrac{\infty}{\infty}$ 型不定式极限

定理(洛必达法则)　设

(1) $\lim\limits_{x\to a^+}f(x)=0$, $\lim\limits_{x\to a^+}g(x)=0$(或 $\lim\limits_{x\to a^+}f(x)=\infty$, $\lim\limits_{x\to a^+}g(x)=\infty$);

(2) 存在 $a,b(a<b)$, $f(x)$ 及 $g(x)$ 在开区间 (a,b) 内可导,且 $g'(x)\neq0$;

(3) $\lim\limits_{x\to a^+}\dfrac{f'(x)}{g'(x)}=A$(或为 ∞),

那么

$$\lim_{x\to a^+}\frac{f(x)}{g(x)}=\lim_{x\to a^+}\frac{f'(x)}{g'(x)}=A \text{（或为 }\infty\text{）}. \qquad(4-12)$$

证　只证 $\dfrac{0}{0}$ 型的情况,不妨设 $f(a)=g(a)=0$,从而 $f(x)$ 及 $g(x)$ 在区间 $[a,b]$ 上连续. 任给 $x\in(a,b)$,则 $f(x)$ 及 $g(x)$ 在 $[a,x]$ 上满足柯西中值定理的条件,故可得出

$$\frac{f(x)}{g(x)}=\frac{f(x)-f(a)}{g(x)-g(a)}=\frac{f'(\xi)}{g'(\xi)} \ (a<\xi<x).$$

显然当 $x\to a^+$ 时,$\xi\to a^+$,因此对上式取极限即可得到式(4-12).

对于 $\dfrac{\infty}{\infty}$ 型的情况,通过简单变形即为 $\dfrac{0}{0}$ 型,故洛必达法则同样适用.

同理可证:上述定理中的 $x\to a^+$ 若换成 $x\to a^-$, $x\to a$, $x\to+\infty$, $x\to-\infty$, $x\to\infty$,仍然成立.

注　洛必达法则是为了解决分式为不定式的极限问题,因此在应用洛必达法则之前要先判断是否为 $\dfrac{0}{0}$ 型或 $\dfrac{\infty}{\infty}$ 型;在应用洛必达法则时,$\lim\limits_{x\to a^+}\dfrac{f'(x)}{g'(x)}$ 必须存在或为 ∞,一般不需专门验证,将随着计算过程自动显示.

例 1 ▶ 求 $\lim\limits_{x\to 1}\dfrac{x^3-x^2-x+1}{x^3-3x+2}$.

解 这是 $\dfrac{0}{0}$ 型,因此得

$$原式=\lim\limits_{x\to 1}\dfrac{3x^2-2x-1}{3x^2-3}\quad\left(\dfrac{0}{0}\ 型\right)=\lim\limits_{x\to 1}\dfrac{6x-2}{6x}=\dfrac{2}{3}.$$

注 洛必达法则可重复应用.在上式中,$\lim\limits_{x\to 1}\dfrac{6x-2}{6x}$ 已不是不定式,故不能再对它应用洛必达法则.

例 2 ▶ 求 $\lim\limits_{x\to+\infty}\dfrac{\ln x}{x^\alpha}(\alpha>0)$.

解 这是 $\dfrac{\infty}{\infty}$ 型,故

$$原式=\lim\limits_{x\to+\infty}\dfrac{\dfrac{1}{x}}{\alpha x^{\alpha-1}}=\lim\limits_{x\to+\infty}\dfrac{1}{\alpha x^\alpha}=0.$$

例 3 ▶ 求 $\lim\limits_{x\to+\infty}\dfrac{x^3}{a^x}\ (a>1)$.

解 反复应用洛必达法则,得

$$原式=\lim\limits_{x\to+\infty}\dfrac{3x^2}{a^x\ln a}=\lim\limits_{x\to+\infty}\dfrac{6x}{a^x(\ln a)^2}=\lim\limits_{x\to+\infty}\dfrac{6}{a^x(\ln a)^3}=0.$$

请读者想一想:如何求 $\lim\limits_{x\to+\infty}\dfrac{x^n}{a^x}$($n$ 为正整数,$a>1$)?

注 由例 2 与例 3 可见,当 $x\to\infty$ 时,对数函数 $\ln x$、幂函数 x^α($\alpha>0$)、指数函数 $a^x(a>1)$ 均为无穷大,但其增大的速度很不一样,a^x 增长最快,对数函数 $\ln x$ 增长最慢.

例 4 ▶ 求 $\lim\limits_{x\to\frac{\pi}{2}}\dfrac{\tan 3x}{\tan x}$.

解 这是 $\dfrac{\infty}{\infty}$ 型,可得

$$原式=\lim\limits_{x\to\frac{\pi}{2}}\dfrac{\dfrac{3}{\cos^2 3x}}{\dfrac{1}{\cos^2 x}}=3\lim\limits_{x\to\frac{\pi}{2}}\dfrac{\cos^2 x}{\cos^2 3x}\quad\left(\dfrac{0}{0}\ 型\right)=3\lim\limits_{x\to\frac{\pi}{2}}\dfrac{-2\cos x\sin x}{-6\cos 3x\sin 3x}$$
$$=\lim\limits_{x\to\frac{\pi}{2}}\dfrac{\sin x}{\sin 3x}\cdot\lim\limits_{x\to\frac{\pi}{2}}\dfrac{\cos x}{\cos 3x}\quad\left(\dfrac{0}{0}\ 型\right)=(-1)\cdot\lim\limits_{x\to\frac{\pi}{2}}\dfrac{-\sin x}{-3\sin 3x}=\dfrac{1}{3}.$$

注 在应用洛必达法则求极限的过程中,若极限存在且不为 0,可先求出.

例 5 ▶ 求 $\lim\limits_{x\to 0}\dfrac{(x\cos x - \sin x)(\mathrm{e}^x - 1)}{x^3\sin x}$.

解 这是 $\dfrac{0}{0}$ 型,如果直接应用洛必达法则,分子、分母的求导比较麻烦,可先用等价无穷小替换进行化简,注意到 $(\mathrm{e}^x - 1)\sim x$,$\sin x\sim x$,则有

$$原式 = \lim_{x\to 0}\frac{(x\cos x - \sin x)x}{x^3\cdot x} = \lim_{x\to 0}\frac{x\cos x - \sin x}{x^3}\quad\left(\frac{0}{0}\ 型\right)$$

$$= \lim_{x\to 0}\frac{(\cos x - x\sin x) - \cos x}{3x^2} = \lim_{x\to 0}\frac{-\sin x}{3x}\quad\left(\frac{0}{0}\ 型\right) = -\frac{1}{3}.$$

注 在使用洛必达法则之前,应尽可能进行算式的化简,可应用等价无穷小或重要极限替换,计算过程中也应多法并进.

例 6 ▶ 求 $\lim\limits_{x\to +\infty}\dfrac{x - \cos x}{x + \cos x}$.

解 这是 $\dfrac{\infty}{\infty}$ 型.但分子、分母分别求导后,变成 $\lim\limits_{x\to +\infty}\dfrac{1 + \sin x}{1 - \sin x}$,不存在,故不能用洛必达法则.而原极限是存在的,可用下法求得,

$$\lim_{x\to +\infty}\frac{x - \cos x}{x + \cos x} = \lim_{x\to +\infty}\frac{1 - \dfrac{\cos x}{x}}{1 + \dfrac{\cos x}{x}} = 1.$$

4.3.2　其他类型的不定式极限

其他类型的不定式主要有 $0\cdot\infty$,$\infty - \infty$,0^0,∞^0,1^∞ 等,均可转化为 $\dfrac{0}{0}$ 型或 $\dfrac{\infty}{\infty}$ 型,然后应用洛必达法则.

例 7 ▶ 求 $\lim\limits_{x\to 0^+}x^2\ln x$.

解 这是 $0\cdot\infty$ 型,可将乘积的形式化为分式的形式,再按 $\dfrac{0}{0}$ 型或 $\dfrac{\infty}{\infty}$ 型的不定式来计算.

$$\lim_{x\to 0^+}x^2\ln x = \lim_{x\to 0^+}\frac{\ln x}{x^{-2}}\quad\left(\frac{\infty}{\infty}\ 型\right) = \lim_{x\to 0^+}\frac{\dfrac{1}{x}}{-2x^{-3}} = \lim_{x\to 0^+}\frac{x^2}{-2} = 0.$$

例 8 ▶ 求 $\lim\limits_{x\to 1}\left(\dfrac{1}{\ln x} - \dfrac{1}{x - 1}\right)$.

解 这是 $\infty - \infty$ 型,可利用通分化为 $\dfrac{0}{0}$ 型来计算.

$$原式 = \lim_{x\to 1}\frac{x - 1 - \ln x}{(x - 1)\ln x}\quad\left(\frac{0}{0}\ 型\right) = \lim_{x\to 1}\frac{1 - \dfrac{1}{x}}{\ln x + \dfrac{x - 1}{x}}$$

$$= \lim_{x \to 1} \frac{x-1}{x\ln x + x - 1} \quad \left(\frac{0}{0} \text{型}\right) = \lim_{x \to 1} \frac{1}{\ln x + 2} = \frac{1}{2}.$$

对于 $0^0, \infty^0, 1^\infty$ 型,采用对数求极限法:先化为以 e 为底的指数函数的极限,即

$$\lim u^v = \lim \mathrm{e}^{v \ln u} = \mathrm{e}^{\lim(v \ln u)},$$

再利用指数函数的连续性,化为求指数的极限,指数的极限为 $0 \cdot \infty$ 的形式,再转化为 $\dfrac{0}{0}$ 型或 $\dfrac{\infty}{\infty}$ 型的不定式来计算.

例 9 ▶ 求 $\lim\limits_{x \to 0^+} (\sin x)^{\frac{1}{\ln x}}$.

解　$\lim\limits_{x \to 0^+} (\sin x)^{\frac{1}{\ln x}} = \lim\limits_{x \to 0^+} \mathrm{e}^{\frac{1}{\ln x} \ln \sin x}$,又

$$\lim_{x \to 0^+} \frac{\ln \sin x}{\ln x} = \lim_{x \to 0^+} \frac{\cot x}{\frac{1}{x}} = \lim_{x \to 0^+} \frac{x \cos x}{\sin x} = 1,$$

故原式 $=$ e.

例 10 ▶ 求 $\lim\limits_{x \to \frac{\pi}{2}^-} (\tan x)^{\cos x}$.

解　$\lim\limits_{x \to \frac{\pi}{2}^-} (\tan x)^{\cos x} = \lim\limits_{x \to \frac{\pi}{2}^-} \mathrm{e}^{\cos x \ln \tan x}$,又

$$\lim_{x \to \frac{\pi}{2}^-} \cos x \ln \tan x = \lim_{x \to \frac{\pi}{2}^-} \frac{\ln \tan x}{\sec x} = \lim_{x \to \frac{\pi}{2}^-} \frac{\frac{1}{\tan x} \sec^2 x}{\sec x \tan x}$$

$$= \lim_{x \to \frac{\pi}{2}^-} \frac{\cos x}{\sin^2 x} = 0,$$

故原式 $= \mathrm{e}^0 = 1$.

例 11 ▶ 求 $\lim\limits_{x \to 1} x^{\frac{1}{x-1}}$.

解　$\lim\limits_{x \to 1} x^{\frac{1}{x-1}} = \lim\limits_{x \to 1} \mathrm{e}^{\frac{1}{x-1} \ln x}$,又

$$\lim_{x \to 1} \frac{\ln x}{x-1} = \lim_{x \to 1} \frac{\frac{1}{x}}{1} = 1,$$

故原式 $=$ e.

洛必达法则是求极限的有效方法,现小结如下:

(1) 洛必达法则只适用于不定式;

(2) 应用洛必达法则时,一定是对分子、分母分别求导数,切记不是对整个分式求导数;

(3) 只要是不定式的极限,洛必达法则就可以重复应用,需注意在计算过程中的化简及多种方法并用;

(4) 如果应用洛必达法则不能求出原式的极限,需改用其他方法;

（5）非分式的不定式要应用洛必达法则时,必须转化为分式才能应用法则.

习 题 4 - 3

1. 计算下列极限:

(1) $\lim\limits_{x \to 0} \dfrac{e^x - e^{-x}}{\sin x}$;

(2) $\lim\limits_{x \to \pi} \dfrac{\ln\cos 2x}{(x - \pi)^2}$;

(3) $\lim\limits_{x \to 0} \dfrac{e^x - e^{-x} - 2x}{x - \sin x}$;

(4) $\lim\limits_{x \to +\infty} \dfrac{\ln\left(1 + \dfrac{1}{x}\right)}{\dfrac{\pi}{2} - \arctan x}$;

(5) $\lim\limits_{x \to \pi} \dfrac{\cot x}{\cot 3x}$;

(6) $\lim\limits_{x \to 0^+} \dfrac{\ln x}{\ln\cot x}$;

(7) $\lim\limits_{x \to 0} \dfrac{x^2 \tan x}{\tan x - x}$;

(8) $\lim\limits_{x \to 0} \dfrac{e^{-x^2} + x^2 - 1}{x \sin^3 2x}$;

(9) $\lim\limits_{x \to 0^+} \dfrac{\ln\sin 3x}{\ln\sin 2x}$;

(10) $\lim\limits_{x \to +\infty} x^2 e^{-x}$;

(11) $\lim\limits_{x \to \frac{\pi}{2}^+} \cot x \cdot \ln\left(x - \dfrac{\pi}{2}\right)$;

(12) $\lim\limits_{x \to 0} \left(\dfrac{1}{x^2} - \dfrac{1}{x \sin x}\right)$;

(13) $\lim\limits_{x \to 1} \left(\dfrac{x}{x - 1} - \dfrac{1}{\ln x}\right)$;

(14) $\lim\limits_{x \to 0} \left(\dfrac{1}{e^x - 1} - \dfrac{1}{x}\right)$;

(15) $\lim\limits_{x \to 0} (\cos 2x)^{\frac{1}{x^2}}$;

(16) $\lim\limits_{x \to +\infty} (\ln x)^{\frac{1}{x - 1}}$;

(17) $\lim\limits_{x \to +\infty} \dfrac{e^x - e^{-x}}{e^x + e^{-x}}$;

(18) $\lim\limits_{x \to \infty} \dfrac{x - \sin x}{x + \sin x}$.

2. 设 $f(0) = 0, f'(0) = 2, f''(0) = 6$, 求 $\lim\limits_{x \to 0} \dfrac{f(x) - 2x}{x^2}$.

§4.4　函数的单调性与凹凸性

对于函数的单调性,已经有过一些认识.本节将利用函数的导数和二阶导数的符号来刻画函数的动态性质 —— 函数的单调性与凹凸性,这对函数的定性研究与作图十分重要.

4.4.1　单调性

对很多函数而言,要用定义直接判断函数的单调性,并不方便,现利用函数的导数来判断函数单调性.如图 4 - 3(a) 所示,若可导函数 $y = f(x)$ 单调增加,则其图形是一条沿 x 轴正向上升的曲线,这时曲线上各点处的切线斜率非负 ($f'(x) \geqslant 0$); 如图 4-3(b) 所示,若 $y = f(x)$ 单调减少,则其图形是一条沿 x 轴正向下降的曲线,这时曲线上各点处的切线斜率非正 ($f'(x) \leqslant 0$). 由此可见,函数的单调性与导数的符号有着密切的关系.

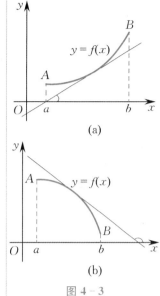

图 4-3

定理 1(函数单调性的判别法)　设函数 $y = f(x)$ 在 $[a,b]$ 上连续,在 (a,b) 内可导.

(1) 若在 (a,b) 内 $f'(x) > 0$,则函数 $y = f(x)$ 在 $[a,b]$ 上单调增加;

(2) 若在 (a,b) 内 $f'(x) < 0$,则函数 $y = f(x)$ 在 $[a,b]$ 上单调减少.

证　仅证明(1),类似可证明(2).

在 $[a,b]$ 上任取两点 $x_1, x_2 (x_1 < x_2)$,应用拉格朗日中值定理,得到

$$f(x_2) - f(x_1) = f'(\xi)(x_2 - x_1) \quad (x_1 < \xi < x_2).$$

上式中,$x_2 - x_1 > 0$,若在 (a,b) 内 $f'(x) > 0$,显然 $f'(\xi) > 0$. 于是

$$f(x_2) - f(x_1) = f'(\xi)(x_2 - x_1) > 0,$$

即

$$f(x_1) < f(x_2),$$

于是,函数 $y = f(x)$ 在 $[a,b]$ 上单调增加.

注　(1) 若在 (a,b) 内 $f'(x) \geqslant 0$ (或 $f'(x) \leqslant 0$),且只在个别点处取等号,则函数 $y = f(x)$ 的单调性不变.

(2) 判定法中的闭区间可换成其他各种区间(包括无穷区间).

例 1 ▶　讨论函数 $y = x - \arctan x$ 的单调性.

解　函数在 $(-\infty, +\infty)$ 内连续,求导数得

$$y' = 1 - \frac{1}{1 + x^2} = \frac{x^2}{1 + x^2} > 0 \quad (x \neq 0),$$

因此,在 $(-\infty, +\infty)$ 内,仅当 $x = 0$ 时,$y' = 0$,其他点处均有 $y' > 0$,故函数单调增加.

注　有些函数在整个定义区间的单调性并不一致,因此可用使导数等于零的点或使导数不存在的点来划分定义区间,在各部分区间中逐个判断函数导数 $f'(x)$ 的符号,从而确定出函数 $y = f(x)$ 在部分区间上的单调性.

例 2 ▶　讨论函数 $y = x^3 - 12x + 1$ 的单调性.

解　$y = x^3 - 12x + 1$ 的定义区间为 $(-\infty, +\infty)$,且

$$y' = 3x^2 - 12 = 3(x+2)(x-2),$$

令 $y' = 0$,得 $x_1 = -2, x_2 = 2$,将定义区间分为$(-\infty, -2), [-2, 2]$ 和$(2, +\infty)$.

在$(-\infty, -2)$ 内, $y' > 0$,故函数在$(-\infty, -2)$ 上单调增加;

在$(-2, 2)$ 内, $y' < 0$,故函数在$[-2, 2]$ 上单调减少;

在$(2, +\infty)$ 内, $y' > 0$,故函数在$(2, +\infty)$ 上单调增加.

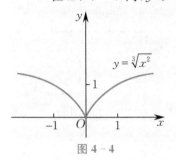

图 4 - 4

例 3 ▶ 讨论函数 $y = \sqrt[3]{x^2}$ 的单调区间.

解　$y = \sqrt[3]{x^2}$ 的定义区间为$(-\infty, +\infty)$,且 $y' = \dfrac{2}{3\sqrt[3]{x}}$ $(x \neq 0)$,当 $x = 0$ 时,导数不存在.

当$-\infty < x < 0$ 时, $y' < 0$;当 $0 < x < +\infty$ 时, $y' > 0$. 所以函数在$(-\infty, 0]$ 上单调减少;在$[0, +\infty)$ 上单调增加. 函数的图形如图 4 - 4 所示.

注　利用函数 $y = f(x)$ 的单调性,可证明不等式,还可讨论方程根的情况.

例 4 ▶ 证明:当 $x > 1$ 时, $3 - 2\sqrt{x} < \dfrac{1}{x}$.

证　令 $f(x) = 3 - 2\sqrt{x} - \dfrac{1}{x}$,则

$$f'(x) = -\frac{1}{\sqrt{x}} + \frac{1}{x^2} = \frac{-x\sqrt{x} + 1}{x^2}.$$

当 $x > 1$ 时, $x\sqrt{x} > 1$,故 $f'(x) < 0$,因此 $f(x)$ 在$[1, +\infty)$ 上单调减少,从而

$$f(x) < f(1).$$

由于 $f(1) = 0$, 故 $f(x) < f(1) = 0$, 即 $3 - 2\sqrt{x} - \dfrac{1}{x} < 0$. 因此当 $x > 1$ 时,

$$3 - 2\sqrt{x} < \frac{1}{x}.$$

例 5 ▶ 证明:方程 $x^4 + x - 1 = 0$ 有且只有一个小于 1 的正根.

证　令 $f(x) = x^4 + x - 1$,因 $f(x)$ 在闭区间$[0, 1]$ 上连续,且

$$f(0) = -1 < 0, \quad f(1) = 1 > 0.$$

根据零点定理, $f(x)$ 在$(0, 1)$ 内有一个零点,即方程 $x^4 + x - 1 = 0$ 至少有一个小于 1 的正根.

在$(0, 1)$ 内, $f'(x) = 4x^3 + 1 > 0$, 所以 $f(x)$ 在$[0, 1]$ 上单调增加,即曲线 $y = f(x)$ 在$(0, 1)$ 内与 x 轴至多只有一个交点.

综上所述,方程 $x^4 + x - 1 = 0$ 有且只有一个小于 1 的正根.

4. 4. 2　凹凸性与拐点

为了全面研究函数的变化情况,除了函数的单调性即曲线的上升或者下降之外,还需要研究曲线的弯曲状况,例如,曲线 $y =$

x^3 在 $(-\infty,+\infty)$ 内单调上升,但在 $(-\infty,0]$ 和 $[0,+\infty)$ 上曲线弯曲状况并不相同. 这种关于曲线的弯曲方向和扭转弯曲方向的点的研究,就是关于曲线的凹凸性和拐点的研究.

定义 1   设函数 $y=f(x)$ 在区间 I 上连续,如果对 I 内任意两点 x_1, x_2,恒有

$$f\left(\frac{x_1+x_2}{2}\right) < \frac{f(x_1)+f(x_2)}{2},$$

那么称 $f(x)$ 在 I 上的图形是(向上)凹的(或凹弧),如图 4-5(a) 所示;如果恒有

$$f\left(\frac{x_1+x_2}{2}\right) > \frac{f(x_1)+f(x_2)}{2},$$

那么称 $f(x)$ 在 I 上的图形是(向上)凸的(或凸弧),如图 4-5(b) 所示.

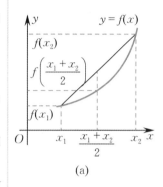

(a)

请读者从图 4-5(a),(b) 观察,当曲线为凹时,其切线斜率如何变化?当曲线为凸时,其切线斜率又是如何变化?

定理 2(函数凹凸性的判别法)   设函数 $y=f(x)$ 在区间 I 内二阶可导.

(1) 若在 I 内 $f''(x) > 0$,则曲线 $y=f(x)$ 在 I 上是凹弧;

(2) 若在 I 内 $f''(x) < 0$,则曲线 $y=f(x)$ 在 I 上是凸弧.

证   仅证明 (1),类似可证明 (2).

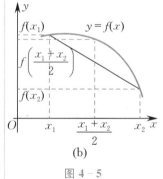

(b)

图 4-5

在 I 内任取两点 x_1, $x_2 (x_1 < x_2)$,记 $x_0 = \frac{x_1+x_2}{2}$. 应用拉格朗日中值定理,得到

$$f(x_1)-f(x_0)=f'(\xi_1)(x_1-x_0)=f'(\xi_1)\frac{x_1-x_2}{2}, \quad x_1<\xi_1<x_0;$$

$$f(x_2)-f(x_0)=f'(\xi_2)(x_2-x_0)=f'(\xi_2)\frac{x_2-x_1}{2}, \quad x_0<\xi_2<x_2.$$

以上两式相加并应用拉格朗日中值公式,得

$$f(x_1)+f(x_2)-2f(x_0)=\left[f'(\xi_2)-f'(\xi_1)\right]\frac{x_2-x_1}{2}$$

$$=f''(\xi)(\xi_2-\xi_1)\frac{x_2-x_1}{2}>0, \quad \xi_1<\xi<\xi_2,$$

从而 $\dfrac{f(x_1)+f(x_2)}{2} > f\left(\dfrac{x_1+x_2}{2}\right)$,所以 $f(x)$ 在 I 上是凹弧.

定义 2   连续曲线上凹弧与凸弧的分界点称为曲线的拐点.

确定曲线 $y=f(x)$ 的凹凸区间与求曲线的拐点的一般步骤如下:

(1) 求函数的二阶导数 $f''(x)$;

(2) 求使 $f''(x)$ 为零的点和使 $f''(x)$ 不存在的点;

(3) 用步骤 (2) 中求出的每一个点,将定义区间划分为若干小

区间,并考察 $f''(x)$ 的符号,确定曲线的凹凸区间和拐点.

例 6 ▶ 求曲线 $y = x^4 + 2x^3 + 3$ 的凹凸区间和拐点.

解 函数的定义域为 $(-\infty, +\infty)$,且

$$y' = 4x^3 + 6x^2, \quad y'' = 12x(x+1).$$

令 $y'' = 0$,得 $x_1 = -1, x_2 = 0$.列表 4-1,分析如下:

表 4-1

x	$(-\infty, -1)$	-1	$(-1, 0)$	0	$(0, +\infty)$
$f''(x)$	$+$	0	$-$	0	$+$
$f(x)$	凹	拐点$(-1,2)$	凸	拐点$(0,3)$	凹

所以,曲线的凹区间为 $(-\infty, -1)$,$(0, +\infty)$,凸区间为 $(-1, 0)$;拐点为 $(-1, 2)$ 和 $(0, 3)$.

注 拐点必须用坐标点表示.

例 7 ▶ 求曲线 $y = 1 - \sqrt[3]{x-2}$ 的凹凸区间及拐点.

解 $y' = -\frac{1}{3} \cdot \frac{1}{\sqrt[3]{(x-2)^2}}$, $y'' = \frac{2}{9\sqrt[3]{(x-2)^5}}$,

函数在 $x = 2$ 处不可导,但 $x < 2$ 时,$y'' < 0$,曲线是凸的;$x > 2$ 时,$y'' > 0$,曲线是凹的.因此,$(-\infty, 2)$ 是凸区间,$(2, +\infty)$ 是凹区间,点 $(2, 1)$ 为曲线的拐点.

例 8 ▶ 设 $a, b > 0, a \neq b$,证明:$a\ln a + b\ln b > (a+b)\ln\frac{a+b}{2}$.

证 令 $f(x) = x\ln x (x > 0)$,则所要证明的不等式改写为

$$f\left(\frac{a+b}{2}\right) < \frac{f(a) + f(b)}{2}.$$

因此,问题转化为要证明 $f(x)$ 在 $(0, +\infty)$ 内为凹.

由 $f'(x) = 1 + \ln x$,$f''(x) = \frac{1}{x}$,因 $x > 0$,故 $f''(x) > 0$,因此 $f(x)$ 在 $(0, +\infty)$ 内为凹,于是不等式成立.

习题 4-4

1. 判断函数 $y = e^x - x$ 的单调性.

2. 判断函数 $y = \cos x + x\sin x$ 在区间 $\left[\frac{\pi}{2}, \frac{3\pi}{2}\right]$ 上的单调性.

3. 求下列函数的单调区间:

(1) $f(x) = 2x^3 - 9x^2 + 12x - 3$; (2) $f(x) = 2x^2 - \ln x$;

(3) $f(x) = \sqrt[3]{(2-x)^2(x-1)}$; (4) $f(x) = \frac{x^2}{1+x}$.

4. 当 $x > 0$ 时,应用单调性证明下列不等式成立:

(1) $2 + x > 2\sqrt{1+x}$;　　　　　　(2) $x > \ln(1+x) > x - \dfrac{1}{2}x^2$.

5. 证明:方程 $x^5 + 2x^3 + x - 1 = 0$ 有且只有一个小于 1 的正根.

6. 求下列曲线的凹凸区间及拐点:

(1) $y = 3x^4 - 4x^3 + 1$;　　　　　　(2) $y = 2 - \sqrt[3]{x-1}$;

(3) $y = \dfrac{4}{1+x^2}$;　　　　　　(4) $y = (x-1)\sqrt[3]{x^2}$.

7. 利用函数的凹凸性证明:若 $x, y > 0, x \neq y$,则不等式 $xe^x + ye^y > (x+y)e^{\frac{x+y}{2}}$ 成立.

§4.5　函数的极值与最值

微课视频

在日常生活中,常常会遇到这样的例子,例如,先上坡再下坡会经过一个"峰顶",而先下坡再上坡则会经过一个"谷底". 这就如在前面讨论函数单调性的过程中,如果函数先单调增加(或减少),到达某一点后又变为单调减少(或增加),则函数在该点处取得极大值(或极小值). 例如,§4.4 的例 2 和例 3 中就有这样的点. 极值(极大值与极小值的统称)与最值的研究形成了最优化理论,被广泛应用于科技、社会与经济等领域.

4.5.1　函数的极值

定义 1　设函数 $f(x)$ 在区间 (a,b) 内有定义, $x_0 \in (a,b)$.

(1) 如果对 x_0 的某一去心邻域内的任意 x, 均有 $f(x) < f(x_0)$, 则称 $f(x_0)$ 是函数 $f(x)$ 的一个极大值, x_0 称为极大值点;

(2) 如果对 x_0 的某一去心邻域内的任意 x, 均有 $f(x) > f(x_0)$, 则称 $f(x_0)$ 是函数 $f(x)$ 的一个极小值, x_0 称为极小值点.

函数的极大值与极小值统称为函数的极值,使函数取得极值的点称为极值点.

注　函数的极值与最值不同,极值是局部的概念,只是在极值点附近为最大或最小,并不表示在整个定义区间是最大或最小.

如图 4－6 所示,函数 $f(x)$ 在点 x_1 和 x_4 处取得极大值,在点 x_2 和 x_5 处取得极小值,这说明在一个区间内函数的极大值与极小值可以有若干个,但最大值只有一个,最小值也只有一个,而且从中可以看到函数的极大值不一定是最大值,极小值也不一定是最小值.

从图 4－6 还可发现,极值点处如果有切线,则切线一定是水平的;但有水平切线的点并不一定是极值点(如点 x_3 和 x_6).

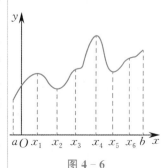

图 4－6

定理 1（极值存在的必要条件） 设函数 $f(x)$ 在点 x_0 处可导，且在点 x_0 处取得极值，则
$$f'(x_0) = 0.$$

证 不妨设 $f(x_0)$ 是极大值（极小值的情形可类似地证明）. 根据极大值的定义，对于 x_0 的某个去心邻域内的任何点 x，$f(x) < f(x_0)$ 均成立. 于是，当 $x < x_0$ 时，有
$$\frac{f(x) - f(x_0)}{x - x_0} > 0,$$
因此
$$f'_-(x_0) = \lim_{x \to x_0^-} \frac{f(x) - f(x_0)}{x - x_0} \geqslant 0;$$
当 $x > x_0$ 时，有
$$\frac{f(x) - f(x_0)}{x - x_0} < 0,$$
因此
$$f'_+(x_0) = \lim_{x \to x_0^+} \frac{f(x) - f(x_0)}{x - x_0} \leqslant 0.$$
因为 $f(x)$ 在点 x_0 处可导，所以
$$f'(x_0) = f'_-(x_0) = f'_+(x_0) = 0.$$

使导数为零（$f'(x_0) = 0$）的点称为函数 $f(x)$ 的驻点. 定理 1 表明，可导函数 $f(x)$ 的极值点必定是函数的驻点.

注 函数的极值点只能在驻点和导数不存在的点产生. 但反过来，函数 $f(x)$ 的驻点和不可导点却不一定是极值点，例如，函数 $f(x) = x^3, f(x) = \sqrt[3]{x}$ 在 $x = 0$ 处的情况就是这样.

由函数单调性的判别法和极值的定义，即可得到如下极值判别法.

定理 2（极值判别法 Ⅰ） 设函数 $f(x)$ 在点 x_0 的邻域内连续，在 x_0 的左右邻域内可导.

(1) 如果在点 x_0 的左侧 $f'(x) > 0$，在点 x_0 的右侧 $f'(x) < 0$，那么函数 $f(x)$ 在点 x_0 处取得极大值；

(2) 如果在 x_0 的左侧 $f'(x) < 0$，在点 x_0 的右侧 $f'(x) > 0$，那么函数 $f(x)$ 在点 x_0 处取得极小值；

(3) 如果在点 x_0 的左右两侧 $f'(x)$ 不改变符号，那么函数 $f(x)$ 在点 x_0 处没有极值.

例 1 求下列函数的极值：

(1) $y = x^3 - 12x + 1$；　　　(2) $y = \sqrt[3]{x^2}$.

解 (1) 由 §4.4 例 2 所得结果，可知：

$y = x^3 - 12x + 1$ 在 $(-\infty, -2]$ 上单调增加，在 $[-2, 2]$ 上单调减少，因此函数在 $x_1 =$

-2 处有极大值 $y(-2) = 17$;

$y = x^3 - 12x + 1$ 在 $[-2, 2]$ 上单调减少,在 $[2, +\infty)$ 上单调增加,因此函数在 $x_2 = 2$ 处有极小值 $y(2) = -15$.

(2) 由 §4.4 例 3 的结果可知,$y = \sqrt[3]{x^2}$ 在 $(-\infty, 0]$ 上单调减少,在 $[0, +\infty)$ 上单调增加,故 $x = 0$ 是极小值点,极小值为 $y(0) = 0$.

一般地,求函数的极值(极值点)的步骤如下:

(1) 确定函数 $f(x)$ 的定义域,并求其导数 $f'(x)$;

(2) 求出 $f(x)$ 的驻点与不可导点;

(3) 考察 $f'(x)$ 在驻点和不可导点左、右两侧邻近符号变化的情况,确定函数的极值点,并判断极值点是极大值点还是极小值点;

(4) 求出各极值点对应的极值.

例 2 ▶　求函数 $f(x) = \sqrt[3]{(x-1)^2 (x+4)^3}$ 的极值.

解　(1) 函数 $f(x)$ 的定义域为 $(-\infty, +\infty)$,求导数得

$$f'(x) = \frac{5(x+1)}{3 \sqrt[3]{x-1}};$$

(2) 令 $f'(x) = 0$,得驻点 $x_1 = -1$,而 $x_2 = 1$ 为不可导点;

(3) 列表 4-2,分析如下:

表 4-2

x	$(-\infty, -1)$	-1	$(-1, 1)$	1	$(1, +\infty)$
$f'(x)$	$+$	0	$-$	不存在	$+$
$f(x)$	↗	极大值	↘	极小值	↗

(4) 极大值为 $f(-1) = 3\sqrt[3]{4}$,极小值为 $f(1) = 0$.

如果函数在驻点处具有不为 0 的二阶导数,则可由二阶导数的符号方便地判别极值.

定理 3（极值判别法 Ⅱ）　设函数 $f(x)$ 在点 x_0 处具有二阶导数,且

$$f'(x_0) = 0, \quad f''(x_0) \neq 0,$$

那么

(1) 当 $f''(x_0) < 0$ 时,函数 $f(x)$ 在点 x_0 处取得极大值;

(2) 当 $f''(x_0) > 0$ 时,函数 $f(x)$ 在点 x_0 处取得极小值.

证　(1) 因 $f''(x_0) < 0$,由二阶导数的定义及 $f'(x_0) = 0$,有

$$f''(x_0) = \lim_{x \to x_0} \frac{f'(x) - f'(x_0)}{x - x_0} = \lim_{x \to x_0} \frac{f'(x)}{x - x_0} < 0.$$

根据极限的局部保号性,存在点 x_0 的一个去心邻域 $\mathring{U}$,使得

$$\frac{f'(x)}{x-x_0}<0 \qquad (x\in\overset{\circ}{U}).$$

因此,当 $x<x_0$ 时, $f'(x)>0$;当 $x>x_0$ 时, $f'(x)<0$.根据定理 2, $f(x)$ 在点 x_0 处取得极大值.

类似地可以证明情形(2).

注 如果函数 $f(x)$ 在驻点 x_0 处的二阶导数 $f''(x_0)\neq0$,那么 x_0 一定是极值点,并且可以按 $f''(x_0)$ 的符号来判定 $f(x_0)$ 是极大值还是极小值.但如果 $f''(x_0)=0$,就不能判定 $f(x_0)$ 是极大值还是极小值,必须用极值判别法 Ⅰ 进行判别.

例 3 ▶ 求函数 $f(x)=3x^4-8x^3+6x^2+1$ 的极值.

解 (1) $f'(x)=12x^3-24x^2+12x=12x(x-1)^2$;

(2) 令 $f'(x)=0$,得驻点 $x_1=0,x_2=1$;

(3) $f''(x)=12(x-1)(3x-1)$;

(4) 因 $f''(0)=12>0$,故函数有极小值 $f(0)=1$;

(5) 因 $f''(1)=0$,故不能用极值判别法 Ⅱ,改用极值判别法 Ⅰ 进行判别,易知在 $x_2=1$ 的左、右两侧均有 $f'(x)>0$,故函数在 $x_2=1$ 处无极值.

4.5.2 最大值与最小值

在科技、社会与经济等领域,通常会遇到诸如怎样"用料最省""成本最低""效率最高""利润最大"等问题,此类问题在数学上往往可归结为求某一函数的最大值或最小值问题.

1. 闭区间上连续函数的最值

设函数 $f(x)$ 在闭区间 $[a,b]$ 上连续,根据闭区间上连续函数的性质可知, $f(x)$ 在 $[a,b]$ 上一定有最大值 M 和最小值 m.通常可按下列步骤求出最大值 M 和最小值 m:

(1) 求出 $f(x)$ 在 (a,b) 内的所有驻点和不可导点;

(2) 求以上点的函数值及 $f(a),f(b)$,将这些值相比较,其中最大的就是最大值,最小的就是最小值.

注 以上做法不需判断是否为极值点.

例 4 ▶ 求函数 $f(x)=\sqrt[3]{(x-1)^2(x+4)^3}$ 在 $[0,2]$ 上的最大值及最小值.

解 $f(x)$ 在 $[0,2]$ 上连续,由例 2 求得驻点 $x_1=-1$ 和不可导点 $x_2=1$.而 $x_1=-1\notin[0,2]$,由 $f(1)=0,f(0)=4,f(2)=6$,故 $f(x)$ 在 $[0,2]$ 上的最大值为 $f(2)=6$,最小值为 $f(1)=0$.

例 5 ▶ 求函数 $f(x)=\mathrm{e}^x\cos x$ 在 $[-\pi,\pi]$ 上的最大值及最小值.

解 $f(x)$ 在 $[-\pi,\pi]$ 上连续, $f'(x)=\mathrm{e}^x(\cos x-\sin x)$,令 $f'(x)=0$,得驻点为 $x_1=$

$-\dfrac{3\pi}{4}, x_2 = \dfrac{\pi}{4}$. 由计算得到

$$f\left(-\frac{3\pi}{4}\right) = -\frac{\sqrt{2}}{2}e^{\frac{3\pi}{4}}, \quad f\left(\frac{\pi}{4}\right) = \frac{\sqrt{2}}{2}e^{\frac{\pi}{4}},$$

$$f(-\pi) = -e^{-\pi}, \quad f(\pi) = -e^{\pi}.$$

故 $f(x)$ 在 $[-\pi, \pi]$ 上的最大值为 $f\left(\dfrac{\pi}{4}\right) = \dfrac{\sqrt{2}}{2}e^{\frac{\pi}{4}}$, 最小值为 $f(\pi) = -e^{\pi}$.

2. 开区间内连续函数的最值

如果函数 $f(x)$ 在开区间 (a,b) 内连续, 则不能保证 $f(x)$ 在 (a,b) 内一定有最大值和最小值. 然而, 下列结论对于解决最值问题十分有用: 假定 $f(x)$ 在 (a,b) 内有最大值 (或最小值), 且 $f(x)$ 在 (a,b) 内只有一个可能取得极值的点 x_0, 则 $f(x_0)$ 就是 $f(x)$ 在 (a,b) 内的最大值 (或最小值).

例 6 ▶　已知圆柱形易拉罐的容积 V 是一个标准定值, 假设易拉罐顶部和底面的厚度相同且为侧面厚度的 2 倍. 问如何设计易拉罐的高和底面直径, 才能使易拉罐的材料最省?

解　设圆柱形易拉罐高为 h, 底面半径为 r, 并假定侧面厚度为 m, 则顶部和底面的厚度分别为 $2m$, 故所需材料为

$$W = \pi r^2 \cdot 2m + 2\pi rh \cdot m + \pi r^2 \cdot 2m = 2\pi m(rh + 2r^2).$$

由于容积 V 是一个标准定值, 故 $V = \pi r^2 h$, 即 $h = \dfrac{V}{\pi r^2}$, 因此得到目标函数为

$$W = 2\pi m\left(\frac{V}{\pi r} + 2r^2\right), \quad r \in (0, +\infty).$$

求导数 $\dfrac{dW}{dr} = 2\pi m\left(-\dfrac{V}{\pi r^2} + 4r\right)$. 令 $\dfrac{dW}{dr} = 0$, 得 $r = \sqrt[3]{\dfrac{V}{4\pi}}$ 为唯一驻点. 又二阶导数 $\dfrac{d^2 W}{dr^2} = 2\pi m\left(\dfrac{2V}{\pi r^3} + 4\right) > 0$, 故 $r = \sqrt[3]{\dfrac{V}{4\pi}}$ 为唯一的极小值点, 也为最小值点.

因此, 设计易拉罐的底面直径为 $2r = 2\sqrt[3]{\dfrac{V}{4\pi}}$, 高为 $h = \dfrac{V}{\pi r^2} = r\dfrac{V}{\pi r^3} = 4\sqrt[3]{\dfrac{V}{4\pi}}$ 时, 才能使易拉罐的材料最省. 此时, 易拉罐的高与底面直径之比为 $2:1$.

4.5.3　函数作图

前面已经基本研究了如何利用导数刻画函数的变化性态, 为了更好地作出函数的图形, 现再引入渐近线的概念.

定义 2　(1) 设函数 $y = f(x)$ 在区间 $(-\infty, +\infty)$ 内有定义, 若当 $x \to \infty$ (或 $x \to -\infty, x \to +\infty$) 时, $f(x) \to b$, 则称 $y = b$ 为曲线 $y = f(x)$ 的水平渐近线.

(2) 设函数 $y=f(x)$ 在 $x=a$ 处间断,若当 $x\to a$(或 $x\to a^{-}$, $x\to a^{+}$)时,$f(x)\to\infty$,则称 $x=a$ 为曲线 $y=f(x)$ 的**垂直渐近线**.

例如,$y=\dfrac{\pi}{2}$,$y=-\dfrac{\pi}{2}$ 分别是曲线 $y=\arctan x$ 的水平渐近线;$x=0$ 是曲线 $y=\ln x$ 的垂直渐近线.

函数作图的一般步骤如下:

(1) 确定函数 $f(x)$ 的定义域,研究函数是否具有奇偶性、周期性和有界性;

(2) 求出一阶导数 $f'(x)$ 和二阶导数 $f''(x)$,在定义域内求出使 $f'(x)$ 和 $f''(x)$ 为零的点,并求出函数 $f(x)$ 的间断点,以及 $f'(x)$ 和 $f''(x)$ 不存在的点;

(3) 列表考察,用(2)所求出的点把函数定义域划分成若干个部分区间,确定在这些部分区间内 $f'(x)$ 和 $f''(x)$ 的符号,并由此判断函数的单调性和凹凸性,确定极值点和拐点;

(4) 确定曲线的水平、垂直渐近线;

(5) 描出曲线上极值对应的点和拐点,以及曲线与坐标轴的交点,并适当补充一些其他点,用平滑曲线连接,从而画出函数的图形.

例 7 ▶ 作函数 $f(x)=\dfrac{4+4x-2x^2}{x^2}$ 的图形.

解 (1) $f(x)$ 的定义域为 $(-\infty,0)\bigcup(0,+\infty)$,为非奇非偶函数.

(2) $f'(x)=-\dfrac{4(x+2)}{x^3}$,$f''(x)=\dfrac{8(x+3)}{x^4}$.

令 $f'(x)=0$,得 $x=-2$;令 $f''(x)=0$,得 $x=-3$;$x=0$ 是 $f(x)$ 的间断点.

(3) 列表 4-3,分析如下:

表 4-3

x	$(-\infty,-3)$	-3	$(-3,-2)$	-2	$(-2,0)$	0	$(0,+\infty)$
$f'(x)$	$-$		$-$	0	$+$	不存在	$-$
$f''(x)$	$-$	0	$+$		$+$		$+$
$f(x)$	↘	拐点	↘	极小值点	↗	间断点	↘

↘表示单调减少且凸,↘表示单调减少且凹,↗表示单调增加且凹,↗表示单调增加且凸.

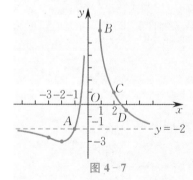

图 4-7

(4) $\lim\limits_{x\to\infty}f(x)=\lim\limits_{x\to\infty}\dfrac{4+4x-2x^2}{x^2}=-2$,得水平渐近线 $y=-2$;

$\lim\limits_{x\to 0}f(x)=\lim\limits_{x\to 0}\dfrac{4+4x-2x^2}{x^2}=+\infty$,得垂直渐近线 $x=0$.

(5) 极小值对应的点为 $(-2,-3)$,拐点为 $\left(-3,-\dfrac{26}{9}\right)$,曲线与 x 轴的交点分别为 $(1-\sqrt{3},0)$ 和 $(1+\sqrt{3},0)$;再补充点:$A(-1,-2)$,$B(1,6)$,$C(2,1)$,$D\left(3,-\dfrac{2}{9}\right)$.作出图形,如图 4-7 所示.

例 8 ▶　作函数 $f(x) = \dfrac{1}{\sqrt{2\pi}}\mathrm{e}^{-\frac{x^2}{2}}$ 的图形.

解　(1) $f(x)$ 的定义域为 $(-\infty, +\infty)$，是偶函数，图形关于 y 轴对称.

(2) $f'(x) = -\dfrac{x}{\sqrt{2\pi}}\mathrm{e}^{-\frac{x^2}{2}}$，$f''(x) = \dfrac{(x+1)(x-1)}{\sqrt{2\pi}}\mathrm{e}^{-\frac{x^2}{2}}$.

令 $f'(x) = 0$，得驻点 $x = 0$；令 $f''(x) = 0$，得 $x = -1, x = 1$.

(3) 列表 4-4，分析如下：

表 4-4

x	$(-\infty, -1)$	-1	$(-1, 0)$	0	$(0, 1)$	1	$(1, +\infty)$
$f'(x)$	$+$		$+$	0	$-$		$-$
$f''(x)$	$+$	0	$-$		$-$	0	$+$
$f(x)$	↗	拐点	↗	极大值点	↘	拐点	↘

(4) $\lim\limits_{x \to \infty} f(x) = \lim\limits_{x \to \infty} \dfrac{1}{\sqrt{2\pi}}\mathrm{e}^{-\frac{x^2}{2}} = 0$，得水平渐近

线 $y = 0$.

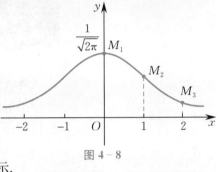

图 4-8

(5) 根据对称性，只要考虑 $[0, +\infty)$ 的情况即可. 极大值对应的点为 $M_1\left(0, \dfrac{1}{\sqrt{2\pi}}\right)$，拐点为 $M_2\left(1, \dfrac{1}{\sqrt{2\pi e}}\right)$，再补充点 $M_3\left(2, \dfrac{1}{\sqrt{2\pi}e^2}\right)$. 画出右半平面部分的图形，即可作出函数的图形，如图 4-8 所示.

注　函数 $f(x) = \dfrac{1}{\sqrt{2\pi}}\mathrm{e}^{-\frac{x^2}{2}}$ 是概率统计中标准正态分布的概率密度函数，应用非常广泛.

习题 4-5

1. 求下列函数的极值：

(1) $f(x) = x^3 - 3x^2 - 9x + 3$；　　　　　(2) $f(x) = \dfrac{x}{1+x^2}$；

(3) $f(x) = 2x^2 - \ln x$；　　　　　(4) $f(x) = \sqrt[3]{(2-x)^2(x-1)}$；

(5) $f(x) = (x^2 - 1)^3 - 1$.

2. 设 $x = \dfrac{\pi}{3}$ 是函数 $f(x) = a\sin x + \dfrac{1}{3}\sin 3x$ 的极值点，则 a 为何值？此时的极值点是极大值点还是极小值点？并求出该值.

3. 求下列函数在指定区间的最大值与最小值：

(1) $f(x) = x^4 - 2x^2 + 3$，$\left[-\dfrac{3}{2}, 2\right]$；　　　　　(2) $f(x) = x + \sqrt{1-x}$，$[-3, 1]$；

(3) $f(x) = x\sin x + \cos x$，$[-\pi, \pi]$.

4. 求下列曲线的渐近线：

(1) $y = \dfrac{1 + \sin x}{x}$；

(2) $y = e^{\frac{1}{x-1}} + 1$.

图 4 - 9

5. 作出下列函数的图形：

(1) $f(x) = x^3 - 3x + 1$；

(2) $f(x) = x^4 - 2x^3 + 1$；

(3) $y = 2 - \sqrt[3]{x - 1}$；

(4) $f(x) = \dfrac{x^2}{1 + x}$.

6. 设 A, B 两个工厂共用一台变压器，其位置如图 4 - 9 所示，问变压器设在输电干线的什么位置时，所需电线最短？

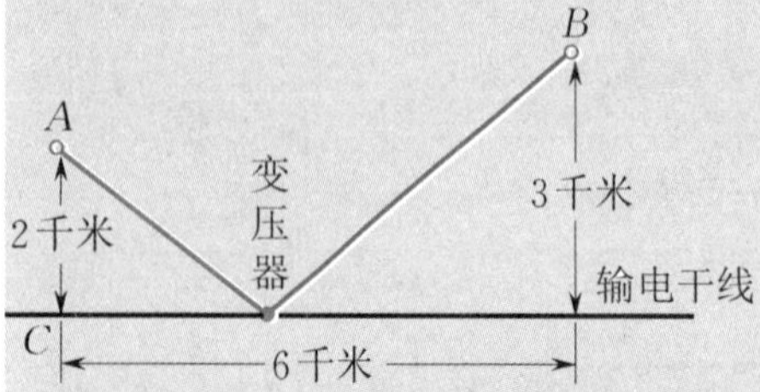

§ 4. 6　导数与微分在经济学中的应用

导数与微分在经济学中应用十分广泛，本节进一步讨论经济管理中的最值问题，并讨论经济学中的两个常用的应用 —— 边际分析和弹性分析.

4. 6. 1　最值问题

在第 1 章 § 1.6 中介绍了常用的成本函数、收入函数、利润函数等经济函数，在实际中，经常会遇到在一定条件下，使成本最低、收入和利润最大等问题.

例 1 ▶　设某产品日产量为 Q 件时，需要付出的总成本为

$$C(Q) = \frac{1}{100}Q^2 + 20Q + 1\,600(\text{元}).$$

求：(1) 日产量为 500 件的总成本和平均成本；

(2) 最低平均成本及相应的产量.

解　(1) 日产量为 500 件的总成本为

$$C(500) = \frac{500^2}{100} + 20 \times 500 + 1\,600 = 14\,100(\text{元}),$$

平均成本为 $\overline{C}(500) = \dfrac{14\,100}{500} = 28.2(\text{元})$.

(2) 日产量为 Q 件的平均成本为 $\overline{C}(Q) = \dfrac{C(Q)}{Q} = \dfrac{Q}{100} + 20 + \dfrac{1\,600}{Q}$，则 $\overline{C}'(Q) = \dfrac{1}{100} - \dfrac{1\,600}{Q^2}$，令 $\overline{C}'(Q) = 0$，因 $Q > 0$，故得唯一驻点为 $Q = 400$.

又 $\overline{C}''(Q) = \dfrac{3\,200}{Q^3} > 0$，故 $Q = 400$ 是 $\overline{C}(Q)$ 的极小值点，即当日产量为 400 件时，平

均成本最低,最低平均成本为 $\overline{C}(400) = \dfrac{400}{100} + 20 + \dfrac{1\,600}{400} = 28(元)$.

例 2 ▶　某物业公司策划出租 100 间写字楼,经过市场调查,当每间写字楼租金定为每月 5 000 元时,可以全部出租;当租金每月增加 100 元时,就有一间写字楼租不出去.已知每租出去一间写字楼,物业公司每月需为其支付 300 元的物业管理费.为使收入最大,租金应定为多少才合适?

解　设每间月租 x 元,则租出去的房子有 $100 - \dfrac{x - 5\,000}{100}$ 间,每月总收入为

$$R(x) = (x - 300)\left(100 - \frac{x - 5\,000}{100}\right) = (x - 300)\left(150 - \frac{x}{100}\right),$$

则

$$R'(x) = \left(150 - \frac{x}{100}\right) + (x - 300)\left(-\frac{1}{100}\right) = 153 - \frac{x}{50}.$$

令 $R'(x) = 0$,得唯一驻点为 $x = 7\,650$.

又 $R''(x) = -\dfrac{1}{50} < 0$,故 $x = 7\,650$ 为唯一极大值点,因此每月每间写字楼租金定为 7 650 元时,收入最高.此时,有 74 间写字楼可租出去,最大收入为

$$R(7\,650) = 543\,900(元).$$

4.6.2　边际分析

在经济学中,函数 $y = f(x)$ 的边际概念是表示当 x 在某一给定值附近有微小变化时,y 的瞬时变化.根据导数的定义,导数 $f'(x_0)$ 表示 $f(x)$ 在 $x = x_0$ 处的变化率,因此自然想到用导数表示边际概念.

定义 1　导数 $f'(x_0)$ 称为 $f(x)$ 在 $x = x_0$ 处的边际函数值.常见的边际函数有

(1) 成本函数 $C = C(Q)$ 的边际成本函数为 $C'(Q)$.边际成本值 $C'(Q_0)$ 的意义是:当产量达到 Q_0 时,再多生产一个单位产品所添加的成本;

(2) 收入函数 $R = R(Q)$ 的边际收入函数为 $R'(Q)$.边际收入值 $R'(Q_0)$ 的意义是:当销售 Q_0 单位产品后,再多销售一个单位商品所增加的收入;

(3) 利润函数 $L = L(Q)$ 的边际利润函数为 $L'(Q)$.边际利润值 $L'(Q_0)$ 的意义是:当销售 Q_0 单位产品后,再多销售一个单位商品所改变的利润;

(4) 需求函数 $Q = Q(P)$ 的边际需求函数为 $Q'(P)$.边际需求值 $Q'(P_0)$ 的意义是:当价格在 P_0 时,再上涨(或下降)一个单位所减少(或增加)的需求量.

例 3 ▶ 求例1中日产量为500件的边际成本,解释其经济意义,并求最低平均成本时相应产量的边际成本.

解 因成本函数为 $C(Q) = \frac{1}{100}Q^2 + 20Q + 1\,600$,故边际成本函数为

$$C'(Q) = \frac{1}{50}Q + 20.$$

因此日产量为500件的边际成本为 $C'(500) = 30$(元). 其经济意义是:当日产量为500件时,再增产(或减产)1件产品,将增加(或减少)成本30元.

在例1中,已经求得当日产量为400件时,平均成本最低,故相应产量的边际成本为 $C'(400) = \frac{400}{50} + 20 = 28$(元).

例 4 ▶ 设某产品的需求函数为 $Q = 900 - 10P$(吨)(价格 P 的单位:万元),成本函数为

$$C(Q) = 20Q + 6\,000(万元).$$

(1) 求边际需求函数,并解释其经济意义;

(2) 求边际利润函数,并分别求需求量为300吨,350吨和400吨的边际利润,从所得结果说明什么问题?

解 (1) 边际需求函数为 $Q'(P) = -10$,其经济意义是:若价格上涨(或下降)1万元,则需求量将减少(或增加)10吨.

(2) 由 $Q = 900 - 10P$,得 $P = 90 - \frac{Q}{10}$,故收入函数为

$$R(Q) = P \cdot Q = \left(90 - \frac{Q}{10}\right)Q = 90Q - \frac{Q^2}{10}.$$

因此,利润函数为

$$L(Q) = R(Q) - C(Q) = \left(90Q - \frac{Q^2}{10}\right) - (20Q + 6\,000)$$

$$= -\frac{Q^2}{10} + 70Q - 6\,000.$$

故边际利润函数为 $L'(Q) = -\frac{Q}{5} + 70$.

于是 $L'(300) = 10, L'(350) = 0, L'(400) = -10$. 所得结果表明,当需求量为300吨时,再增加1吨,利润将增加10万元;当需求量为350吨时,再增加1吨,利润不变;当需求量为400吨时,再增加1吨,利润反而减少10万元. 这也说明了并非需求量越大利润越高.

4.6.3 弹性分析

在边际分析中,所研究的是函数的绝对改变量与绝对变化率,而在某些实际问题中这是不够的,例如,你对原价为80元的体育用品(篮球)涨价1元可能感觉不到,但原价为2元的另一体育用品(乒乓球)涨价1元你会感觉很明显. 如果从边际分析看,绝对改变量都是1元,这显然不能说明问题,如果从其涨价的幅度分析

会更加全面. 由此可见, 需要研究一个变量对另一个变量的相对变化情况, 这就是弹性的概念.

定义 2　设函数 $y = f(x)$ 在 $x = x_0$ 处可导, 函数的相对改变量

$$\frac{\Delta y}{y_0} = \frac{f(x_0 + \Delta x) - f(x_0)}{f(x_0)}$$

与自变量的相对改变量 $\dfrac{\Delta x}{x_0}$ 之比

$$\frac{\Delta y}{y_0} \bigg/ \frac{\Delta x}{x_0}$$

称为函数 $f(x)$ 从 x_0 到 $x_0 + \Delta x$ 两点间的弹性(或平均相对变化率).

而极限

$$\lim_{\Delta x \to 0} \frac{\Delta y}{y_0} \bigg/ \frac{\Delta x}{x_0} = \frac{x_0}{y_0} \cdot \lim_{\Delta x \to 0} \frac{\Delta y}{\Delta x}$$

称为函数 $f(x)$ 在点 x_0 处的弹性, 记为

$$\frac{Ey}{Ex} \bigg|_{x=x_0} \quad \text{或} \frac{E}{Ex} f(x_0),$$

即

$$\frac{Ey}{Ex} \bigg|_{x=x_0} = \lim_{\Delta x \to 0} \frac{\Delta y}{y_0} \bigg/ \frac{\Delta x}{x_0} = \frac{x_0}{y_0} \lim_{\Delta x \to 0} \frac{\Delta y}{\Delta x} = \frac{x_0}{y_0} f'(x_0).$$

注　$\dfrac{Ey}{Ex}$ 或 $\dfrac{E}{Ex} f(x)$ 表示函数 $f(x)$ 的弹性函数, 反映随着 x 的变化, $f(x)$ 对 x 变化反应的强弱程度或灵敏度. $\dfrac{Ey}{Ex} \bigg|_{x=x_0}$ 表示当 x 在点 x_0 处产生 1% 的改变时, 函数 $f(x)$ 相对地改变 $\dfrac{E}{Ex} f(x_0)\%$.

例如, $\dfrac{Ey}{Ex} \bigg|_{x=x_0} = 3$ 的意义是: 当 x 在点 x_0 处增加 1% 时, 相应的函数值增加 $f(x_0)$ 的 3%; $\dfrac{Ey}{Ex} \bigg|_{x=x_0} = -2$ 的意义是: 当 x 在点 x_0 处增加 1% 时, 相应的函数值减少 $f(x_0)$ 的 2%.

下面通过需求对价格的弹性分析, 可见弹性概念的重要性.

设某产品的需求量为 Q, 价格为 P, 需求函数 $Q = f(P)$ 可导, 则该产品的需求弹性为

$$\frac{EQ}{EP} = \lim_{\Delta P \to 0} \frac{\Delta Q}{Q} \bigg/ \frac{\Delta P}{P} = P \cdot \frac{f'(P)}{f(P)},$$

记为 $\eta = \eta(P)$.

注　由于需求量随价格的提高而减少, 因此当 $\Delta P > 0$ 时, $\Delta Q < 0$, $f'(P) < 0$. 故需求弹性 η 一般是负值, 它反映产品需求量对价格变动反应的灵敏度.

当 ΔP 很小时, 有

$$\eta = P \cdot \frac{f'(P)}{f(P)} \approx \frac{P}{f(P)} \cdot \frac{\Delta Q}{\Delta P}. \qquad (4-13)$$

此时,需求弹性 η(近似地)表示在价格为 P 时,若价格变动 1%,需求量将变化 $\eta\%$.

在经营管理活动中,产品价格的变动将引起需求及收益的变化,现从需求弹性分析来进行讨论.

设产品价格为 P,销售量(需求量)为 Q,则总收益 $R = P \cdot Q = P \cdot f(P)$,求导数得

$$R' = f(P) + P \cdot f'(P) = f(P)\left(1 + f'(P)\frac{P}{f(P)}\right),$$

即

$$R' = f(P) \cdot (1 + \eta). \qquad (4-14)$$

由上式可得如下结论:

(1) 当 $|\eta| < 1$,说明需求变动的幅度要小于价格变动的幅度,这时,产品价格的变动对销售量影响不大,称为低弹性. 此时,$R' > 0$,R 递增,说明提价可使总收益增加,而降价会使总收益减少.

(2) 当 $|\eta| > 1$,说明需求变动的幅度要大于价格变动的幅度,这时,产品价格的变动对销售量影响较大,称为高弹性. 此时,$R' < 0$,R 递减,说明降价可使总收益增加,故可采取薄利多销的策略.

(3) 当 $|\eta| = 1$,说明需求变动的幅度等于价格变动的幅度. 此时,$R' = 0$,R 取得最大值.

例 5 ▶ 某体育用品店中篮球的价格为 80 元,乒乓球的价格为 2 元,月销量分别为 $2\,000$ 个和 $8\,000$ 个. 当两种球都提价 1 元时,月销量分别为 $1\,980$ 个和 $2\,000$ 个. 请考察其收入变化情况.

解 已知篮球的价格 $P_1 = 80$(元),销量 $Q_1 = 2\,000$(个),乒乓球的价格 $P_2 = 2$(元),销量 $Q_2 = 8\,000$(个).

若提价 $\Delta P_1 = \Delta P_2 = 1$(元),则 $\Delta Q_1 = -20$,$\Delta Q_2 = -6\,000$,且

$$\frac{\Delta P_1}{P_1} = \frac{1}{80} = 1.25\%, \quad \frac{\Delta P_2}{P_2} = \frac{1}{2} = 50\%.$$

由于 $\frac{\Delta Q_1}{Q_1} = \frac{-20}{2\,000} = -1\%$,即篮球的销量下降了 1%;$\frac{\Delta Q_2}{Q_2} = \frac{-6\,000}{8\,000} = -75\%$,即乒乓球的销量下降了 75%,从而它们的需求对价格的弹性分别为

$$\eta_1(80) = \frac{\Delta Q_1}{Q_1} \Big/ \frac{\Delta P_1}{P_1} = -0.8,$$

$$\eta_2(2) = \frac{\Delta Q_2}{Q_2} \Big/ \frac{\Delta P_2}{P_2} = -1.5.$$

由于 η_1 是低弹性,因此篮球提价可使收入增加;由于 η_2 是高弹性,因此乒乓球的提价使收入减少.

例 6 ▶ 设某品牌的电脑价格为 P(元),需求量为 Q(台),其需求函数为

$$Q = 80P - \frac{P^2}{100}(台).$$

(1) 求 $P = 5\,000$ 时的边际需求,并说明其经济意义;

(2) 求 $P = 5\,000$ 时的需求弹性,并说明其经济意义;

(3) 当 $P = 5\,000$ 时,若价格上涨 1%,总收益将如何变化?是增加还是减少?

(4) 当 $P = 6\,000$ 时,若价格上涨 1%,总收益的变化又如何?是增加还是减少?

解　因 $Q = f(P) = 80P - \dfrac{P^2}{100}, f'(P) = 80 - \dfrac{P}{50}$,故需求弹性为

$$\eta = f'(P) \cdot \frac{P}{f(P)} = \left(80 - \frac{P}{50}\right) \cdot \frac{P}{f(P)}.$$

(1) $P = 5\,000$ 时的边际需求为

$$f'(5\,000) = \left(80 - \frac{P}{50}\right)\Bigg|_{P = 5\,000} = -20.$$

其经济意义是:当价格 $P = 5\,000$ 元时,若涨价 1 元,则需求量下降 20 台.

(2) 当 $P = 5\,000$ 时,$f(5\,000) = 150\,000$,此时的需求弹性为

$$\eta(5\,000) = f'(5\,000) \cdot \frac{5\,000}{f(5\,000)} = (-20) \times \frac{5\,000}{150\,000}$$

$$= -\frac{2}{3} \approx -0.667.$$

其经济意义是:当价格 $P = 5\,000$ 元时,若价格上涨 1%,则需求减少 0.667%.

(3) 由公式 $(4-14)$ 知,$R' = f(P) \cdot (1 + \eta)$,又 $R = P \cdot Q = P \cdot f(P)$,于是

$$\frac{ER}{EP} = R'(P) \cdot \frac{P}{R(P)} = \frac{R'(P)}{f(P)} = 1 + \eta.$$

因为当 $P = 5\,000$ 时,$\eta(5\,000) = -\dfrac{2}{3}$,所以

$$\frac{ER}{EP}\Bigg|_{P = 5\,000} = \frac{1}{3} \approx 0.33.$$

结果表明,当 $P = 5\,000$ 时,若价格上涨 1%,总收益将增加 0.33%.

(4) 当 $P = 6\,000$ 时,

$$\eta(6\,000) = \left(80 - \frac{P}{50}\right) \cdot \frac{P}{f(P)}\Bigg|_{P = 6\,000} = -40 \cdot \frac{1}{20} = -2,$$

所以 $\dfrac{ER}{EP}\Bigg|_{P = 6\,000} = -1.$

结果表明,当 $P = 6\,000$ 时,若价格上涨 1%,总收益将减少 1%.

习题 4-6

1. 设某钟表厂生产某类型手表的日产量为 Q 件,其总成本为

$$C(Q) = \frac{1}{40}Q^2 + 200Q + 1\,000 (元).$$

(1) 求日产量为 100 件的总成本和平均成本;

(2) 求最低平均成本及相应的产量;

(3) 若每件手表要以 400 元售出,要使利润最大,日产量应为多少?并求最大利润及相应的平均

成本.

2. 设某大型超市通过测算,已知某种毛巾的销量 Q(条) 与其成本 C(元) 的关系为
$$C(Q) = 1\,000 + 6Q - 0.003Q^2 + (0.01Q)^3.$$
现每条毛巾的定价为 6 元,求使利润最大的销量.

3. 设某种商品的需求函数为 $Q = 1\,000 - 100P$,求当需求量 $Q = 300$ 时的总收入、平均收入和边际收入,并解释其经济意义.

4. 设某工艺品的需求函数为 $P = 80 - 0.1Q$ (P 是价格,单位:元;Q 是需求量,单位:件),成本函数为
$$C = 5\,000 + 20Q(元).$$
(1) 求边际利润函数 $L'(Q)$,并分别求 $Q = 200$ 和 $Q = 400$ 时的边际利润,并解释其经济意义;

(2) 要使利润最大,需求量 Q 应为多少?

5. 设某商品的需求量 Q 与价格 P 的关系为
$$Q = \frac{1\,600}{4^P}.$$
(1) 求需求弹性 $\eta(P)$,并解释其经济含义;

(2) 当商品的价格 $P = 10$(元) 时,若价格降低 1%,则该商品需求量变化情况如何?

6. 某商品的需求函数为 $Q = e^{-\frac{P}{3}}$ (Q 是需求量,P 是价格),求:
(1) 需求弹性 $\eta(P)$;

(2) 当商品的价格 $P = 2, 3, 4$ 时的需求弹性,并解释其经济意义.

7. 已知某商品的需求函数为 $Q = 75 - P^2$ (Q 是需求量,单位:件;P 是价格,单位:元),
(1) 求 $P = 5$ 时的边际需求,并解释其经济含义;

(2) 求 $P = 5$ 时的需求弹性,并解释其经济含义;

(3) 当 $P = 5$ 时,若价格 P 上涨 1%,总收益将变化百分之几?是增加还是减少?

(4) 当 $P = 6$ 时,若价格 P 上涨 1%,总收益将变化百分之几?是增加还是减少?

本章小结

一、微分中值定理

1. 罗尔定理.

设函数 $f(x)$ 在闭区间 $[a,b]$ 上连续,在开区间 (a,b) 内可导,且 $f(a) = f(b)$,则存在 $\xi \in (a,b)$,使得 $f'(\xi) = 0$.

2. 拉格朗日中值定理.

设函数 $f(x)$ 在闭区间 $[a,b]$ 上连续,在开区间 (a,b) 内可导,则存在 $\xi \in (a,b)$,使得
$$f'(\xi) = \frac{f(b) - f(a)}{b - a}$$
或
$$f(b) - f(a) = f'(\xi)(b-a).$$

推论 1 如果 $f(x)$ 在区间 I 上的导数恒为零,则 $f(x)$ 在区间 I 上是一个常数.

推论 2 如果函数 $f(x), g(x)$ 在区间 I 上可微,且 $f'(x) \equiv g'(x)$,则在 I 上有
$$f(x) = g(x) + C, \quad C \text{ 是常数}.$$

3. 柯西中值定理.

设函数 $f(x)$ 和 $g(x)$ 在闭区间 $[a,b]$ 上连续,在开区间 (a,b) 内可导,且 $g'(x) \neq 0$,则存在 $\xi \in (a,b)$,使得

$$\frac{f(a)-f(b)}{g(a)-g(b)}=\frac{f'(\xi)}{g'(\xi)}.$$

* 4.泰勒定理.

（1）拉格朗日型余项的 n 阶泰勒公式：

$$f(x)=f(x_0)+f'(x_0)(x-x_0)+\frac{f''(x_0)}{2!}(x-x_0)^2+\cdots$$

$$+\frac{f^{(n)}(x_0)}{n!}(x-x_0)^n+R_n(x),$$

其中 $R_n(x)=\dfrac{f^{(n+1)}(\xi)}{(n+1)!}(x-x_0)^{n+1}$（$\xi$ 介于 x_0 与 x 之间）.

（2）麦克劳林公式：

$$f(x)=f(0)+f'(0)x+\frac{f''(0)}{2!}x^2+\cdots+\frac{f^{(n)}(0)}{n!}x^n+o(x^n).$$

二、洛必达法则 —— 求不定式的极限

1.法则 $1\left(\dfrac{0}{0}\ \text{型}\right)$.

设

（1）$\lim f(x)=0,\lim g(x)=0$；

（2）$f(x)$ 和 $g(x)$ 可导,且 $g'(x)\neq 0$；

（3）$\lim\dfrac{f'(x)}{g'(x)}=A$（或 ∞）,

则

$$\lim\frac{f(x)}{g(x)}=\lim\frac{f'(x)}{g'(x)}=A（\text{或}\ \infty）.$$

注　若 $\lim\dfrac{f'(x)}{g'(x)}$ 不存在且不为 ∞,则不能得出 $\lim\dfrac{f(x)}{g(x)}$ 不存在且不为 ∞,需用其他方法计算 $\lim\dfrac{f(x)}{g(x)}$.

2.法则 $2\left(\dfrac{\infty}{\infty}\ \text{型}\right)$.

设

（1）$\lim f(x)=\infty,\lim g(x)=\infty$；

（2）$f(x)$ 和 $g(x)$ 可导,且 $g'(x)\neq 0$；

（3）$\lim\dfrac{f'(x)}{g'(x)}=A$（或 ∞）,

则

$$\lim\frac{f(x)}{g(x)}=\lim\frac{f'(x)}{g'(x)}=A（\text{或}\ \infty）.$$

3.其他类型的不定式主要有 $0\cdot\infty,\infty-\infty,0^0,\infty^0,1^\infty$ 等,可先转化为 $\dfrac{0}{0}$ 型或 $\dfrac{\infty}{\infty}$ 型,再用洛必达法则.

三、函数单调性和极值

1.函数单调性的判别法.

设函数 $y = f(x)$ 在区间 I 内可导,

(1) 若恒有 $f'(x) > 0$,则函数 $y = f(x)$ 在区间 I 上单调增加;

(2) 若恒有 $f'(x) < 0$,则函数 $y = f(x)$ 在区间 I 上单调减少.

利用 $f(x)$ 的单调性,可证明不等式和讨论方程根的情况.例如,设 $f(x)$ 在 $[a, +\infty)$ 上连续,在 $(a, +\infty)$ 内可导,且 $f'(x) > 0$,又 $f(a) = 0$,则当 $x > a$ 时,恒有 $f(x) > 0$.

2.极值存在的必要条件.

设函数 $f(x)$ 在点 x_0 处可导,且在点 x_0 处取得极值,则 $f'(x_0) = 0$.

称满足 $f'(x_0) = 0$ 的点为 $f(x)$ 的驻点.可导函数的极值点必定是驻点,而驻点不一定是极值点.

极值点只能在驻点和不可导点之中产生.

3.极值判别法 Ⅰ.

设 $f(x)$ 在点 x_0 的邻域内连续,在 x_0 的左右邻域内可导,

(1) 若在 x_0 的左侧 $f'(x) > 0$,在 x_0 的右侧 $f'(x) < 0$,则 $f(x)$ 在点 x_0 处取得极大值;

(2) 若在 x_0 的左侧 $f'(x) < 0$,在 x_0 的右侧 $f'(x) > 0$,则 $f(x)$ 在点 x_0 处取得极小值;

(3) 若在 x_0 的左、右两侧 $f'(x)$ 符号相同,则 $f(x)$ 在点 x_0 处没有极值.

4.极值判别法 Ⅱ.

设 $f(x)$ 在点 x_0 处有二阶导数且 $f'(x_0) = 0$,$f''(x_0) \neq 0$,则

(1) 当 $f''(x_0) < 0$ 时,$f(x)$ 在点 x_0 处取得极大值;

(2) 当 $f''(x_0) > 0$ 时,$f(x)$ 在点 x_0 处取得极小值.

四、函数的最大值与最小值

1.闭区间 $[a, b]$ 上连续函数 $f(x)$ 的最大值 M 和最小值 m 的求法.

(1) 求出 $f(x)$ 在 (a, b) 内的所有驻点和不可导点;

(2) 求以上点的函数值和 $f(a)$,$f(b)$,比较大小,其中最大的就是最大值 M,最小的就是最小值 m.

2.开区间 (a, b) 内连续函数 $f(x)$ 的最大值 M 和最小值 m 问题.

若 $f(x)$ 在 (a, b) 内有最大值(或最小值),且 $f(x)$ 在 (a, b) 内只有一个可能取得极值的点 x_0,则 $f(x_0)$ 就是最大值(或最小值).

3.最值问题(最大值、最小值的应用题).

先列出目标函数及其需要考察的区间,再求出目标函数在区间内的最大(小) 值.

五、函数图形的凹凸性、拐点及渐近线,函数图形的描绘

1.函数凹凸性的判别法.

设函数 $f(x)$ 在区间 I 内二阶可导,

(1) 若在 I 内 $f''(x) > 0$,则曲线 $y = f(x)$ 在 I 上是凹弧;

(2) 若在 I 内 $f''(x) < 0$,则曲线 $y = f(x)$ 在 I 上是凸弧.

2.拐点:连续曲线上凹弧与凸弧的分界点.

拐点必须用坐标点表示,即必须指出拐点的横坐标和纵坐标.

3.渐近线.

(1) 若 $\lim\limits_{x \to +\infty} f(x) = b$ 或 $\lim\limits_{x \to -\infty} f(x) = b$,则 $y = b$ 为曲线 $y = f(x)$ 的水平渐近线;

(2) 若 $\lim\limits_{x \to a^-} f(x) = \infty$ 或 $\lim\limits_{x \to a^+} f(x) = \infty$,则 $x = a$ 为曲线 $y = f(x)$ 的垂直渐近线.

4. 函数 $y = f(x)$ 作图的一般步骤.

(1) 确定 $f(x)$ 的定义域,研究函数的奇偶性、周期性与有界性;

(2) 求出 $f'(x)$ 和 $f''(x)$,在定义域内求出使 $f'(x)$ 和 $f''(x)$ 为零的点,并求出函数 $f(x)$ 的间断点,以及 $f'(x)$ 和 $f''(x)$ 不存在的点;

(3) 列表考察,用(2) 所求出的点把函数定义域划分成若干个部分区间,确定在这些部分区间内 $f'(x)$ 和 $f''(x)$ 的符号,并由此判断函数的单调性和凹凸性,确定极值点和拐点;

(4) 求曲线的水平、垂直渐近线;

(5) 描出曲线上极值对应的点和拐点,以及曲线与坐标轴的交点,并适当补充一些其他点,最后用平滑曲线连接而画出函数的图形.

六、边际分析和弹性分析

1. 称 $f'(x_0)$ 为 $f(x)$ 在 $x = x_0$ 处的边际函数值.

常见的边际函数有

(1) 边际成本函数 $C'(Q)$. 边际成本值 $C'(Q_0)$ 的意义:当产量达到 Q_0 时,再多生产一个单位产品所添加的成本;

(2) 边际收入函数 $R'(Q)$. 边际收入值 $R'(Q_0)$ 的意义:当销售 Q_0 单位产品后,再多销售一个单位商品所增加的收入;

(3) 边际利润函数 $L'(Q)$. 边际利润值 $L'(Q_0)$ 的意义:当销售 Q_0 单位产品后,再多销售一个单位商品所改变的利润;

(4) 边际需求函数 $Q'(P)$. 边际需求值 $Q'(P_0)$ 的意义:当价格在 P_0 时,再上涨(或下降)一个单位所减少(或增加)的需求量.

2. 需求弹性.

$\eta = P \cdot \dfrac{f'(P)}{f(P)}$ 表示在价格为 P 时,价格变动 1%,需求量将变化 $\eta\%$.

3. 总收益的弹性.

$$\frac{ER}{EP} = R'(P) \cdot \frac{P}{R(P)} = \frac{R'(P)}{f(P)} = 1 + \eta.$$

(1) 当 $|\eta| < 1$,产品价格的变动对销售量影响不大,称为低弹性;

(2) 当 $|\eta| > 1$,产品价格的变动对销售量影响较大,称为高弹性.

复习题 4

（A）

1. 设函数 $y = f(x)$ 在闭区间 $[a,b]$ 上连续,在开区间 (a,b) 内可导,$a < x_1 < x_2 < b$,则下式中不一定成立的是＿＿＿＿＿＿.

A $f(b) - f(a) = f'(\xi)(b-a), a < \xi < b$

B $f(a) - f(b) = f'(\xi)(a-b), a < \xi < b$

C $f(b) - f(a) = f'(\xi)(b-a), x_1 < \xi < x_2$

D $f(x_2) - f(x_1) = f'(\xi)(x_2 - x_1), x_1 < \xi < x_2$

2. 当 $x = \dfrac{\pi}{4}$ 时,函数 $f(x) = a\cos x - \dfrac{1}{4}\sin 4x$ 取得极值,则 $a =$ _____.

  A -2 B $-\sqrt{2}$ C $\sqrt{2}$ D 2

3. 若在区间 I 上,$f'(x) > 0$,$f''(x) < 0$,则曲线 $y = f(x)$ 在 I 上是_____.

  A 单调减少且为凹弧   B 单调减少且为凸弧

  C 单调增加且为凹弧   D 单调增加且为凸弧

4. 曲线 $y = \dfrac{2x^3}{(1-x)^2}$ _____.

  A 既有水平渐近线,又有垂直渐近线   B 只有水平渐近线

  C 有垂直渐近线 $x = 1$ D 没有渐近线

5. 用中值定理证明下列各题:

  (1) 设函数 $y = f(x)$ 在闭区间 $[a,b]$ 上连续,在开区间 (a,b) 内可导,$f(a) = f(b) = 0$,且在 (a,b) 内 $f(x) \neq 0$.试证:对任意实数 k,存在 $\xi(a < \xi < b)$,使得 $k = \dfrac{f'(\xi)}{f(\xi)}$.

  (2) 设函数 $y = f(x)$ 在闭区间 $[a,b]$ 上连续,在开区间 (a,b) 内可导,$f(a) = f(b) = 1$.试证:存在 $\xi, \eta \in (a,b)$,使得 $e^{\xi - \eta}[f(\xi) + f'(\xi)] = 1$.

6. 求函数 $f(x) = \dfrac{1}{3-x}$ 的 $n+1$ 阶麦克劳林公式.

7. 计算下列极限:

  (1) $\lim\limits_{x \to +\infty} \sqrt{x}\left(\dfrac{\pi}{2} - \arctan x\right)$;   (2) $\lim\limits_{x \to 0}\left(\dfrac{1}{e^x - 1} - \dfrac{1}{x}\right)$;

  (3) $\lim\limits_{x \to 0^+} (\cot x)^{\frac{1}{\ln x}}$;   (4) $\lim\limits_{x \to 0}\left[\dfrac{(1+x)^{\frac{1}{x}}}{e}\right]^{\frac{1}{x}}$.

8. 问 a, b, c 为何值时,点 $(-1, 1)$ 是曲线 $y = x^3 + ax^2 + bx + c$ 的拐点,且是驻点?

9. 证明:方程 $\ln x = \dfrac{x}{e} - 1$ 在区间 $(0, +\infty)$ 内有两个实根.

10. 确定函数 $f(x) = 2x^3 + 3x^2 - 12x + 10$ 的单调区间,并求其在区间 $[-3, 3]$ 上的极值与最值.

(B)

1. 设 $f'(x_0) = f''(x_0) = 0$,$f'''(x_0) < 0$,则有_____.

  A $f(x_0)$ 是 $f(x)$ 的极大值   B $f(x_0)$ 是 $f(x)$ 的极小值

  C $f'(x_0)$ 是 $f'(x)$ 的极小值   D 点 $(x_0, f(x_0))$ 是曲线 $y = f(x)$ 的拐点

2. 设 $f(x) = |x(x-1)|$,则_____.

  A $x = 0$ 是 $f(x)$ 的极值点,但 $(0,0)$ 是曲线 $y = f(x)$ 的拐点

  B $x = 0$ 是 $f(x)$ 的极值点,且 $(0,0)$ 不是曲线 $y = f(x)$ 的拐点

  C $x = 0$ 不是 $f(x)$ 的极值点,但 $(0,0)$ 是曲线 $y = f(x)$ 的拐点

  D $x = 0$ 不是 $f(x)$ 的极值点,且 $(0,0)$ 也不是曲线 $y = f(x)$ 的拐点

3. 设 $e^{-\frac{1}{2}} > a > 0$,证明:方程 $x = ae^{ax}$ 有且只有一个小于 a^{-1} 的正根.

4. 设 $f(0) = 0$,$f''(x) < 0$,证明:对任意 $x_1 > 0$,$x_2 > 0$,恒有
$$f(x_1 + x_2) < f(x_1) + f(x_2).$$

5. 当 $1 > x > 0$ 时,证明不等式 $1 + x^2 < 2^x$ 成立.

6. 已知 $0 < a < b$,函数 $y = f(x)$ 在闭区间 $[a,b]$ 上连续,在开区间 (a,b) 内可导.证明:在 (a,b) 内至少存在 ξ, η,使得
$$f'(\xi) = \dfrac{\eta^2 f'(\eta)}{ab}.$$

我并无过人的智能,有的只是坚持不懈的思索精力而已. 今天尽你最大的努力去做好,明天也许能做得更好.

—— 牛顿(Newton,英国数学家)

第5章

不 定 积 分

在 第3章中,我们讨论了如何求一个函数的导数(或微分)问题,但在科学、技术和经济的许多问题中,常常会遇到相反的问题,即已知函数的导数(或微分),求出这个函数. 即要求一个可导函数,使它的导函数等于已知函数. 例如,当质点作直线运动时,如果已知它的速度函数为 $v(t)$,如何求它的位置函数 $s(t)$ 呢? 这便是本章将要研究的问题,也是积分学的基本问题之一.

本章先给出原函数和不定积分的概念,介绍它们的性质,进而讨论求不定积分的方法.

课程思政案例

知识框图

§5.1　不定积分的概念与性质

5.1.1　原函数与不定积分的概念

1. 原函数

已知一个函数的导数,要求原来的函数. 这就引出了原函数的概念.

定义 1　设 $f(x)$ 是定义在区间 I 上的函数,如果存在函数 $F(x)$,使对任意的 $x \in I$,都有

$$F'(x) = f(x) \text{ 或 } \mathrm{d}F(x) = f(x)\mathrm{d}x,$$

则称 $F(x)$ 为 $f(x)$ 在区间 I 上的一个原函数.

例如,在区间 $(-\infty, +\infty)$ 内,$(-\cos x)' = \sin x$,故 $-\cos x$ 是 $\sin x$ 在 $(-\infty, +\infty)$ 内的原函数.

一般地,对任意常数 C,$-\cos x + C$ 都是 $\sin x$ 的原函数.

注　当一个函数具有原函数时,它的原函数有无穷多个.

一个函数具备什么条件,其原函数一定存在?这个问题将在下一章中讨论,这里先介绍一个充分条件.

定理(原函数存在性定理)　如果函数 $f(x)$ 在区间 I 上连续,则在 I 上存在可导函数 $F(x)$,使得对任意的 $x \in I$,都有

$$F'(x) = f(x).$$

由上述定理可知,连续函数一定有原函数. 因为初等函数在其定义区间内连续,所以初等函数在其定义区间内一定有原函数.

我们已经知道,函数 $f(x)$ 如果存在原函数 $F(x)$,那么 $f(x)$ 还有无穷多个其他的原函数,这些原函数和 $F(x)$ 有什么关系呢?

设 $G(x)$ 是 $f(x)$ 的任意一个原函数,即 $G'(x) = f(x)$,则有

$$\left[G(x) - F(x)\right]' = G'(x) - F'(x) = 0.$$

由拉格朗日中值定理的推论 1 知,导数恒等于零的函数是常数,故

$$G(x) - F(x) = C,$$

即

$$G(x) = F(x) + C.$$

这表明 $G(x)$ 与 $F(x)$ 只相差一个常数. 因此,只要找到 $f(x)$ 的一个原函数 $F(x)$,$F(x) + C(C$ 为任意常数) 就可以表示 $f(x)$ 的任意一个原函数.

2. 不定积分

定义 2　在区间 I 上,函数 $f(x)$ 的带有任意常数项的原函数

称为 $f(x)$（或 $f(x)\mathrm{d}x$）在区间 I 上的不定积分，记为 $\int f(x)\mathrm{d}x$。其中，记号 $\int$ 称为积分号，$f(x)$ 称为被积函数，$f(x)\mathrm{d}x$ 称为被积表达式，x 称为积分变量.

根据定义，如果 $F(x)$ 是 $f(x)$ 在区间 I 上的一个原函数，那么在区间 I 上有

$$\int f(x)\mathrm{d}x = F(x)+C \quad (C\text{ 为任意常数}). \qquad (5-1)$$

例 1 ▶　求 $\int \sqrt{x}\,\mathrm{d}x$.

解　由于 $\left(\dfrac{2}{3}x^{\frac{3}{2}}\right)' = \sqrt{x}$，因此有

$$\int \sqrt{x}\,\mathrm{d}x = \frac{2}{3}x^{\frac{3}{2}}+C.$$

例 2 ▶　求 $\int \dfrac{1}{x}\mathrm{d}x$.

解　由于 $(\ln|x|)' = \dfrac{1}{x}$，$x \in (-\infty,0)\bigcup(0,+\infty)$，因此有

$$\int \frac{1}{x}\mathrm{d}x = \ln|x|+C.$$

例 3 ▶　设曲线通过点 $(1,2)$，且其上任一点处的切线斜率等于该点横坐标的两倍，求此曲线的方程.

解　设所求的曲线方程为 $y=f(x)$，按题设，曲线上任一点 (x,y) 处的切线斜率为 $\dfrac{\mathrm{d}y}{\mathrm{d}x}=2x$，即 $f(x)$ 是 $2x$ 的一个原函数.

因为

$$\int 2x\,\mathrm{d}x = x^2+C,$$

所以必有某个常数 C 使 $f(x)=x^2+C$，即曲线方程为 $y=x^2+C$。因所求曲线通过点 $(1,2)$，故

$$2 = 1+C, \quad \text{即} \quad C=1.$$

于是所求曲线方程为

$$y = x^2+1.$$

函数 $f(x)$ 的原函数的图形称为 $f(x)$ 的积分曲线。本例即是求函数 $2x$ 的通过点 $(1,2)$ 的那条积分曲线。显然，这条积分曲线可以由另一条积分曲线（如 $y=x^2$）经 y 轴方向平移而得（见图 $5-1$）.

5.1.2　不定积分的性质

根据不定积分的定义，即可得下述性质.

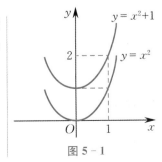

图 $5-1$

性质 1　$\left[\int f(x)\mathrm{d}x\right]' = f(x)$ 或 $\mathrm{d}\int f(x)\mathrm{d}x = f(x)\mathrm{d}x.$

性质 2　$\int F'(x)\mathrm{d}x = F(x)+C$ 或记为 $\int \mathrm{d}F(x) = F(x)+C.$

注　微分运算(以记号 d 表示)与求不定积分的运算(简称积分运算,以记号 $\int$ 表示)是互逆的.

当记号 $\int$ 与 d 连在一起时,或者抵消,或者抵消后相差一个常数.

性质 3(线性性质)　$\int\left[\alpha f(x)+\beta g(x)\right]\mathrm{d}x = \alpha\int f(x)\mathrm{d}x + \beta\int g(x)\mathrm{d}x$,其中 α,β 为任意常数.

证　要证上式的右端是 $\alpha f(x)+\beta g(x)$ 的不定积分,将右端对 x 求导,得

$$\left[\alpha\int f(x)\mathrm{d}x+\beta\int g(x)\mathrm{d}x\right]' = \left[\alpha\int f(x)\mathrm{d}x\right]' + \left[\beta\int g(x)\mathrm{d}x\right]'$$
$$= \alpha f(x)+\beta g(x).$$

性质 3 可以推广到有限个函数的情形.

例 4 ▶　检查下列积分结果是否正确:

(1) $\displaystyle\int \frac{1}{\sqrt{x-x^2}}\mathrm{d}x = \arcsin(2x-1)+C_1;$

(2) $\displaystyle\int \frac{1}{\sqrt{x-x^2}}\mathrm{d}x = -2\arcsin\sqrt{1-x}+C_2,$

其中 C_1,C_2 为任意常数.

解　(1) 由 $x-x^2>0$,即 $0<x<1$,所以

$$\left[\arcsin(2x-1)\right]' = \frac{1}{\sqrt{1-(2x-1)^2}}(2x-1)' = \frac{2}{\sqrt{4x-4x^2}} = \frac{1}{\sqrt{x-x^2}}.$$

(2) $\left[-2\arcsin\sqrt{1-x}\right]' = -2\cdot\dfrac{1}{\sqrt{1-\left(\sqrt{1-x}\right)^2}}\left(\sqrt{1-x}\right)'$

$$= \frac{-2}{\sqrt{x}}\cdot\frac{-1}{2\sqrt{1-x}} = \frac{1}{\sqrt{x-x^2}}.$$

故上述积分计算都是正确的.

注　一般地,检验积分计算 $\int f(x)\mathrm{d}x = F(x)+C$ 是否正确,只要将结果 $F(x)$ 求导,看它的导数是否等于被积函数 $f(x)$.

习题 5-1

1. 写出下列函数的一个原函数:

(1) $2x^5$; 　　　　(2) $-\cos x$; 　　　　(3) $\dfrac{1}{2\sqrt{t}}$; 　　　　(4) $-\dfrac{2}{\sqrt{1-x^2}}$.

2. 根据不定积分的定义验证下列等式:

(1) $\displaystyle\int \dfrac{1}{x^3}\mathrm{d}x = -\dfrac{1}{2}x^{-2}+C$;

(2) $\displaystyle\int (\sin x + \cos x)\mathrm{d}x = -\cos x + \sin x + C$.

3. 根据下列等式,求被积函数 $f(x)$:

(1) $\displaystyle\int f(x)\mathrm{d}x = \ln(x+\sqrt{1+x^2})+C$; 　　　　(2) $\displaystyle\int f(x)\mathrm{d}x = \dfrac{1}{\sqrt{1+x^2}}+C$.

4. 设曲线通过点 $(0,1)$,且其上任一点 (x,y) 处的切线斜率为 e^{-x},求此曲线方程.

§5.2 　基本积分公式

既然不定积分的运算是微分运算的逆运算,那么很自然地可以从基本初等函数的导数公式得到相应的积分公式.

例如,因为 $\alpha \neq -1$ 时,$\left(\dfrac{x^{\alpha+1}}{\alpha+1}\right)' = x^\alpha$,所以 $\dfrac{x^{\alpha+1}}{\alpha+1}$ 是 x^α 的一个原函数,于是

$$\int x^\alpha \mathrm{d}x = \dfrac{x^{\alpha+1}}{\alpha+1}+C \quad (\alpha \neq -1).$$

类似地可以得到其他积分公式.下面把一些基本的积分公式列成一个表,这个表通常称为基本积分表(或基本积分公式).

(1) $\displaystyle\int k\mathrm{d}x = kx+C \quad (k\ 为常数)$;

(2) $\displaystyle\int x^\alpha \mathrm{d}x = \dfrac{x^{\alpha+1}}{\alpha+1}+C \ (\alpha\ 为常数且\ \alpha \neq -1)$;

(3) $\displaystyle\int \dfrac{1}{x}\mathrm{d}x = \ln|x|+C$;

(4) $\displaystyle\int a^x \mathrm{d}x = \dfrac{1}{\ln a}a^x + C$;

(5) $\displaystyle\int \mathrm{e}^x \mathrm{d}x = \mathrm{e}^x + C$;

(6) $\displaystyle\int \cos x \mathrm{d}x = \sin x + C$;

(7) $\displaystyle\int \sin x \mathrm{d}x = -\cos x + C$;

(8) $\displaystyle\int \sec^2 x \mathrm{d}x = \int \frac{1}{\cos^2 x}\mathrm{d}x = \tan x + C$;

(9) $\displaystyle\int \csc^2 x \mathrm{d}x = \int \frac{1}{\sin^2 x}\mathrm{d}x = -\cot x + C$;

(10) $\displaystyle\int \sec x \tan x \mathrm{d}x = \sec x + C$;

(11) $\displaystyle\int \csc x \cot x \mathrm{d}x = -\csc x + C$;

(12) $\displaystyle\int \frac{\mathrm{d}x}{\sqrt{1-x^2}} = \arcsin x + C$;

(13) $\displaystyle\int \frac{\mathrm{d}x}{1+x^2} = \arctan x + C$.

以上 13 个基本积分公式及前面的不定积分性质是求不定积分的基础,读者必须熟记. 在应用这些公式时,有时需要对被积函数作适当变形,化成能直接套用基本积分公式的情况,从而得出结果,由于其计算比较简单,因此一般称这种不定积分计算方法为直接积分法.

例 1 ▶　求 $\displaystyle\int\left(x+\frac{1}{x}-\sqrt{x}+\frac{3}{x^3}\right)\mathrm{d}x$.

解　$\displaystyle\int\left(x+\frac{1}{x}-\sqrt{x}+\frac{3}{x^3}\right)\mathrm{d}x = \int x\mathrm{d}x + \int \frac{1}{x}\mathrm{d}x - \int x^{\frac{1}{2}}\mathrm{d}x + 3\int x^{-3}\mathrm{d}x$

$$= \frac{x^2}{2} + \ln|x| - \frac{2}{3}x^{\frac{3}{2}} - \frac{3}{2}x^{-2} + C.$$

例 2 ▶　求 $\displaystyle\int \frac{x^2}{1+x^2}\mathrm{d}x$.

解　$\displaystyle\int \frac{x^2}{1+x^2}\mathrm{d}x = \int \frac{x^2+1-1}{1+x^2}\mathrm{d}x = \int\left(1-\frac{1}{1+x^2}\right)\mathrm{d}x = x - \arctan x + C$.

例 3 ▶　求 $\displaystyle\int \cot^2 x \mathrm{d}x$.

解　$\displaystyle\int \cot^2 x \mathrm{d}x = \int(\csc^2 x - 1)\mathrm{d}x = \int \csc^2 x \mathrm{d}x - \int \mathrm{d}x = -\cot x - x + C$.

例 4 ▶　求 $\displaystyle\int \cos^2 \frac{x}{2}\mathrm{d}x$.

解　$\displaystyle\int \cos^2 \frac{x}{2}\mathrm{d}x = \int \frac{1+\cos x}{2}\mathrm{d}x = \frac{1}{2}(x+\sin x) + C$.

例 5 ▶　求 $\displaystyle\int \frac{1+\cos^2 x}{1+\cos 2x}\mathrm{d}x$.

解　$\displaystyle\int \frac{1+\cos^2 x}{1+\cos 2x}\mathrm{d}x = \int \frac{1+\cos^2 x}{2\cos^2 x}\mathrm{d}x = \frac{1}{2}\int(\sec^2 x + 1)\mathrm{d}x = \frac{1}{2}(\tan x + x) + C$.

习题 5-2

1. 求下列不定积分:

(1) $\int \sqrt{x}\,(x^2 - 4)\mathrm{d}x$;

(2) $\int \dfrac{(1-x)^2}{\sqrt{x}}\mathrm{d}x$;

(3) $\int 2^x \mathrm{e}^x \mathrm{d}x$;

(4) $\int \dfrac{2 \cdot 3^x - 5 \cdot 2^x}{3^x}\mathrm{d}x$;

(5) $\int \dfrac{1}{x^2(1+x^2)}\mathrm{d}x$;

(6) $\int \dfrac{x^4}{1+x^2}\mathrm{d}x$;

(7) $\int \sec x(\sec x - \tan x)\mathrm{d}x$;

(8) $\int \dfrac{1}{1+\cos 2x}\mathrm{d}x$;

(9) $\int \dfrac{\cos 2x}{\sin^2 x}\mathrm{d}x$;

(10) $\int \sin^2 \dfrac{x}{2}\mathrm{d}x$;

(11) $\int \dfrac{\cos 2x}{\cos^2 x \sin^2 x}\mathrm{d}x$;

(12) $\int (\tan x + \cot x)^2 \mathrm{d}x$.

2. 解答下列各题:

(1) 设 $f'(\mathrm{e}^x) = 1 + \mathrm{e}^{3x}$, 且 $f(0) = 1$, 求 $f(x)$;

(2) 设 $\sin x$ 为 $f(x)$ 的一个原函数, 求 $\int f'(x)\mathrm{d}x$;

(3) 已知 $f(x)$ 的导数是 $\cos x$, 求 $f(x)$ 的一个原函数;

(4) 某商品的需求量 Q 是价格 P 的函数, 该商品的最大需求量为 1 000(即 $P = 0$ 时, $Q = 1\,000$), 已知需求量的变化率(边际需求)为 $Q'(P) = -1\,000 \left(\dfrac{1}{3}\right)^P \ln 3$, 求需求量与价格的函数关系.

§5.3 　换元积分法

　　利用直接积分法所能计算的不定积分是很有限的, 因此, 有必要进一步研究其他的积分方法. 因为积分运算是微分运算的逆运算, 本节把复合函数的微分法反过来用于求不定积分. 利用中间变量代换得到复合函数的积分法, 称为换元积分法, 简称换元法. 按照选取中间变量的不同方式将换元法分为两类, 分别称为第一类换元法和第二类换元法.

5.3.1　第一类换元法(凑微分法)

　　先看下例.

例 1 ▶ 求 $\int \cos^3 x\,\mathrm{d}x$.

解 $\displaystyle\int \cos^3 x \mathrm{d}x = \int \cos^2 x \cdot \cos x \mathrm{d}x = \int \cos^2 x \mathrm{d}(\sin x) = \int (1 - \sin^2 x)\mathrm{d}(\sin x).$

设 $u = \sin x$,则

$$\int \cos^3 x \mathrm{d}x = \int (1 - u^2)\mathrm{d}u = u - \frac{1}{3}u^3 + C = \sin x - \frac{1}{3}\sin^3 x + C.$$

由此可见,计算 $\displaystyle\int \cos^3 x \mathrm{d}x$ 的关键步骤是把它变成 $\displaystyle\int (1 - \sin^2 x)\mathrm{d}(\sin x)$,然后通过变量代换 $u = \sin x$ 就可化为易计算的积分 $\displaystyle\int (1 - u^2)\mathrm{d}u$.

一般地,如果 $F(u)$ 是 $f(u)$ 的原函数,则

$$\int f(u)\mathrm{d}u = F(u) + C,$$

而如果 u 又是另一变量 x 的函数 $u = \varphi(x)$,且 $\varphi(x)$ 可微,那么根据复合函数的微分法,有

$$\mathrm{d}F(\varphi(x)) = f(\varphi(x))\mathrm{d}\varphi(x) = f(\varphi(x))\varphi'(x)\mathrm{d}x.$$

由此得

$$\int f(\varphi(x))\varphi'(x)\mathrm{d}x = \int f(\varphi(x))\mathrm{d}\varphi(x) = \int \mathrm{d}F(\varphi(x))$$
$$= F(\varphi(x)) + C.$$

引入中间变量 $u = \varphi(x)$,则上式化为

$$\int f(\varphi(x))\varphi'(x)\mathrm{d}x = \int f(u)\mathrm{d}u = \big[F(u) + C\big]\Big|_{u = \varphi(x)}.$$

于是有如下定理.

$\boxed{\text{定理 1}}$ 设 $f(u)$ 具有原函数,$u = \varphi(x)$ 可导,则有换元公式

$$\int f(\varphi(x))\varphi'(x)\mathrm{d}x = \left[\int f(u)\mathrm{d}u\right]\Big|_{u=\varphi(x)}. \qquad (5-2)$$

由此可见,一般地,如果积分 $\displaystyle\int g(x)\mathrm{d}x$ 不能直接利用基本积分公式计算,而其被积表达式 $g(x)\mathrm{d}x$ 能表示为 $g(x)\mathrm{d}x = f(\varphi(x))\varphi'(x)\mathrm{d}x = f(\varphi(x))\mathrm{d}\varphi(x)$ 的形式,且 $\displaystyle\int f(u)\mathrm{d}u$ 较易计算,那么可令 $u = \varphi(x)$,代入后有

$$\int g(x)\mathrm{d}x = \int f(\varphi(x))\varphi'(x)\mathrm{d}x = \int f(\varphi(x))\mathrm{d}\varphi(x)$$
$$= \left[\int f(u)\mathrm{d}u\right]\Big|_{u=\varphi(x)}.$$

这样,就找到了 $g(x)$ 的原函数. 这种积分法称为第一类换元法. 由于在积分过程中,先要从被积表达式中凑出一个微分因子 $\mathrm{d}\varphi(x) = \varphi'(x)\mathrm{d}x$,因此第一类换元法也称为凑微分法.

$\boxed{\text{例 2}}$ ▶   求 $\displaystyle\int 2\cos 2x \mathrm{d}x.$

解　在被积函数中,$\cos 2x$ 是 $\cos u$ 与 $u = 2x$ 构成的复合函数,常数因子 2 恰好是中间变量 $u = 2x$ 的导数,因此作变量代换 $u = 2x$,便有

$$\int 2\cos 2x \mathrm{d}x = \int \cos 2x \cdot (2x)' \mathrm{d}x = \int \cos u \mathrm{d}u = \sin u + C.$$

再以 $u = 2x$ 代入,即得

$$\int 2\cos 2x \mathrm{d}x = \sin 2x + C.$$

例 3 ▶　求 $\int \dfrac{1}{2x-3} \mathrm{d}x.$

解　被积函数 $\dfrac{1}{2x-3}$ 可看成 $\dfrac{1}{u}$ 与 $u = 2x-3$ 构成的复合函数,虽没有 $u' = 2$ 这个因子,但我们可以凑出这个因子,

$$\frac{1}{2x-3} = \frac{1}{2} \cdot \frac{1}{2x-3} \cdot 2 = \frac{1}{2} \cdot \frac{1}{2x-3}(2x-3)'.$$

如果令 $u = 2x-3$,便有

$$\int \frac{1}{2x-3} \mathrm{d}x = \int \frac{1}{2} \cdot \frac{1}{2x-3}(2x-3)' \mathrm{d}x = \frac{1}{2} \int \frac{1}{2x-3} \mathrm{d}(2x-3)$$

$$= \frac{1}{2} \int \frac{1}{u} \mathrm{d}u = \frac{1}{2} \ln|u| + C = \frac{1}{2} \ln|2x-3| + C.$$

一般地,对于积分 $\int f(ax+b)\mathrm{d}x$,总可以作变量代换 $u = ax + b$,把它化为

$$\int f(ax+b)\mathrm{d}x = \int \frac{1}{a} f(ax+b) \mathrm{d}(ax+b)$$

$$= \frac{1}{a} \left[\int f(u)\mathrm{d}u \right] \Big|_{u = ax+b}.$$

例 4 ▶　求 $\int x\sqrt{x^2-1} \mathrm{d}x.$

解　令 $u = x^2 - 1$,则

$$\int x\sqrt{x^2-1} \mathrm{d}x = \frac{1}{2} \int \sqrt{x^2-1}(x^2-1)' \mathrm{d}x = \frac{1}{2} \int \sqrt{x^2-1} \mathrm{d}(x^2-1)$$

$$= \frac{1}{2} \int \sqrt{u} \mathrm{d}u = \frac{1}{3} u^{\frac{3}{2}} + C = \frac{1}{3}(x^2-1)^{\frac{3}{2}} + C.$$

例 5 ▶　求 $\int x\mathrm{e}^{-x^2} \mathrm{d}x.$

解　令 $u = -x^2$,则 $\mathrm{d}u = -2x\mathrm{d}x$,有

$$\int x\mathrm{e}^{-x^2} \mathrm{d}x = -\frac{1}{2} \int \mathrm{e}^{-x^2}(-2x)\mathrm{d}x = -\frac{1}{2} \int \mathrm{e}^u \mathrm{d}u$$

$$= -\frac{1}{2} \mathrm{e}^u + C = -\frac{1}{2} \mathrm{e}^{-x^2} + C.$$

注　凑微分与换元的目的是为便于利用基本积分公式. 在比较熟悉不定积分的换元法后就可以略去设中间变量和换元的步骤.

例 6▶ 求 $\int \dfrac{1}{\sqrt{a^2-x^2}}\mathrm{d}x$ $(a>0)$.

解 $\int \dfrac{1}{\sqrt{a^2-x^2}}\mathrm{d}x = \int \dfrac{\mathrm{d}x}{a\sqrt{1-\left(\frac{x}{a}\right)^2}} = \int \dfrac{\mathrm{d}\left(\frac{x}{a}\right)}{\sqrt{1-\left(\frac{x}{a}\right)^2}} = \arcsin\dfrac{x}{a}+C.$

例 7▶ 求 $\int \dfrac{1}{a^2+x^2}\mathrm{d}x$ $(a\neq 0)$.

解 $\int \dfrac{1}{a^2+x^2}\mathrm{d}x = \int \dfrac{1}{a^2}\cdot\dfrac{1}{1+\left(\frac{x}{a}\right)^2}\mathrm{d}x = \dfrac{1}{a}\int \dfrac{1}{1+\left(\frac{x}{a}\right)^2}\mathrm{d}\left(\dfrac{x}{a}\right)$

$\qquad = \dfrac{1}{a}\arctan\dfrac{x}{a}+C.$

例 8▶ 求 $\int \dfrac{1}{a^2-x^2}\mathrm{d}x$ $(a\neq 0)$.

解 $\int \dfrac{1}{a^2-x^2}\mathrm{d}x = \dfrac{1}{2a}\int\left(\dfrac{1}{a+x}+\dfrac{1}{a-x}\right)\mathrm{d}x = \dfrac{1}{2a}\int\dfrac{\mathrm{d}(a+x)}{a+x}-\dfrac{1}{2a}\int\dfrac{\mathrm{d}(a-x)}{a-x}$

$\qquad = \dfrac{1}{2a}\ln|a+x|-\dfrac{1}{2a}\ln|a-x|+C$

$\qquad = \dfrac{1}{2a}\ln\left|\dfrac{a+x}{a-x}\right|+C.$

例 9▶ 求 $\int \tan x\,\mathrm{d}x$.

解 $\int \tan x\,\mathrm{d}x = \int \dfrac{\sin x}{\cos x}\mathrm{d}x = -\int\dfrac{\mathrm{d}(\cos x)}{\cos x} = -\ln|\cos x|+C.$

类似地,可得

$$\int \cot x\,\mathrm{d}x = \ln|\sin x|+C.$$

例 10▶ 求 $\int \cos^3 x\,\mathrm{d}x$.

解 $\int \cos^3 x\,\mathrm{d}x = \int(1-\sin^2 x)\cos x\,\mathrm{d}x = \int(1-\sin^2 x)\mathrm{d}(\sin x)$

$\qquad = \sin x-\dfrac{1}{3}\sin^3 x+C.$

例 11▶ 求 $\int \sin^2 x\,\mathrm{d}x$.

解 $\int \sin^2 x\,\mathrm{d}x = \int\dfrac{1-\cos 2x}{2}\mathrm{d}x = \dfrac{1}{2}x-\dfrac{1}{4}\int\cos 2x\,\mathrm{d}(2x)$

$\qquad = \dfrac{1}{2}x-\dfrac{1}{4}\sin 2x+C.$

类似地,可得
$$\int \cos^2 x \mathrm{d}x = \frac{1}{2}x + \frac{1}{4}\sin 2x + C.$$

例 12▶ 求 $\int \csc x \mathrm{d}x$.

解 $\int \csc x \mathrm{d}x = \int \frac{1}{\sin x}\mathrm{d}x = \int \frac{\sin x}{\sin^2 x}\mathrm{d}x = -\int \frac{\mathrm{d}(\cos x)}{1-\cos^2 x}$

$\qquad = \frac{1}{2}\ln\left|\frac{1-\cos x}{1+\cos x}\right| + C = \frac{1}{2}\ln\left|\frac{1-\cos x}{\sin x}\right|^2 + C$

$\qquad = \ln|\csc x - \cot x| + C.$

类似地,可得
$$\int \sec x \mathrm{d}x = \ln|\sec x + \tan x| + C.$$

例 13▶ 求 $\int \frac{\mathrm{e}^{\sqrt{x}}}{\sqrt{x}}\mathrm{d}x$.

解 $\int \frac{\mathrm{e}^{\sqrt{x}}}{\sqrt{x}}\mathrm{d}x = 2\int \mathrm{e}^{\sqrt{x}}\mathrm{d}(\sqrt{x}) = 2\mathrm{e}^{\sqrt{x}} + C.$

例 14▶ 求 $\int \sec^4 x \mathrm{d}x$.

解 $\int \sec^4 x \mathrm{d}x = \int \sec^2 x \mathrm{d}(\tan x) = \int (1+\tan^2 x)\mathrm{d}(\tan x)$

$\qquad = \tan x + \frac{1}{3}\tan^3 x + C.$

第一类换元法有如下几种常见的凑微分形式:

(1) $\mathrm{d}x = \frac{1}{a}\mathrm{d}(ax+b)$;　(2) $x^\mu \mathrm{d}x = \frac{1}{\mu+1}\mathrm{d}(x^{\mu+1})(\mu \neq -1)$;

(3) $\frac{1}{x}\mathrm{d}x = \mathrm{d}(\ln x)$;　　(4) $a^x \mathrm{d}x = \frac{1}{\ln a}\mathrm{d}(a^x)$;

(5) $\sin x \mathrm{d}x = -\mathrm{d}(\cos x)$;　(6) $\cos x \mathrm{d}x = \mathrm{d}(\sin x)$;

(7) $\sec^2 x \mathrm{d}x = \mathrm{d}(\tan x)$;　(8) $\csc^2 x \mathrm{d}x = -\mathrm{d}(\cot x)$;

(9) $\frac{1}{\sqrt{1-x^2}}\mathrm{d}x = \mathrm{d}(\arcsin x)$;

(10) $\frac{1}{1+x^2}\mathrm{d}x = \mathrm{d}(\arctan x)$.

5.3.2　第二类换元法

第一类换元法是通过变量代换 $u = \varphi(x)$,将积分 $\int f(\varphi(x))\varphi'(x)\mathrm{d}x$ 化为积分 $\int f(u)\mathrm{d}u$. 第二类换元法是通过变量

代换 $x = \varphi(t)$,将积分 $\int f(x)\mathrm{d}x$ 化为积分 $\int f(\varphi(t))\varphi'(t)\mathrm{d}t$,在求出后一个积分后,再以 $x = \varphi(t)$ 的反函数 $t = \varphi^{-1}(x)$ 代回去,这样换元积分公式可表示为

$$\int f(x)\mathrm{d}x = \left[\int f(\varphi(t))\varphi'(t)\mathrm{d}t\right]\Big|_{t=\varphi^{-1}(x)}.$$

上述公式的成立是需要一定条件的,首先等式右边的不定积分要存在,即被积函数 $f(\varphi(t))\varphi'(t)$ 有原函数;其次,$x = \varphi(t)$ 的反函数 $t = \varphi^{-1}(x)$ 要存在.

定理 2　设函数 $f(x)$ 连续,$x = \varphi(t)$ 单调、可导,并且 $\varphi'(t) \neq 0$,又设 $f(\varphi(t))\varphi'(t)$ 存在原函数,则有换元公式

$$\int f(x)\mathrm{d}x = \left[\int f(\varphi(t))\varphi'(t)\mathrm{d}t\right]\Big|_{t=\varphi^{-1}(x)}. \tag{5-3}$$

证　设 $f(\varphi(t))\varphi'(t)$ 的原函数为 $\Phi(t)$,记 $\Phi(\varphi^{-1}(x)) = F(x)$,利用复合函数的求导法则及反函数的导数公式,可得

$$\frac{\mathrm{d}F(x)}{\mathrm{d}x} = \Phi'(t)\frac{\mathrm{d}t}{\mathrm{d}x} = f(\varphi(t))\varphi'(t)\frac{1}{\varphi'(t)}$$
$$= f(\varphi(t)) = f(x),$$

即 $F(x)$ 是 $f(x)$ 的原函数,所以有

$$\int f(x)\mathrm{d}x = \left[\int f(\varphi(t))\varphi'(t)\mathrm{d}t\right]\Big|_{t=\varphi^{-1}(x)}.$$

这就证明了公式 $(5-3)$.

下面举例说明公式 $(5-3)$ 的应用.

例 15▶　求 $\int \dfrac{\mathrm{d}x}{1+\sqrt[3]{x+1}}$.

解　遇到根式中是一次多项式时,可先通过适当的换元将被积函数有理化,然后再积分. 令 $\sqrt[3]{x+1} = t$,则 $x = t^3 - 1$,$\mathrm{d}x = 3t^2\mathrm{d}t$,故

$$\int \frac{\mathrm{d}x}{1+\sqrt[3]{x+1}} = \int \frac{3t^2\mathrm{d}t}{1+t} = 3\int \frac{t^2-1+1}{1+t}\mathrm{d}t = 3\int\left(t-1+\frac{1}{1+t}\right)\mathrm{d}t$$

$$= 3\left(\frac{t^2}{2} - t + \ln|1+t|\right) + C$$

$$= \frac{3}{2}\sqrt[3]{(x+1)^2} - 3\sqrt[3]{x+1} + 3\ln|1+\sqrt[3]{x+1}| + C.$$

例 16▶　$\int \dfrac{1}{\sqrt{1+\mathrm{e}^x}}\mathrm{d}x$.

解　令 $\sqrt{1+\mathrm{e}^x} = t$,则 $x = \ln(t^2-1)$,$\mathrm{d}x = \dfrac{2t}{t^2-1}\mathrm{d}t$,则有

$$\int \frac{\mathrm{d}x}{\sqrt{1+\mathrm{e}^x}} = 2\int \frac{1}{t^2-1}\mathrm{d}t = \ln\left|\frac{t-1}{t+1}\right| + C = \ln\frac{\sqrt{1+\mathrm{e}^x}-1}{\sqrt{1+\mathrm{e}^x}+1} + C.$$

例 17▶　求 $\displaystyle\int \sqrt{a^2 - x^2}\,\mathrm{d}x$ （$a > 0$）.

解　为使被积函数有理化, 利用三角公式 $\sin^2 t + \cos^2 t = 1$, 令 $x = a\sin t, t \in \left(-\dfrac{\pi}{2}, \dfrac{\pi}{2}\right)$, 则它是 t 的单调可导函数, 具有反函数 $t = \arcsin \dfrac{x}{a}$, 且 $\sqrt{a^2 - x^2} = a\cos t, \mathrm{d}x = a\cos t\,\mathrm{d}t$, 因而

$$\int \sqrt{a^2 - x^2}\,\mathrm{d}x = \int a\cos t \cdot a\cos t\,\mathrm{d}t = a^2 \int \cos^2 t\,\mathrm{d}t = a^2 \int \frac{1 + \cos 2t}{2}\,\mathrm{d}t$$

$$= \frac{a^2}{2}\left(t + \frac{1}{2}\sin 2t\right) + C = \frac{a^2}{2}t + \frac{a^2}{2}\sin t\cos t + C$$

$$= \frac{a^2}{2}\arcsin \frac{x}{a} + \frac{1}{2}x\sqrt{a^2 - x^2} + C.$$

例 18▶　求 $\displaystyle\int \frac{1}{\sqrt{a^2 + x^2}}\,\mathrm{d}x$ （$a > 0$）.

解　令 $x = a\tan t, t \in \left(-\dfrac{\pi}{2}, \dfrac{\pi}{2}\right)$, 则 $\sqrt{x^2 + a^2} = a\sec t, \mathrm{d}x = a\sec^2 t\,\mathrm{d}t$, 于是

$$\int \frac{1}{\sqrt{a^2 + x^2}}\,\mathrm{d}x = \int \frac{a\sec^2 t\,\mathrm{d}t}{a\sec t} = \int \sec t\,\mathrm{d}t = \ln|\sec t + \tan t| + C_1$$

$$= \ln \left| \frac{\sqrt{x^2 + a^2}}{a} + \frac{x}{a} \right| + C_1 = \ln|\sqrt{x^2 + a^2} + x| + C,$$

其中 $C = C_1 - \ln a$.

例 19▶　求 $\displaystyle\int \frac{1}{\sqrt{x^2 - a^2}}\,\mathrm{d}x$ （$a > 0$）.

解　被积函数的定义域为 $(-\infty, -a) \bigcup (a, +\infty)$, 令 $x = a\sec t, t \in \left(0, \dfrac{\pi}{2}\right)$, 可求得被积函数在 $(a, +\infty)$ 内的不定积分. 这时 $\sqrt{x^2 - a^2} = a\tan t, \mathrm{d}x = a\sec t\tan t\,\mathrm{d}t$, 故

$$\int \frac{1}{\sqrt{x^2 - a^2}}\,\mathrm{d}x = \int \frac{a\sec t\tan t\,\mathrm{d}t}{a\tan t} = \int \sec t\,\mathrm{d}t = \ln|\sec t + \tan t| + C_1$$

$$= \ln \left| \frac{x}{a} + \frac{\sqrt{x^2 - a^2}}{a} \right| + C_1 = \ln|x + \sqrt{x^2 - a^2}| + C,$$

其中 $C = C_1 - \ln a$.

当 $x \in (-\infty, -a)$ 时, 可令 $x = a\sec t, t \in \left(\dfrac{\pi}{2}, \pi\right)$, 类似地, 可得到相同形式的结果.

以上 3 例中所作的变换均利用了三角恒等式, 称之为**三角代换**, 可将被积函数中的无理因式化为三角函数的有理因式.

一般地, 若被积函数中含有 $\sqrt{a^2 - x^2}$, 可作代换 $x = a\sin t$ 或 $x = a\cos t$; 含有 $\sqrt{x^2 + a^2}$, 可作代换 $x = a\tan t$; 含有 $\sqrt{x^2 - a^2}$, 可作代换 $x = a\sec t$.

在回代时, 可利用直角三角形, 比较直观明了.

在利用第二类换元法求不定积分时, 还经常用到倒代换 $x = \dfrac{1}{t}$ 等.

例 20 求 $\int \dfrac{\mathrm{d}x}{x\sqrt{x^2-1}}$.

解 令 $x = \dfrac{1}{t}$,则 $\mathrm{d}x = -\dfrac{1}{t^2}\mathrm{d}t$,因此

$$\int \frac{\mathrm{d}x}{x\sqrt{x^2-1}} = -\int \frac{|t|\,\mathrm{d}t}{t\sqrt{1-t^2}}.$$

当 $x>1$ 时,$0<t<1$,有

$$\int \frac{\mathrm{d}x}{x\sqrt{x^2-1}} = -\int \frac{1}{\sqrt{1-t^2}}\mathrm{d}t = -\arcsin t + C = -\arcsin \frac{1}{x} + C;$$

当 $x<-1$ 时,$-1<t<0$,有

$$\int \frac{\mathrm{d}x}{x\sqrt{x^2-1}} = \int \frac{1}{\sqrt{1-t^2}}\mathrm{d}t = \arcsin t + C = \arcsin \frac{1}{x} + C.$$

综合起来,得

$$\int \frac{\mathrm{d}x}{x\sqrt{x^2-1}} = -\arcsin \frac{1}{|x|} + C.$$

在本节的例题中,有几个积分结果是以后经常会遇到的,所以它们通常也被当作公式使用. 这样,常用的积分公式,除了基本积分表中的以外,再添加下面几个(其中常数 $a>0$):

$(14)\ \int \tan x\,\mathrm{d}x = -\ln|\cos x| + C;$

$(15)\ \int \cot x\,\mathrm{d}x = \ln|\sin x| + C;$

$(16)\ \int \sec x\,\mathrm{d}x = \ln|\sec x + \tan x| + C;$

$(17)\ \int \csc x\,\mathrm{d}x = \ln|\csc x - \cot x| + C;$

$(18)\ \int \dfrac{\mathrm{d}x}{a^2+x^2} = \dfrac{1}{a}\arctan \dfrac{x}{a} + C;$

$(19)\ \int \dfrac{\mathrm{d}x}{x^2-a^2} = \dfrac{1}{2a}\ln\left|\dfrac{x-a}{x+a}\right| + C;$

$(20)\ \int \dfrac{\mathrm{d}x}{\sqrt{a^2-x^2}} = \arcsin \dfrac{x}{a} + C;$

$(21)\ \int \dfrac{\mathrm{d}x}{\sqrt{x^2 \pm a^2}} = \ln(x + \sqrt{x^2 \pm a^2}) + C.$

例 21 求 $\int \dfrac{\mathrm{d}x}{x^2+2x+3}$.

解 由

$$\int \frac{\mathrm{d}x}{x^2+2x+3} = \int \frac{1}{(x+1)^2+(\sqrt{2})^2}\mathrm{d}(x+1),$$

利用公式(18),可得

$$\int \frac{\mathrm{d}x}{x^2+2x+3} = \frac{1}{\sqrt{2}}\arctan\frac{x+1}{\sqrt{2}} + C.$$

例 22 ▶   求 $\displaystyle\int \frac{\mathrm{d}x}{\sqrt{4x^2+9}}$.

解 由

$$\int \frac{\mathrm{d}x}{\sqrt{4x^2+9}} = \frac{1}{2}\int \frac{\mathrm{d}(2x)}{\sqrt{(2x)^2+3^2}},$$

利用公式(21),可得

$$\int \frac{\mathrm{d}x}{\sqrt{4x^2+9}} = \frac{1}{2}\ln(2x+\sqrt{4x^2+9}) + C.$$

习题 5-3

1. 在下列各式等号右端的空白处填入适当的系数,使等式成立:

(1) $\mathrm{d}x = \underline{\qquad}\ \mathrm{d}(5x-1)$;

(2) $x\mathrm{d}x = \underline{\qquad}\ \mathrm{d}(2-x^2)$;

(3) $x^3\mathrm{d}x = \underline{\qquad}\ \mathrm{d}(3x^4+2)$;

(4) $\mathrm{e}^{-2x}\mathrm{d}x = \underline{\qquad}\ \mathrm{d}(\mathrm{e}^{-2x})$;

(5) $\dfrac{\mathrm{d}x}{1+9x^2} = \underline{\qquad}\ \mathrm{d}(\arctan 3x)$;

(6) $\dfrac{\mathrm{d}x}{1+2x^2} = \underline{\qquad}\ \mathrm{d}(\arctan\sqrt{2}\,x)$;

(7) $(3x^2-2)\mathrm{d}x = \underline{\qquad}\ \mathrm{d}(2x-x^3)$;

(8) $\dfrac{\mathrm{d}x}{x} = \underline{\qquad}\ \mathrm{d}(3\ln|x|)$;

(9) $\dfrac{\mathrm{d}x}{\sqrt{1-x^2}} = \underline{\qquad}\ \mathrm{d}(2-\arcsin x)$;

(10) $\dfrac{x\mathrm{d}x}{\sqrt{1-x^2}} = \underline{\qquad}\ \mathrm{d}(\sqrt{1-x^2})$.

2. 求下列不定积分:

(1) $\displaystyle\int a^{3x}\mathrm{d}x$;

(2) $\displaystyle\int (3-2x)^{\frac{3}{2}}\mathrm{d}x$;

(3) $\displaystyle\int \frac{\mathrm{d}x}{1-2x}$;

(4) $\displaystyle\int \frac{\mathrm{e}^{\frac{1}{x}}}{x^2}\mathrm{d}x$;

(5) $\displaystyle\int \frac{\sin\sqrt{t}}{\sqrt{t}}\mathrm{d}t$;

(6) $\displaystyle\int \frac{\mathrm{d}x}{x\ln x}$;

(7) $\displaystyle\int \frac{\mathrm{e}^x}{1+\mathrm{e}^x}\mathrm{d}x$;

(8) $\displaystyle\int \frac{1}{1+\mathrm{e}^x}\mathrm{d}x$;

(9) $\displaystyle\int \frac{x-1}{x^2-1}\mathrm{d}x$;

(10) $\displaystyle\int \tan\sqrt{1+x^2}\cdot\frac{x\mathrm{d}x}{\sqrt{1+x^2}}$;

(11) $\displaystyle\int \frac{\mathrm{d}x}{\mathrm{e}^x+\mathrm{e}^{-x}}$;

(12) $\displaystyle\int \frac{x}{\sqrt{2-3x^2}}\mathrm{d}x$;

(13) $\displaystyle\int \frac{3x^3}{1-x^4}\mathrm{d}x$;

(14) $\displaystyle\int \cos^4 x\mathrm{d}x$;

(15) $\displaystyle\int \frac{1-x}{\sqrt{9-4x^2}}\mathrm{d}x$;

(16) $\displaystyle\int \frac{x^3}{4+x^2}\mathrm{d}x$;

(17) $\displaystyle\int \frac{\mathrm{d}x}{x^2-x-6}$;

(18) $\displaystyle\int \frac{\mathrm{d}x}{x^2+4x+5}$;

(19) $\displaystyle\int \cos^2(\omega x+\varphi)\mathrm{d}x$;

(20) $\displaystyle\int \cos^2(\omega x+\varphi)\sin(\omega x+\varphi)\mathrm{d}x$;

(21) $\int \dfrac{\arctan\sqrt{x}}{\sqrt{x}\,(1+x)}\mathrm{d}x$;

(22) $\int \dfrac{\mathrm{d}x}{(\arcsin x)^2\sqrt{1-x^2}}$;

(23) $\int \tan^4 x\mathrm{d}x$;

(24) $\int \tan^3 x\sec x\mathrm{d}x$.

3. 求下列不定积分:

(1) $\int \dfrac{1}{\sqrt{2x-3}+1}\mathrm{d}x$;

(2) $\int \dfrac{\mathrm{d}x}{x^2\sqrt{1-x^2}}$;

(3) $\int \dfrac{x^2}{\sqrt{a^2-x^2}}\mathrm{d}x\,(a>0)$;

(4) $\int \dfrac{\mathrm{d}x}{\sqrt{(x^2+1)^3}}$;

(5) $\int \dfrac{\sqrt{x^2-9}}{x}\mathrm{d}x$;

(6) $\int \dfrac{\mathrm{d}x}{x+\sqrt{1-x^2}}$;

(7) $\int \dfrac{\mathrm{d}x}{1+\sqrt{1-x^2}}$;

(8) $\int \dfrac{\mathrm{d}x}{x^4\sqrt{1+x^2}}$;

(9) $\int \dfrac{\sqrt{4-x^2}}{x^2}\mathrm{d}x$;

(10) $\int \sqrt{\mathrm{e}^x-1}\,\mathrm{d}x$.

§5.4 分部积分法

上一节我们利用复合函数的微分法则,得到了换元积分法,但是对于有些看似比较简单的不定积分,例如,

$$\int x\mathrm{e}^x\mathrm{d}x,\quad \int x\sin x\mathrm{d}x,\quad \int x\ln x\mathrm{d}x,\quad \cdots,$$

用换元积分法都不能求解. 诸如此类的不定积分,需要用到求不定积分的另一种基本方法 —— 分部积分法. 分部积分法是用两个函数乘积的微分法则推导出来的.

设函数 $u=u(x)$ 及 $v=v(x)$ 具有连续导数,那么,两个函数乘积的导数公式为

$$(uv)'=u'v+uv',$$

移项,得

$$uv'=(uv)'-u'v.$$

对这个等式两边求不定积分,得

$$\int uv'\mathrm{d}x=uv-\int u'v\mathrm{d}x. \tag{5-4}$$

式(5-4) 称为分部积分公式. 如果积分 $\int uv'\mathrm{d}x$ 不易求,而求积分 $\int u'v\mathrm{d}x$ 比较容易时,分部积分公式就可以发挥作用了.

为简便起见,也可把式(5-4) 写成下面的形式:

$$\int u\mathrm{d}v=uv-\int v\mathrm{d}u. \tag{5-5}$$

分部积分法的一般步骤如下:

（1）把被积函数 $f(x)$ 适当分成两部分 u 和 v'，并把 $v'\mathrm{d}x$ 构成 $\mathrm{d}v$；

（2）代入公式（5-5），注意到两边积分中 u,v 恰好交换了位置；

（3）计算 $\mathrm{d}u$，即 $\int v\mathrm{d}u = \int v\cdot u'\mathrm{d}x$；

（4）计算 $\int v\cdot u'\mathrm{d}x$，以该积分比原积分易于求出为准.

例 1 ▶　求 $\int x\sin x\mathrm{d}x$.

解　由于被积函数 $x\sin x$ 是两个函数的乘积，选其中一个为 u，那么另一个即为 v'. 如果选择 $u=x,v'=\sin x$，则 $\mathrm{d}v=-\mathrm{d}(\cos x)$，得

$$\int x\sin x\mathrm{d}x =-\int x\mathrm{d}(\cos x)=-x\cos x+\int\cos x\mathrm{d}x$$
$$=-x\cos x+\sin x+C.$$

如果选择 $u=\sin x,v'=x$，则 $\mathrm{d}v=\mathrm{d}\left(\dfrac{1}{2}x^2\right)$，得

$$\int x\sin x\mathrm{d}x=\int\sin x\mathrm{d}\left(\dfrac{1}{2}x^2\right)=\dfrac{1}{2}x^2\sin x-\dfrac{1}{2}\int x^2\mathrm{d}(\sin x)$$
$$=\dfrac{1}{2}x^2\sin x-\dfrac{1}{2}\int x^2\cos x\mathrm{d}x,$$

上式右端的积分比原积分更不容易求出.

注　如果 u 和 $\mathrm{d}v$ 选取不当，就求不出结果，所以应用分部积分法时，恰当选取 u 和 $\mathrm{d}v$ 是关键，一般以 $\int v\mathrm{d}u$ 比 $\int u\mathrm{d}v$ 易求出为原则.

例 2 ▶　求 $\int x^2\mathrm{e}^x\mathrm{d}x$.

解　$\int x^2\mathrm{e}^x\mathrm{d}x=\int x^2\mathrm{d}(\mathrm{e}^x)=x^2\mathrm{e}^x-\int\mathrm{e}^x\mathrm{d}(x^2)=x^2\mathrm{e}^x-2\int x\mathrm{e}^x\mathrm{d}x$

$\qquad=x^2\mathrm{e}^x-2\int x\mathrm{d}(\mathrm{e}^x)=x^2\mathrm{e}^x-2x\mathrm{e}^x+2\int\mathrm{e}^x\mathrm{d}x$

$\qquad=x^2\mathrm{e}^x-2x\mathrm{e}^x+2\mathrm{e}^x+C.$

例 3 ▶　求 $\int x\sec^2 x\mathrm{d}x$.

解　$\int x\sec^2 x\mathrm{d}x=\int x\mathrm{d}(\tan x)=x\tan x-\int\tan x\mathrm{d}x=x\tan x+\ln|\cos x|+C.$

注　如果被积函数是指数为正整数的幂函数和三角函数或指数函数的乘积，就可以考虑用分部积分法，并选择幂函数为 u. 经过一次积分，就可以使幂函数的次数降低一次.

例4 ▶ 求 $\int x\arctan x \mathrm{d}x$.

解 $\int x\arctan x\mathrm{d}x = \int \arctan x\mathrm{d}\left(\frac{1}{2}x^2\right) = \frac{1}{2}x^2\arctan x - \frac{1}{2}\int x^2\mathrm{d}(\arctan x)$

$$= \frac{1}{2}x^2\arctan x - \frac{1}{2}\int \frac{x^2}{1+x^2}\mathrm{d}x$$

$$= \frac{1}{2}x^2\arctan x - \frac{1}{2}\int \left(1 - \frac{1}{1+x^2}\right)\mathrm{d}x$$

$$= \frac{1}{2}x^2\arctan x - \frac{1}{2}x + \frac{1}{2}\arctan x + C.$$

例5 ▶ 求 $\int \arcsin x\mathrm{d}x$.

解 $\int \arcsin x\mathrm{d}x = x\arcsin x - \int x\mathrm{d}(\arcsin x) = x\arcsin x - \int \frac{x\mathrm{d}x}{\sqrt{1-x^2}}$

$$= x\arcsin x + \frac{1}{2}\int \frac{\mathrm{d}(1-x^2)}{\sqrt{1-x^2}} = x\arcsin x + \sqrt{1-x^2} + C.$$

例6 ▶ 求 $\int x^2\ln x\mathrm{d}x$.

解 $\int x^2\ln x\mathrm{d}x = \frac{1}{3}\int \ln x\mathrm{d}(x^3) = \frac{1}{3}x^3\ln x - \frac{1}{3}\int x^3\mathrm{d}(\ln x)$

$$= \frac{1}{3}x^3\ln x - \frac{1}{3}\int x^2\mathrm{d}x = \frac{1}{3}x^3\ln x - \frac{1}{9}x^3 + C.$$

例7 ▶ 求 $\int \ln x\mathrm{d}x$.

解 $\int \ln x\mathrm{d}x = x\ln x - \int x\mathrm{d}(\ln x) = x\ln x - \int \mathrm{d}x = x\ln x - x + C.$

注 如果被积函数是幂函数和反三角函数或对数函数的乘积,就可以考虑用分部积分法,并选择反三角函数或对数函数为 u.

一般地,如果被积函数是两类基本初等函数的乘积,在多数情况下,可按下列顺序:反三角函数、对数函数、幂函数、三角函数、指数函数,将排在前面的那类函数选作 u,后面的那类函数选作 v'.

下面两例比较特殊,使用的方法是比较典型的循环法.

例8 ▶ 求 $\int \mathrm{e}^x\cos x\mathrm{d}x$.

解 $\int \mathrm{e}^x\cos x\mathrm{d}x = \int \cos x\mathrm{d}(\mathrm{e}^x) = \mathrm{e}^x\cos x - \int \mathrm{e}^x\mathrm{d}(\cos x)$

$$= \mathrm{e}^x\cos x + \int \mathrm{e}^x\sin x\mathrm{d}x$$

$$= \mathrm{e}^x\cos x + \int \sin x\mathrm{d}(\mathrm{e}^x)$$

$$= e^x \cos x + e^x \sin x - \int e^x d(\sin x)$$

$$= e^x \cos x + e^x \sin x - \int e^x \cos x dx,$$

等式右端的积分与原积分相同,把它移到左边与原积分合并,可得

$$\int e^x \cos x dx = \frac{1}{2} e^x (\cos x + \sin x) + C.$$

例 9 ▶　求 $\int \sec^3 x dx$.

解　$\displaystyle\int \sec^3 x dx = \int \sec x \sec^2 x dx = \int \sec x d(\tan x)$

$$= \sec x \tan x - \int \tan x d(\sec x)$$

$$= \sec x \tan x - \int \sec x \tan^2 x dx$$

$$= \sec x \tan x - \int \sec x (\sec^2 x - 1) dx$$

$$= \sec x \tan x - \int \sec^3 x dx + \int \sec x dx$$

$$= \sec x \tan x + \ln \mid \sec x + \tan x \mid - \int \sec^3 x dx,$$

所以

$$\int \sec^3 x dx = \frac{1}{2} \sec x \tan x + \frac{1}{2} \ln \mid \sec x + \tan x \mid + C.$$

从上面的例题可以看出,不定积分的计算具有较强的技巧性. 对求不定积分的几种方法我们要认真理解,并能灵活地应用. 下面再看一例.

例 10 ▶　求 $\int \dfrac{x e^x}{\sqrt{e^x - 3}} dx$.

解　令 $t = \sqrt{e^x - 3}$,则 $x = \ln(t^2 + 3)$,$dx = \dfrac{2t}{t^2 + 3} dt$,于是

$$\int \frac{x e^x}{\sqrt{e^x - 3}} dx = 2 \int \ln(t^2 + 3) dt = 2t \ln(t^2 + 3) - 4 \int \frac{t^2}{t^2 + 3} dt$$

$$= 2t \ln(t^2 + 3) - 4 \int \left(1 - \frac{3}{t^2 + 3}\right) dt$$

$$= 2t \ln(t^2 + 3) - 4t + 4\sqrt{3} \arctan \frac{t}{\sqrt{3}} + C$$

$$= 2(x - 2) \sqrt{e^x - 3} + 4\sqrt{3} \arctan \sqrt{\frac{e^x}{3} - 1} + C.$$

从本章的学习可以看出,积分的计算比导数计算复杂、灵活,为了使用方便,教材后面附录 Ⅳ 有一个汇集常用积分公式的积分表,以供查阅.

习 题 5-4

1. 求下列不定积分:

(1) $\int x\sin x \mathrm{d}x$;　　　　(2) $\int x\mathrm{e}^{-x}\mathrm{d}x$;　　　　(3) $\int \arctan x \mathrm{d}x$;

(4) $\int \mathrm{e}^{-x}\cos x \mathrm{d}x$;　　　(5) $\int \mathrm{e}^{-2x}\sin \dfrac{x}{2}\mathrm{d}x$;　　(6) $\int x\tan^2 x \mathrm{d}x$;

(7) $\int t\mathrm{e}^{-2t}\mathrm{d}t$;　　　　(8) $\int (\arcsin x)^2 \mathrm{d}x$;　　(9) $\int \cos(\ln x)\mathrm{d}x$;

(10) $\int (x^2-1)\sin 2x \mathrm{d}x$;　(11) $\int x\ln(x-1)\mathrm{d}x$;　(12) $\int x^2\cos^2 \dfrac{x}{2}\mathrm{d}x$;

(13) $\int \dfrac{\ln^3 x}{x^2}\mathrm{d}x$;　　　(14) $\int x\sin x\cos x \mathrm{d}x$;　(15) $\int \dfrac{\sin^2 x}{\cos^3 x}\mathrm{d}x$;

(16) $\int \dfrac{x\mathrm{e}^x}{(1+x)^2}\mathrm{d}x$.

本章小结

一、基本概念与性质

1. 原函数和不定积分的概念.

设 $f(x)$ 和 $F(x)$ 是定义在区间 I 上的函数,若 $F'(x)=f(x)$,则称 $F(x)$ 为 $f(x)$ 在区间 I 上的一个原函数.

函数 $f(x)$ 在区间 I 上的不定积分: $\int f(x)\mathrm{d}x = F(x)+C.$

2. 不定积分的性质.

(1) $\left[\int f(x)\mathrm{d}x\right]' = f(x)$ 或 $\mathrm{d}\int f(x)\mathrm{d}x = f(x)\mathrm{d}x$;

(2) $\int F'(x)\mathrm{d}x = F(x)+C$ 或 $\int \mathrm{d}F(x) = F(x)+C$;

(3) $\int [\alpha f(x)+\beta g(x)]\mathrm{d}x = \alpha\int f(x)\mathrm{d}x + \beta\int g(x)\mathrm{d}x$,其中 α,β 为任意常数.

二、基本积分公式与直接积分法

基本积分公式详见 §5.2. 直接积分法通常是对被积函数作代数变形或三角变形,化成能直接套用基本积分公式. 代数变形主要是因式分解、加减拆并等,三角变形主要利用三角恒等式.

三、换元积分法

1. 第一类换元法(凑微分法).

若 $\int g(x)\mathrm{d}x$ 的被积表达式 $g(x)\mathrm{d}x$ 可表示为 $g(x)\mathrm{d}x = f(\varphi(x))\varphi'(x)\mathrm{d}x = f(\varphi(x))\mathrm{d}\varphi(x)$,

且 $\int f(u)\mathrm{d}u$ 较易计算,则令 $u=\varphi(x)$,代入后有

$$\int g(x)\mathrm{d}x = \int f(\varphi(x))\varphi'(x)\mathrm{d}x = \int f(\varphi(x))\mathrm{d}\varphi(x)$$

$$= \int f(u)\mathrm{d}u = \big[F(u) + C \big]\Big|_{u=\varphi(x)}.$$

2. 第二类换元法.

令 $x = \varphi(t)$，将 $\int f(x)\mathrm{d}x$ 化为 $\int f(\varphi(t))\varphi'(t)\mathrm{d}t$，在求出后一个积分后，代回 $x = \varphi(t)$ 的反函数 $t = \varphi^{-1}(x)$，有

$$\int f(x)\mathrm{d}x = \int f(\varphi(t))\varphi'(t)\mathrm{d}t = \big[G(t) + C \big]\Big|_{t=\varphi^{-1}(x)}.$$

常用的第二类换元法的变换类型有

(1) 对被积函数直接去根号；

(2) 倒代换：$x = \dfrac{1}{t}$；

(3) 三角代换去根号：若被积函数中含有 $\sqrt{a^2 - x^2}$，可作代换 $x = a\sin t$ 或 $x = a\cos t$；含有 $\sqrt{x^2 + a^2}$，可作代换 $x = a\tan t$；含有 $\sqrt{x^2 - a^2}$，可作代换 $x = a\sec t$. 在回代时，可利用直角三角形，比较直观明了.

四、分部积分法

分部积分公式：$\int u\mathrm{d}v = uv - \int v\mathrm{d}u.$

选取 u 和 $\mathrm{d}v$ 是关键，一般以 $\int v\mathrm{d}u$ 比 $\int u\mathrm{d}v$ 易求出为原则. 一般地，如果被积函数是两类基本初等函数的乘积，可按"反对幂三指"的顺序：反三角函数、对数函数、幂函数、三角函数、指数函数，将排在前面的那类函数选作 u，后面的那类函数选作 v'.

复习题 5

(A)

1. 求下列不定积分：

(1) $\displaystyle\int \frac{\mathrm{d}x}{\mathrm{e}^x - \mathrm{e}^{-x}}$；

(2) $\displaystyle\int \frac{x}{(1-x)^3}\mathrm{d}x$；

(3) $\displaystyle\int \frac{1+\cos x}{x + \sin x}\mathrm{d}x$；

(4) $\displaystyle\int \frac{\sin x\cos x}{1 + \sin^4 x}\mathrm{d}x$；

(5) $\displaystyle\int \sqrt{\frac{a+x}{a-x}}\,\mathrm{d}x \quad (a > 0)$；

(6) $\displaystyle\int \frac{\mathrm{d}x}{\sqrt{x}(1+x)}$；

(7) $\displaystyle\int \frac{\mathrm{d}x}{x(x^6 + 4)}$；

(8) $\displaystyle\int \frac{\mathrm{d}x}{\sin^2 x\cos x}$；

(9) $\displaystyle\int \frac{1 + \ln x}{(x\ln x)^2}\mathrm{d}x$；

(10) $\displaystyle\int \cos x \cdot \mathrm{e}^{\sin x}\mathrm{d}x$；

(11) $\displaystyle\int \frac{\arcsin x}{\sqrt{1-x^2}}\mathrm{d}x$；

(12) $\displaystyle\int \frac{\arctan\sqrt{x}}{\sqrt{x}(1+x)}\mathrm{d}x$；

(13) $\displaystyle\int \frac{\mathrm{d}x}{(a^2 - x^2)^{\frac{5}{2}}}$；

(14) $\displaystyle\int \frac{\mathrm{d}x}{x^2\sqrt{x^2 - 1}}$；

(15) $\displaystyle\int \frac{\sqrt{x^2 + a^2}}{x^2}\mathrm{d}x$；

(16) $\displaystyle\int \arctan\sqrt{x}\,\mathrm{d}x$；

(17) $\displaystyle\int \frac{\mathrm{d}x}{(1 + \mathrm{e}^x)^2}$；

(18) $\displaystyle\int \sin(\ln x)\mathrm{d}x$；

(19) $\int (x\sin x)^2 \mathrm{d}x$;　　　　(20) $\int \dfrac{x\mathrm{e}^x}{(1+\mathrm{e}^x)^2}\mathrm{d}x$.

(B)

1. 填空题:

(1) 若 e^x 是 $f(x)$ 的一个原函数,则 $\int x^2 f(\ln x)\mathrm{d}x = $ _____;

(2) 设 $f'(\sin^2 x) = \cos^2 x + \tan^2 x$, $f(0) = 0$,则 $f(x) = $ _____;

(3) 设 $f'(x^3) = 3x^2$,则 $f(x) = $ _____;

(4) 若 $f(x)$ 有原函数 $x\ln x$,则 $\int x f''(x)\mathrm{d}x = $ _____;

(5) 设 $\int x f(x)\mathrm{d}x = \arcsin x + C$,则 $\int \dfrac{\mathrm{d}x}{f(x)} = $ _____;

(6) 设 $f(x)$ 的一个原函数为 $\dfrac{\sin x}{x}$,则 $\int x f'(2x)\mathrm{d}x = $ _____;

(7) 若 $f'(\mathrm{e}^x) = 1 + x$,则 $f(x) = $ _____;

(8) 已知 $f(x)$ 的一个原函数为 $(1+\sin x)\ln x$,则 $\int x f'(x)\mathrm{d}x = $ _____.

2. 计算下列不定积分:

(1) $\int \dfrac{x^2}{1+x^2}\arctan x\,\mathrm{d}x$;　　　　(2) $\int \dfrac{\arctan(\mathrm{e}^x)}{\mathrm{e}^x}\mathrm{d}x$;

(3) $\int (\arcsin x)^2 \mathrm{d}x$;　　　　(4) $\int \dfrac{f'(\ln x)}{x\sqrt{f(\ln x)}}\mathrm{d}x$;

(5) $\int \dfrac{\ln x}{(1-x)^2}\mathrm{d}x$;　　　　(6) $\int \dfrac{\arctan x}{x^2(1+x^2)}\mathrm{d}x$;

(7) $\int \arcsin\sqrt{x}\,\mathrm{d}x$;　　　　(8) $\int \dfrac{x\mathrm{e}^x}{\sqrt{\mathrm{e}^x - 1}}\mathrm{d}x$;

(9) $\int \dfrac{x\mathrm{e}^{\arctan x}}{(1+x^2)^{\frac{3}{2}}}\mathrm{d}x$;　　　　(10) $\int \dfrac{\mathrm{d}x}{(2x^2+1)\sqrt{x^2+1}}$;

(11) $\int \sin x\ln(\tan x)\mathrm{d}x$;　　　　(12) $\int \dfrac{x\ln(x+\sqrt{1+x^2})}{\sqrt{1+x^2}}\mathrm{d}x$;

(13) $\int \dfrac{1-x^8}{x(1+x^8)}\mathrm{d}x$;　　　　(14) $\int \dfrac{x+\sin x}{1+\cos x}\mathrm{d}x$.

微积分是现代数学的第一个成就,而且怎样评价它的重要性都不为过. 我认为,微积分比其他任何事物都更清楚地表明了现代数学的发端;而且,作为其逻辑发展的数学分析体系仍然构成了精密思维中最伟大的技术进展.

—— 冯·诺依曼(John von Neumann,美国数学家)

第 6 章

定 积 分

定积分是积分学中另一个重要概念,它是从大量的实际问题中抽象出来的. 定积分的有关理论是从 17 世纪开始出现和发展起来的,人们对几何与力学中某些问题的研究是导致定积分理论出现的主要背景. 积分在自然科学、工程技术、经济管理中有着广泛的应用. 本章我们先从几何问题出发引入定积分的定义,然后讨论定积分的性质及计算方法,最后介绍定积分的应用.

课程思政案例

知识框图

§6.1　定积分的概念与性质

6.1.1　定积分问题举例

1. 曲边梯形的面积

设 $f(x)$ 在区间 $[a,b]$ 上非负、连续. 由曲线 $y=f(x)$ 及直线 $x=a$, $x=b$, $y=0$ 所围成的图形称为曲边梯形, 下面我们讨论如何求这个曲边梯形的面积.

在区间 $[a,b]$ 内任意插入 $n-1$ 个分点
$$a=x_0<x_1<x_2<\cdots<x_{n-1}<x_n=b,$$
这样, 整个曲边梯形就相应地被直线 $x=x_i(i=1,2,\cdots,n-1)$ 分成 n 个小曲边梯形, 区间 $[a,b]$ 被分成 n 个小区间 $[x_0,x_1]$, $[x_1,x_2]$, $\cdots$, $[x_{i-1},x_i]$, $\cdots$, $[x_{n-1},x_n]$, 第 i 个小区间的长度 $\Delta x_i=x_i-x_{i-1}(i=1,2,\cdots,n)$. 对于第 i 个小曲边梯形来说, 当其底边长 Δx_i 足够小时, 其高度的变化也是非常小的, 这时它的面积可以用小矩形的面积来近似. 在每个小区间 $[x_{i-1},x_i]$ 上任取一点 ξ_i, 用 $f(\xi_i)$ 作为第 i 个小矩形的高(见图 6-1), 则第 i 个小曲边梯形面积的近似值为
$$\Delta A_i\approx f(\xi_i)\Delta x_i\quad(i=1,2,\cdots,n).$$
这样, 将 n 个小曲边梯形的面积相加, 得到整个曲边梯形面积的近似值

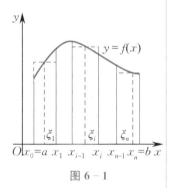

图 6-1

$$A=\sum_{i=1}^{n}\Delta A_i\approx\sum_{i=1}^{n}f(\xi_i)\Delta x_i.$$

从直观上看, 当分点越密时, 小矩形的面积与小曲边梯形的面积就会越接近, 因而和式 $\displaystyle\sum_{i=1}^{n}f(\xi_i)\Delta x_i$ 与曲边梯形的面积 A 也会越接近. 记 $\lambda=\max\limits_{1\leqslant i\leqslant n}\{\Delta x_i\}$, 当 $\lambda\to0$ 时, 和式 $\displaystyle\sum_{i=1}^{n}f(\xi_i)\Delta x_i$ 的极限即为曲边梯形的面积 A, 即
$$A=\lim_{\lambda\to0}\sum_{i=1}^{n}f(\xi_i)\Delta x_i.$$

2. 变速直线运动的路程

设某物体作直线运动, 已知速度 $v=v(t)$ 是时间间隔 $[T_1,T_2]$ 上 t 的连续函数, 且 $v(t)\geqslant0$, 计算在这段时间内物体所经过的路程 s.

对于匀速直线运动, 有公式:

$$路程 = 速度 \times 时间.$$

但是在我们的问题中,速度不是常量而是随时间变化着的变量,因此所求路程 s 不能直接按匀速直线运动的路程公式来计算.然而,物体运动的速度函数 $v = v(t)$ 是连续变化的,在很短的时间内,速度的变化很小.因此如果把时间间隔分小,在小段时间内,以匀速运动近似代替变速运动,那么就可算出各部分路程的近似值;再求和得到整个路程的近似值;最后,通过对时间间隔无限细分的极限过程,求得物体在时间间隔 $[T_1,T_2]$ 上的路程.对于这一问题的数学描述可以类似于上述求曲边梯形面积的做法进行,具体描述如下:

在区间 $[T_1,T_2]$ 内任意插入 $n-1$ 个分点

$$T_1 = t_0 < t_1 < t_2 < \cdots < t_{n-1} < t_n = T_2,$$

把区间 $[T_1,T_2]$ 分成 n 个小区间

$$[t_0,t_1],\ [t_1,t_2],\ \cdots,\ [t_{n-1},t_n],$$

各小区间的长度依次为 $\Delta t_1, \Delta t_2, \cdots, \Delta t_n$,在时间间隔 $[t_{i-1},t_i]$ 上的路程的近似值为

$$\Delta s_i \approx v(\tau_i)\Delta t_i \quad (i=1,2,\cdots,n),$$

其中 τ_i 为区间 $[t_{i-1},t_i]$ 上的任意一点.故整个时间段 $[T_1,T_2]$ 上的路程 s 的近似值为

$$s = \sum_{i=1}^{n} \Delta s_i \approx \sum_{i=1}^{n} v(\tau_i)\Delta t_i.$$

记 $\lambda = \max_{1 \leqslant i \leqslant n}\{\Delta t_i\}$,当 $\lambda \to 0$ 时,和式 $\sum\limits_{i=1}^{n} v(\tau_i)\Delta t_i$ 的极限即为物体在时间间隔 $[T_1,T_2]$ 上所走过的路程,即

$$s = \lim_{\lambda \to 0} \sum_{i=1}^{n} v(\tau_i)\Delta t_i.$$

6.1.2　定积分的定义

从上面的两个例子可以看到,尽管所要计算的量的实际意义各不相同,前者是几何量,后者是物理量,但计算这些量的方法与步骤都是相同的,反映在数量上可归结为具有相同结构的一种特定和式的极限,例如,

$$面积\ A = \lim_{\lambda \to 0} \sum_{i=1}^{n} f(\xi_i)\Delta x_i,$$

$$路程\ s = \lim_{\lambda \to 0} \sum_{i=1}^{n} v(\tau_i)\Delta t_i.$$

抛开这些问题的具体意义,抓住它们在数量上共同的本质与特性加以概括,可以抽象出下述定积分的概念.

定义　设函数 $f(x)$ 在区间 $[a,b]$ 上有界,在 $[a,b]$ 内任意插入 $n-1$ 个分点

$$a = x_0 < x_1 < x_2 < \cdots < x_{n-1} < x_n = b,$$

把区间 $[a,b]$ 分成 n 个小区间

$$[x_0, x_1], \ [x_1, x_2], \ \cdots, \ [x_{n-1}, x_n],$$

各小区间的长度依次为

$$\Delta x_1 = x_1 - x_0, \ \Delta x_2 = x_2 - x_1, \ \cdots, \ \Delta x_n = x_n - x_{n-1},$$

在每个小区间 $[x_{i-1}, x_i]$ 上任取一点 ξ_i，作乘积 $f(\xi_i)\Delta x_i (i = 1, 2, \cdots, n)$，再作和式

$$S = \sum_{i=1}^{n} f(\xi_i) \Delta x_i. \tag{6-1}$$

记 $\lambda = \max\{\Delta x_1, \Delta x_2, \cdots, \Delta x_n\}$，如果不论对 $[a,b]$ 怎样分法，也不论在小区间 $[x_{i-1}, x_i]$ 上点 ξ_i 怎样取法，只要当 $\lambda \to 0$ 时，和 S 总趋于确定的极限 I，则称这个极限 I 为函数 $f(x)$ 在区间 $[a,b]$ 上的定积分 (简称积分)，记为 $\int_a^b f(x)\mathrm{d}x$，即

$$\int_a^b f(x)\mathrm{d}x = \lim_{\lambda \to 0} \sum_{i=1}^{n} f(\xi_i) \Delta x_i = I, \tag{6-2}$$

其中 $f(x)$ 称为被积函数，$f(x)\mathrm{d}x$ 称为被积表达式，x 称为积分变量，a 称为积分下限，b 称为积分上限，$[a,b]$ 称为积分区间.

注 当和式 $\sum_{i=1}^{n} f(\xi_i)\Delta x_i$ 的极限存在时，其极限值仅与被积函数 $f(x)$ 及积分区间 $[a,b]$ 有关，而与积分变量所用的字母无关，即

$$\int_a^b f(x)\mathrm{d}x = \int_a^b f(t)\mathrm{d}t = \int_a^b f(u)\mathrm{d}u.$$

如果 $f(x)$ 在 $[a,b]$ 上的定积分存在，则称 $f(x)$ 在 $[a,b]$ 上可积. 相应的和式 $\sum_{i=1}^{n} f(\xi_i)\Delta x_i$ 也称为积分和.

对于定积分，有这样一个重要问题：函数 $f(x)$ 在 $[a,b]$ 上满足怎样的条件，$f(x)$ 在 $[a,b]$ 上一定可积？这个问题我们不作深入讨论，而只给出以下两个充分条件.

定理 1 设 $f(x)$ 在区间 $[a,b]$ 上连续，则 $f(x)$ 在 $[a,b]$ 上可积.

定理 2 设 $f(x)$ 在区间 $[a,b]$ 上有界，且只有有限个间断点，则 $f(x)$ 在 $[a,b]$ 上可积.

利用定积分的定义，前面所讨论的实际问题可以分别表述如下：

由曲线 $y = f(x)(f(x) \geqslant 0)$，$x$ 轴及两条直线 $x = a$，$x = b$ 所围成的曲边梯形的面积 A 等于函数 $f(x)$ 在区间 $[a,b]$ 上的定积分，即

$$A = \int_a^b f(x)\mathrm{d}x;$$

物体以变速 $v = v(t)\,(v(t) \geqslant 0)$ 作直线运动,从时刻 $t = T_1$ 到时刻 $t = T_2$,物体经过的路程 s 等于函数 $v(t)$ 在区间 $[T_1, T_2]$ 上的定积分,即

$$s = \int_{T_1}^{T_2} v(t)\mathrm{d}t.$$

6.1.3　定积分的几何意义

在区间 $[a, b]$ 上 $f(x) \geqslant 0$ 时,我们已经知道,定积分 $\int_a^b f(x)\mathrm{d}x$ 在几何上表示由曲线 $y = f(x)$,两条直线 $x = a, x = b$ 与 x 轴所围成的曲边梯形的面积;在 $[a, b]$ 上 $f(x) \leqslant 0$ 时,定积分 $\int_a^b f(x)\mathrm{d}x$ 的值为负,且由曲线 $y = f(x)$,两条直线 $x = a, x = b$ 与 x 轴所围成的曲边梯形位于 x 轴的下方,定积分 $\int_a^b f(x)\mathrm{d}x$ 在几何上表示上述曲边梯形面积的负值;在 $[a, b]$ 上 $f(x)$ 既取得正值又取得负值时,函数 $f(x)$ 的图形某些部分在 x 轴上方,而其他部分在 x 轴的下方(见图 6 - 2),如果我们对面积赋以正负号,在 x 轴上方的图形面积赋以正号,在 x 轴下方的图形面积赋以负号,此时定积分 $\int_a^b f(x)\mathrm{d}x$ 表示介于 x 轴,函数 $f(x)$ 的图形及两条直线 $x = a, x = b$ 之间的各部分面积的代数和.

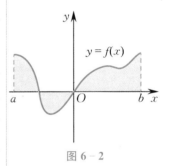

图 6 - 2

6.1.4　定积分的性质

为了以后计算及应用方便,先对定积分作以下两点补充规定:

(1) 当 $a = b$ 时,$\int_a^b f(x)\mathrm{d}x = 0$;

(2) 当 $a > b$ 时,$\int_a^b f(x)\mathrm{d}x = -\int_b^a f(x)\mathrm{d}x.$

在下面的讨论中,积分上下限的大小,如不特别指明,均不加限制,并假定各性质中所列出的定积分都是存在的.

性质 1　函数的和(差)的定积分等于它们的定积分的和(差),即

$$\int_a^b [f(x) \pm g(x)]\mathrm{d}x = \int_a^b f(x)\mathrm{d}x \pm \int_a^b g(x)\mathrm{d}x.$$

证　$\displaystyle\int_a^b [f(x) \pm g(x)]\mathrm{d}x = \lim_{\lambda \to 0} \sum_{i=1}^n [f(\xi_i) \pm g(\xi_i)]\Delta x_i$

$$= \lim_{\lambda \to 0} \sum_{i=1}^n f(\xi_i)\Delta x_i \pm \lim_{\lambda \to 0} \sum_{i=1}^n g(\xi_i)\Delta x_i$$

$$= \int_a^b f(x)\mathrm{d}x \pm \int_a^b g(x)\mathrm{d}x.$$

性质 1 对于任意有限个函数都是成立的. 类似地, 可以证明:

性质 2   被积函数的常数因子可以提到积分号外面, 即

$$\int_a^b kf(x)\mathrm{d}x = k\int_a^b f(x)\mathrm{d}x \quad (k \text{ 是常数}).$$

性质 3   如果将积分区间分成两部分, 则在整个区间上的定积分等于这两部分区间上的定积分之和, 即设 $a < c < b$, 则

$$\int_a^b f(x)\mathrm{d}x = \int_a^c f(x)\mathrm{d}x + \int_c^b f(x)\mathrm{d}x.$$

证   因为函数 $f(x)$ 在区间 $[a,b]$ 上可积, 所以不论把 $[a,b]$ 怎样分, 积分和的极限总是不变的. 因此, 我们在分区间时, 可以使 c 永远是个分点. 那么, $[a,b]$ 上的积分和等于 $[a,c]$ 上的积分和加 $[c,b]$ 上的积分和, 记为

$$\sum_{[a,b]} f(\xi_i)\Delta x_i = \sum_{[a,c]} f(\xi_i)\Delta x_i + \sum_{[c,b]} f(\xi_i)\Delta x_i.$$

令 $\lambda \to 0$, 上式两端同时取极限, 即得

$$\int_a^b f(x)\mathrm{d}x = \int_a^c f(x)\mathrm{d}x + \int_c^b f(x)\mathrm{d}x.$$

注   性质 3 表明, 定积分对于积分区间具有可加性.

按定积分的补充规定, 不论 a, b, c 的相对位置如何, 总有等式

$$\int_a^b f(x)\mathrm{d}x = \int_a^c f(x)\mathrm{d}x + \int_c^b f(x)\mathrm{d}x$$

成立. 例如, 当 $a < b < c$ 时, 由于

$$\int_a^c f(x)\mathrm{d}x = \int_a^b f(x)\mathrm{d}x + \int_b^c f(x)\mathrm{d}x,$$

于是得

$$\int_a^b f(x)\mathrm{d}x = \int_a^c f(x)\mathrm{d}x - \int_b^c f(x)\mathrm{d}x$$
$$= \int_a^c f(x)\mathrm{d}x + \int_c^b f(x)\mathrm{d}x.$$

由此可见, 在性质 3 中可取消 a, b, c 的大小限制.

性质 4   如果在区间 $[a,b]$ 上, $f(x) \equiv 1$, 则

$$\int_a^b 1\mathrm{d}x = \int_a^b \mathrm{d}x = b-a.$$

性质 4 的几何意义是明显的, 其严格证明可参照前面性质的证明.

性质 5   如果在区间 $[a,b]$ 上, $f(x) \geqslant 0$, 则

$$\int_a^b f(x)\mathrm{d}x \geqslant 0 \quad (a < b).$$

证   因为 $f(x) \geqslant 0$, 所以 $f(\xi_i) \geqslant 0 (i = 1, 2, \cdots, n)$. 又由于 $\Delta x_i \geqslant 0 (i = 1, 2, \cdots, n)$, 因此

$$\sum_{i=1}^n f(\xi_i)\Delta x_i \geqslant 0,$$

令 $\lambda = \max\{\Delta x_1, \Delta x_2, \cdots, \Delta x_n\} \to 0$, 便得到要证的不等式.

推论 1　　如果在区间 $[a,b]$ 上，$f(x) \leqslant g(x)$，则

$$\int_a^b f(x)\mathrm{d}x \leqslant \int_a^b g(x)\mathrm{d}x \quad (a < b).$$

证　因为 $g(x) - f(x) \geqslant 0$，由性质 5 得

$$\int_a^b [g(x) - f(x)]\mathrm{d}x \geqslant 0.$$

再利用性质 1，便得到要证的不等式.

推论 2　$\left| \int_a^b f(x)\mathrm{d}x \right| \leqslant \int_a^b |f(x)|\mathrm{d}x \quad (a < b).$

证　因为

$$- |f(x)| \leqslant f(x) \leqslant |f(x)|,$$

所以由推论 1 及性质 2 可得

$$- \int_a^b |f(x)|\mathrm{d}x \leqslant \int_a^b f(x)\mathrm{d}x \leqslant \int_a^b |f(x)|\mathrm{d}x,$$

即

$$\left| \int_a^b f(x)\mathrm{d}x \right| \leqslant \int_a^b |f(x)|\mathrm{d}x.$$

性质 6　设 M 及 m 分别是函数 $f(x)$ 在区间 $[a,b]$ 上的最大值及最小值，则

$$m(b-a) \leqslant \int_a^b f(x)\mathrm{d}x \leqslant M(b-a) \quad (a < b).$$

证　因为 $m \leqslant f(x) \leqslant M$，所以由性质 5 的推论 1 得

$$\int_a^b m\,\mathrm{d}x \leqslant \int_a^b f(x)\mathrm{d}x \leqslant \int_a^b M\,\mathrm{d}x.$$

再由性质 2 及性质 4，即得到所要证的不等式.

这个性质说明，由被积函数在积分区间上的最大值及最小值可以估计积分值的大致范围.

例　　估计定积分 $\int_1^2 \dfrac{x}{x^2+1}\mathrm{d}x$ 的值.

解　因为 $f(x) = \dfrac{x}{x^2+1}$ 在 $[1,2]$ 上连续，所以在 $[1,2]$ 上可积，又因为

$$f'(x) = \frac{1-x^2}{(x^2+1)^2} \leqslant 0 \quad (1 \leqslant x \leqslant 2),$$

所以 $f(x)$ 在 $[1,2]$ 上单调减少，从而有

$$\frac{2}{5} \leqslant f(x) \leqslant \frac{1}{2}.$$

于是由性质 6 有

$$\frac{2}{5} \leqslant \int_1^2 f(x)\mathrm{d}x \leqslant \frac{1}{2}.$$

性质 7（定积分中值定理）　如果函数 $f(x)$ 在闭区间 $[a,b]$ 上连续，则在积分区间 $[a,b]$ 上至少存在一点 ξ，使下式成立：

$$\int_a^b f(x)\mathrm{d}x = f(\xi)(b-a) \quad (a \leqslant \xi \leqslant b).$$

这个公式称为积分中值公式.

证 由性质 6 得

$$m \leqslant \frac{1}{b-a}\int_a^b f(x)\mathrm{d}x \leqslant M.$$

这表明,确定的数值 $\dfrac{1}{b-a}\displaystyle\int_a^b f(x)\mathrm{d}x$ 介于函数 $f(x)$ 的最小值 m 及最大值 M 之间. 根据闭区间上连续函数的介值定理,在 $[a,b]$ 上至少存在一点 ξ,使得函数 $f(x)$ 在点 ξ 处的值与这个确定的数值相等,即应有

$$\frac{1}{b-a}\int_a^b f(x)\mathrm{d}x = f(\xi) \quad (a \leqslant \xi \leqslant b).$$

两端各乘以 $b-a$,即得所要证的等式.

积分中值公式有如下的几何解释:在区间 $[a,b]$ 上至少存在一点 ξ,使得以区间 $[a,b]$ 为底边、以曲线 $y=f(x)$ 为曲边的曲边梯形的面积等于同一底边而高为 $f(\xi)$ 的一个矩形的面积(见图 $6-3$).

显然,积分中值公式

$$\int_a^b f(x)\mathrm{d}x = f(\xi)(b-a) \quad (\xi 在 a 与 b 之间),$$

不论 $a < b$ 或 $a > b$ 都是成立的.

$f(\xi) = \dfrac{1}{b-a}\displaystyle\int_a^b f(x)\mathrm{d}x$ 称为函数 $f(x)$ 在区间 $[a,b]$ 上的平均值.

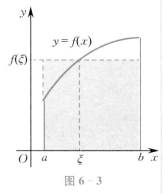

图 $6-3$

习题 $6-1$

1. 利用定积分的几何意义求下列定积分:

(1) $\displaystyle\int_0^1 2x\mathrm{d}x$;

(2) $\displaystyle\int_0^a \sqrt{a^2-x^2}\,\mathrm{d}x \quad (a>0)$.

2. 根据定积分的性质,比较下列积分值的大小:

(1) $\displaystyle\int_0^1 x^2\mathrm{d}x$ 与 $\displaystyle\int_0^1 x^3\mathrm{d}x$;

(2) $\displaystyle\int_0^1 \mathrm{e}^x\mathrm{d}x$ 与 $\displaystyle\int_0^1 (1+x)\mathrm{d}x$.

3. 估计下列各积分值的范围:

(1) $\displaystyle\int_1^4 (x^2+1)\mathrm{d}x$;

(2) $\displaystyle\int_{\frac{1}{\sqrt{3}}}^{\sqrt{3}} x\arctan x\mathrm{d}x$;

(3) $\displaystyle\int_{-a}^a \mathrm{e}^{-x^2}\mathrm{d}x \quad (a>0)$;

(4) $\displaystyle\int_0^2 \mathrm{e}^{x^2-x}\mathrm{d}x$.

§6.2 微积分基本公式

上一节,我们介绍了定积分的定义和性质,但并未给出一个有效的计算方法.即使被积函数很简单,如果利用定义计算其定积分也是十分麻烦的.因此必须寻求计算定积分的新方法.在此我们将建立定积分和不定积分之间的关系,这个关系为定积分的计算提供了一个有效的方法.

6.2.1 积分上限的函数及其导数

设函数 $f(x)$ 在区间 $[a,b]$ 上连续,则对于任意一点 $x \in [a,b]$,函数 $f(x)$ 在 $[a,x]$ 上仍然连续,故定积分 $\int_a^x f(x)\mathrm{d}x$ 一定存在.在这个积分中,x 既表示积分上限,又表示积分变量.由于积分值与积分变量的记法无关,为明确起见,可将积分变量改用其他符号,例如用 t 表示,则上面的积分可表示为

$$\int_a^x f(t)\mathrm{d}t.$$

如果上限 x 在区间 $[a,b]$ 上任意变动,则对每一个取定的 x,定积分都有确定的值与之对应,所以它在 $[a,b]$ 上定义了一个函数,记为 $\Phi(x)$,即

$$\Phi(x) = \int_a^x f(t)\mathrm{d}t \quad (a \leqslant x \leqslant b).$$

函数 $\Phi(x)$ 是积分上限 x 的函数,称为积分上限函数,也称为 $f(t)$ 的变上限积分.它具有下述重要性质.

定理 1 如果函数 $f(x)$ 在区间 $[a,b]$ 上连续,则积分上限函数 $\Phi(x) = \int_a^x f(t)\mathrm{d}t$ 在 $[a,b]$ 上可导,且

$$\Phi'(x) = \frac{\mathrm{d}}{\mathrm{d}x}\int_a^x f(t)\mathrm{d}t = f(x) \quad (a \leqslant x \leqslant b).$$

证 我们只对 $x \in (a,b)$ 的情形证明($x = a$ 处的右导数与 $x = b$ 处的左导数也可类似证明).

取 $|\Delta x|$ 充分小,使 $x + \Delta x \in (a,b)$,则

$$\Delta\Phi = \Phi(x + \Delta x) - \Phi(x) = \int_a^{x+\Delta x} f(t)\mathrm{d}t - \int_a^x f(t)\mathrm{d}t$$

$$= \int_a^x f(t)\mathrm{d}t + \int_x^{x+\Delta x} f(t)\mathrm{d}t - \int_a^x f(t)\mathrm{d}t$$

$$= \int_x^{x+\Delta x} f(t)\mathrm{d}t.$$

因为 $f(x)$ 在 $[a,b]$ 上连续,则由定积分中值定理,有

$$\Delta\Phi = f(\xi)\Delta x \quad (\xi \text{ 在 } x \text{ 与 } x+\Delta x \text{ 之间}),$$

所以

$$\frac{\Delta\Phi}{\Delta x} = f(\xi).$$

由于 $\Delta x \to 0$ 时,$\xi \to x$,而 $f(x)$ 是连续函数,因此上式两边取极限,有

$$\lim_{\Delta x \to 0}\frac{\Delta\Phi}{\Delta x} = \lim_{\Delta x \to 0}f(\xi) = \lim_{\xi \to x}f(\xi) = f(x),$$

即

$$\Phi'(x) = \frac{\mathrm{d}}{\mathrm{d}x}\int_a^x f(t)\mathrm{d}t = f(x).$$

另外,若 $f(x)$ 在 $[a,b]$ 上连续,则称函数

$$\int_x^b f(t)\mathrm{d}t, \ x \in [a,b]$$

为 $f(x)$ 在 $[a,b]$ 上的积分下限函数,由定理 1 可得

$$\frac{\mathrm{d}}{\mathrm{d}x}\int_x^b f(t)\mathrm{d}t = -\frac{\mathrm{d}}{\mathrm{d}x}\int_b^x f(t)\mathrm{d}t = -f(x).$$

推论(原函数存在定理)　如果函数 $f(x)$ 在区间 $[a,b]$ 上连续,则函数

$$\Phi(x) = \int_a^x f(t)\mathrm{d}t$$

就是 $f(x)$ 在 $[a,b]$ 上的一个原函数.

例 1 ▶　求 $\dfrac{\mathrm{d}}{\mathrm{d}x}\left(\int_0^x \sin^2 t\mathrm{d}t\right)$.

解　$\dfrac{\mathrm{d}}{\mathrm{d}x}\left(\int_0^x \sin^2 t\mathrm{d}t\right) = \sin^2 x.$

例 2 ▶　求 $\dfrac{\mathrm{d}}{\mathrm{d}x}\left(\int_1^{\sqrt{x}} \mathrm{e}^{-t^2}\mathrm{d}t\right)$.

解　将 $\int_1^{\sqrt{x}} \mathrm{e}^{-t^2}\mathrm{d}t$ 视为 $\sqrt{x}$ 的函数,因而是 x 的复合函数,令 $\sqrt{x} = u$,则 $\varphi(u) = \int_1^u \mathrm{e}^{-t^2}\mathrm{d}t$,根据复合函数求导公式,有

$$\frac{\mathrm{d}}{\mathrm{d}x}\left(\int_1^{\sqrt{x}} \mathrm{e}^{-t^2}\mathrm{d}t\right) = \frac{\mathrm{d}}{\mathrm{d}u}\left(\int_1^u \mathrm{e}^{-t^2}\mathrm{d}t\right) \cdot \frac{\mathrm{d}u}{\mathrm{d}x} = \varphi'(u) \cdot \frac{1}{2\sqrt{x}}$$

$$= \mathrm{e}^{-u^2} \cdot \frac{1}{2\sqrt{x}} = \frac{\mathrm{e}^{-x}}{2\sqrt{x}}.$$

例 3 ▶　设函数 $y = y(x)$ 由方程 $\int_1^{y^2} \ln t\mathrm{d}t + \int_x^0 \cos t\mathrm{d}t = 0$ 所确定,求 $\dfrac{\mathrm{d}y}{\mathrm{d}x}$.

解　方程两边对 x 求导,得

$$\ln y^2 \cdot (y^2)'_x - \cos x = 0,$$

即

$$\ln y^2 \cdot 2y \cdot \frac{\mathrm{d}y}{\mathrm{d}x} - \cos x = 0.$$

故

$$\frac{\mathrm{d}y}{\mathrm{d}x} = \frac{\cos x}{4y\ln y}.$$

例 4 ▶　求 $\lim\limits_{x \to 0} \dfrac{\displaystyle\int_0^x \mathrm{e}^{-t^2}\mathrm{d}t}{\sin x}$.

解　这是 $\dfrac{0}{0}$ 型不定式,应用洛必达法则,有

$$\lim_{x \to 0} \frac{\displaystyle\int_0^x \mathrm{e}^{-t^2}\mathrm{d}t}{\sin x} = \lim_{x \to 0} \frac{\left(\displaystyle\int_0^x \mathrm{e}^{-t^2}\mathrm{d}t\right)'}{(\sin x)'} = \lim_{x \to 0} \frac{\mathrm{e}^{-x^2}}{\cos x} = 1.$$

6.2.2　微积分基本公式

定理 1 揭示了原函数与定积分的内在联系. 由此可以导出一个重要定理,它给出了用原函数计算定积分的公式.

定理 2　设函数 $f(x)$ 在区间 $[a,b]$ 上连续,$F(x)$ 是 $f(x)$ 在 $[a,b]$ 上的一个原函数,则

$$\int_a^b f(x)\mathrm{d}x = F(b) - F(a). \tag{6-3}$$

证　因为 $F(x)$ 与 $\displaystyle\int_a^x f(t)\mathrm{d}t$ 都是 $f(x)$ 在 $[a,b]$ 上的原函数,所以它们只相差一个常数 C,即

$$\int_a^x f(t)\mathrm{d}t = F(x) + C.$$

令 $x = a$,由于 $\displaystyle\int_a^a f(t)\mathrm{d}t = 0$,得 $C = -F(a)$,因此

$$\int_a^x f(t)\mathrm{d}t = F(x) - F(a).$$

在上式中令 $x = b$,得

$$\int_a^b f(t)\mathrm{d}t = \int_a^b f(x)\mathrm{d}x - F(b) - F(a).$$

为方便起见,以后把 $F(b) - F(a)$ 记为 $F(x)\Big|_a^b$,于是式(6-3)又可写成

$$\int_a^b f(x)\mathrm{d}x = F(x)\Big|_a^b.$$

通常称式(6-3)为**微积分基本公式**或**牛顿-莱布尼兹** (Newton-Leibniz) 公式. 它表明,一个连续函数在区间 $[a,b]$ 上的定积分等于它的任意一个原函数在区间 $[a,b]$ 上的改变量. 这个公式进一步揭示了定积分与被积函数的原函数或不定积分之间的联系,给定积分提供了一个有效而简便的计算方法.

下面我们举几个应用式(6-3)来计算定积分的简单例子.

数学家简介

例 5 ▶　计算 $\int_0^1 x^2 \mathrm{d}x$.

解　由于 $\dfrac{1}{3}x^3$ 是 x^2 的一个原函数,因此由式(6-3)有

$$\int_0^1 x^2 \mathrm{d}x = \frac{1}{3}x^3 \Big|_0^1 = \frac{1}{3}.$$

例 6 ▶　计算 $\int_{-1}^3 |2-x| \mathrm{d}x$.

解　$\displaystyle\int_{-1}^3 |2-x| \mathrm{d}x = \int_{-1}^2 (2-x)\mathrm{d}x + \int_2^3 (x-2)\mathrm{d}x$

$$= \left(2x - \frac{1}{2}x^2\right)\Big|_{-1}^2 + \left(\frac{1}{2}x^2 - 2x\right)\Big|_2^3 = 5.$$

例 7 ▶　计算 $\int_0^{\frac{\pi}{2}} \sqrt{1-\sin 2x}\,\mathrm{d}x$.

解　$\displaystyle\int_0^{\frac{\pi}{2}} \sqrt{1-\sin 2x}\,\mathrm{d}x = \int_0^{\frac{\pi}{2}} \sqrt{\sin^2 x - 2\sin x\cos x + \cos^2 x}\,\mathrm{d}x$

$$= \int_0^{\frac{\pi}{2}} |\sin x - \cos x|\,\mathrm{d}x$$

$$= \int_0^{\frac{\pi}{4}} (\cos x - \sin x)\mathrm{d}x + \int_{\frac{\pi}{4}}^{\frac{\pi}{2}} (\sin x - \cos x)\mathrm{d}x$$

$$= (\sin x + \cos x)\Big|_0^{\frac{\pi}{4}} + (-\sin x - \cos x)\Big|_{\frac{\pi}{4}}^{\frac{\pi}{2}}$$

$$= 2\sqrt{2} - 2.$$

习题 6-2

1. 求下列导数:

(1) $\dfrac{\mathrm{d}}{\mathrm{d}x}\displaystyle\int_0^x \sqrt{1+t^2}\,\mathrm{d}t$;

(2) $\dfrac{\mathrm{d}}{\mathrm{d}x}\displaystyle\int_{\ln 2}^x t^5 \mathrm{e}^{-t}\,\mathrm{d}t$;

(3) $\dfrac{\mathrm{d}}{\mathrm{d}x}\displaystyle\int_0^{\cos x} \cos(\pi t^2)\,\mathrm{d}t$;

(4) $\dfrac{\mathrm{d}}{\mathrm{d}x}\displaystyle\int_x^\pi \dfrac{\sin t}{t}\,\mathrm{d}t\ (x>0)$.

2. 求下列极限:

(1) $\displaystyle\lim_{x\to 0} \dfrac{\displaystyle\int_0^x \arctan t\,\mathrm{d}t}{x^2}$;

(2) $\displaystyle\lim_{x\to 0} \dfrac{\left(\displaystyle\int_0^x \mathrm{e}^{t^2}\,\mathrm{d}t\right)^2}{\displaystyle\int_0^x t\mathrm{e}^{2t^2}\,\mathrm{d}t}$.

3. 求由方程 $\displaystyle\int_0^y \mathrm{e}^t \mathrm{d}t + \int_0^x \cos t\,\mathrm{d}t = 0$ 所确定的隐函数 $y = y(x)$ 的导数.

4. 计算下列定积分:

(1) $\displaystyle\int_1^4 \sqrt{x}\,\mathrm{d}x$;

(2) $\displaystyle\int_{-1}^2 |x^2 - x|\,\mathrm{d}x$;

(3) 设 $f(x) = \begin{cases} x, & 0 \leqslant x < \dfrac{\pi}{2}, \\ \sin x, & \dfrac{\pi}{2} \leqslant x \leqslant \pi, \end{cases}$ 求 $\displaystyle\int_0^\pi f(x)\,\mathrm{d}x$;

(4) $\int_0^3 \sqrt{(2-x)^2}\,\mathrm{d}x.$

5. 设函数 $f(x)$ 在区间 $[a,b]$ 上连续,在 (a,b) 内可导,且 $f'(x) \leqslant 0$,令

$$F(x) = \frac{1}{x-a} \cdot \int_a^x f(t)\mathrm{d}t,$$

证明:在 (a,b) 内,有 $F'(x) \leqslant 0$.

§6.3　定积分的换元积分法和分部积分法

6.3.1　定积分的换元积分法

由牛顿-莱布尼兹公式知道,计算定积分 $\int_a^b f(x)\mathrm{d}x$ 的有效、简便的方法是把它转化为求被积函数 $f(x)$ 的原函数在区间 $[a,b]$ 上的增量. 在第 5 章中,我们用换元积分法可以求出一些函数的原函数,因此,在一定条件下,可以用换元法来计算定积分.

定理　设函数 $f(x)$ 在区间 $[a,b]$ 上连续,函数 $x = \varphi(t)$ 满足条件:

(1) 当 $t \in [\alpha,\beta]$(或$[\beta,\alpha]$) 时,$a \leqslant \varphi(t) \leqslant b$,且 $\varphi(\alpha) = a$,$\varphi(\beta) = b$;

(2) $\varphi(t)$ 在 $[\alpha,\beta]$(或$[\beta,\alpha]$) 上具有连续导数,

则有

$$\int_a^b f(x)\mathrm{d}x = \int_\alpha^\beta f(\varphi(t))\varphi'(t)\mathrm{d}t. \tag{6-4}$$

式(6-4) 称为**定积分换元公式**.

证　由假设知,上式两边的被积函数都是连续的,因此不仅上式两端的定积分都存在,而且由第五章 §5.1 定理 1 知,被积函数的原函数也都存在,所以式(6-4) 两边的定积分都可用牛顿-莱布尼兹公式计算. 假设 $F(x)$ 是 $f(x)$ 的一个原函数,则

$$\int_a^b f(x)\mathrm{d}x = F(b) - F(a).$$

又由复合函数的求导法则知,$\Phi(t) = F(\varphi(t))$ 是 $f(\varphi(t))\varphi'(t)$ 的一个原函数,所以

$$\int_\alpha^\beta f(\varphi(t))\varphi'(t)\mathrm{d}t = F(\varphi(\beta)) - F(\varphi(\alpha)) = F(b) - F(a),$$

故

$$\int_a^b f(x)\mathrm{d}x = \int_\alpha^\beta f(\varphi(t))\varphi'(t)\mathrm{d}t.$$

这就证明了换元公式.

应用换元公式时,有两点值得注意:

(1) 用 $x = \varphi(t)$ 把原来的积分变量 x 变换成新变量 t 时,原积分限也要换成相应于新变量 t 的积分限;

(2) 求出 $f(\varphi(t))\varphi'(t)$ 的原函数 $\Phi(t)$ 后,不必代回原积分变量,而只要把新变量 t 的上、下限分别代入 $\Phi(t)$ 中,然后相减就行了.

例 1 ▶ 计算 $\int_0^a \sqrt{a^2 - x^2}\,\mathrm{d}x \quad (a > 0)$.

解 设 $x = a\sin t$,则 $\mathrm{d}x = a\cos t\mathrm{d}t$,且当 $x = 0$ 时,$t = 0$;当 $x = a$ 时,$t = \dfrac{\pi}{2}$. 于是

$$\int_0^a \sqrt{a^2 - x^2}\,\mathrm{d}x = a^2 \int_0^{\frac{\pi}{2}} \cos^2 t\mathrm{d}t = \frac{a^2}{2} \int_0^{\frac{\pi}{2}} (1 + \cos 2t)\,\mathrm{d}t$$
$$= \frac{a^2}{2}\left(t + \frac{1}{2}\sin 2t\right)\Big|_0^{\frac{\pi}{2}} = \frac{\pi a^2}{4}.$$

例 2 ▶ 计算 $\int_0^4 \dfrac{x+2}{\sqrt{2x+1}}\mathrm{d}x$.

解 设 $t = \sqrt{2x+1}$,则 $x = \dfrac{t^2-1}{2}$,$\mathrm{d}x = t\mathrm{d}t$,且当 $x = 0$ 时,$t = 1$;当 $x = 4$ 时,$t = 3$. 于是

$$\int_0^4 \frac{x+2}{\sqrt{2x+1}}\mathrm{d}x = \frac{1}{2}\int_1^3 (t^2+3)\,\mathrm{d}t = \frac{1}{2}\left(\frac{t^3}{3} + 3t\right)\Big|_1^3$$
$$= \frac{1}{2}\left[\left(\frac{27}{3}+9\right) - \left(\frac{1}{3}+3\right)\right] = \frac{22}{3}.$$

例 3 ▶ 计算 $\int_0^{\frac{\pi}{2}} \cos^5 x\sin x\mathrm{d}x$.

解 1 设 $t = \cos x$,则 $\mathrm{d}t = -\sin x\mathrm{d}x$,且当 $x = 0$ 时,$t = 1$;当 $x = \dfrac{\pi}{2}$ 时,$t = 0$. 于是

$$\int_0^{\frac{\pi}{2}} \cos^5 x\sin x\mathrm{d}x = -\int_1^0 t^5\mathrm{d}t = \int_0^1 t^5\mathrm{d}t = \frac{t^6}{6}\Big|_0^1 = \frac{1}{6}.$$

在例 3 中,如果不明显地写出新变量 t,直接用凑微分法求解,那么定积分的上、下限就不要变更.

解 2 $\int_0^{\frac{\pi}{2}} \cos^5 x\sin x\mathrm{d}x = -\int_0^{\frac{\pi}{2}} \cos^5 x\mathrm{d}(\cos x) = -\left(\frac{\cos^6 x}{6}\right)\Big|_0^{\frac{\pi}{2}}$
$$= -\left(0 - \frac{1}{6}\right) = \frac{1}{6}.$$

例 4 ▶ 设函数 $f(x)$ 在区间 $[-a, a]$ 上连续,试证:

(1) $\int_{-a}^a f(x)\mathrm{d}x = \int_0^a [f(-x) + f(x)]\mathrm{d}x$;

(2) 当 $f(x)$ 为奇函数时,$\int_{-a}^a f(x)\mathrm{d}x = 0$;

(3) 当 $f(x)$ 为偶函数时,$\int_{-a}^a f(x)\mathrm{d}x = 2\int_0^a f(x)\mathrm{d}x$.

证　(1) 由于

$$\int_{-a}^{a} f(x)\mathrm{d}x = \int_{-a}^{0} f(x)\mathrm{d}x + \int_{0}^{a} f(x)\mathrm{d}x,$$

在 $\int_{-a}^{0} f(x)\mathrm{d}x$ 中,设 $x=-t$,则

$$\int_{-a}^{0} f(x)\mathrm{d}x = -\int_{a}^{0} f(-t)\mathrm{d}t = \int_{0}^{a} f(-x)\mathrm{d}x.$$

因此

$$\int_{-a}^{a} f(x)\mathrm{d}x = \int_{0}^{a} f(-x)\mathrm{d}x + \int_{0}^{a} f(x)\mathrm{d}x = \int_{0}^{a} [f(-x)+f(x)]\mathrm{d}x.$$

(2) 当 $f(x)$ 是奇函数时,$f(-x)+f(x)=0$,因此

$$\int_{-a}^{a} f(x)\mathrm{d}x = 0.$$

(3) 当 $f(x)$ 是偶函数时,$f(-x)+f(x)=2f(x)$,因此

$$\int_{-a}^{a} f(x)\mathrm{d}x = 2\int_{0}^{a} f(x)\mathrm{d}x.$$

利用例 4 的结论,常可简化在对称区间上的定积分的计算.

例 5 ▶　计算定积分 $\int_{-\frac{\pi}{4}}^{\frac{\pi}{4}} \dfrac{\mathrm{d}x}{1+\sin x}$.

解 1　由于被积函数为非奇非偶函数,由例 4(1) 知

$$\int_{-\frac{\pi}{4}}^{\frac{\pi}{4}} \frac{\mathrm{d}x}{1+\sin x} = \int_{0}^{\frac{\pi}{4}}\left(\frac{1}{1-\sin x}+\frac{1}{1+\sin x}\right)\mathrm{d}x = 2\int_{0}^{\frac{\pi}{4}} \sec^2 x\,\mathrm{d}x$$

$$= 2\tan x\Big|_{0}^{\frac{\pi}{4}} = 2.$$

解 2　$\displaystyle\int_{-\frac{\pi}{4}}^{\frac{\pi}{4}} \frac{\mathrm{d}x}{1+\sin x} = \int_{-\frac{\pi}{4}}^{\frac{\pi}{4}} \frac{1-\sin x}{\cos^2 x}\mathrm{d}x = \int_{-\frac{\pi}{4}}^{\frac{\pi}{4}} \sec^2 x\,\mathrm{d}x - \int_{-\frac{\pi}{4}}^{\frac{\pi}{4}} \frac{\sin x}{\cos^2 x}\mathrm{d}x$

（上式第 1 个积分利用例 4(3),第 2 个积分利用例 4(2)）.

$$= 2\int_{0}^{\frac{\pi}{4}} \sec^2 x\,\mathrm{d}x - 0 = 2\tan x\Big|_{0}^{\frac{\pi}{4}} = 2.$$

例 6 ▶　试证:

$$\int_{0}^{\frac{\pi}{2}} \sin^n x\,\mathrm{d}x = \int_{0}^{\frac{\pi}{2}} \cos^n x\,\mathrm{d}x \quad (n\text{ 为非负整数}).$$

证　设 $x=\dfrac{\pi}{2}-t$,则 $\mathrm{d}x=-\mathrm{d}t$,且当 $x=0$ 时,$t=\dfrac{\pi}{2}$;当 $x=\dfrac{\pi}{2}$ 时,$t=0$. 于是

$$\int_{0}^{\frac{\pi}{2}} \sin^n x\,\mathrm{d}x = \int_{\frac{\pi}{2}}^{0} \sin^n\left(\frac{\pi}{2}-t\right)\mathrm{d}\left(\frac{\pi}{2}-t\right) = \int_{0}^{\frac{\pi}{2}} \cos^n t\,\mathrm{d}t = \int_{0}^{\frac{\pi}{2}} \cos^n x\,\mathrm{d}x.$$

例 7 ▶　设函数 $f(x)=\begin{cases}\dfrac{1}{1+\cos x}, & -1\leqslant x<0, \\ xe^{-x^2}, & x\geqslant 0,\end{cases}$ 求 $\int_{1}^{4} f(x-2)\mathrm{d}x$.

解　设 $u=x-2$,则当 $x=1$ 时,$u=-1$;当 $x=4$ 时,$u=2$. 于是

$$\int_1^4 f(x-2)\mathrm{d}x = \int_{-1}^2 f(u)\mathrm{d}u = \int_{-1}^0 \frac{\mathrm{d}u}{1+\cos u} + \int_0^2 u\mathrm{e}^{-u^2}\mathrm{d}u$$

$$= \tan\frac{u}{2}\Big|_{-1}^0 - \frac{1}{2}\mathrm{e}^{-u^2}\Big|_0^2 = \tan\frac{1}{2} - \frac{1}{2}\mathrm{e}^{-4} + \frac{1}{2}.$$

6.3.2 定积分的分部积分法

利用不定积分的分部积分公式及牛顿-莱布尼兹公式,即可得出定积分的分部积分公式.

设函数 $u=u(x), v=v(x)$ 在区间 $[a,b]$ 上具有连续导数,按不定积分的分部积分法,有

$$\int u(x)\mathrm{d}v(x) = u(x)\cdot v(x) - \int v(x)\mathrm{d}u(x).$$

从而得

$$\int_a^b u(x)\mathrm{d}v(x) = \left[u(x)\cdot v(x)\right]\Big|_a^b - \int_a^b v(x)\mathrm{d}u(x). \quad (6-5)$$

这就是定积分的分部积分公式.

例 8 ▶ 计算 $\int_0^{\frac{1}{2}} \arcsin x\mathrm{d}x$.

解 $\int_0^{\frac{1}{2}} \arcsin x\mathrm{d}x = x\arcsin x\Big|_0^{\frac{1}{2}} - \int_0^{\frac{1}{2}} \frac{x}{\sqrt{1-x^2}}\mathrm{d}x$

$$= \frac{1}{2}\times\frac{\pi}{6} + \frac{1}{2}\int_0^{\frac{1}{2}} (1-x^2)^{-\frac{1}{2}}\mathrm{d}(1-x^2)$$

$$= \frac{\pi}{12} + \sqrt{1-x^2}\Big|_0^{\frac{1}{2}} = \frac{\pi}{12} + \frac{\sqrt{3}}{2} - 1.$$

例 9 ▶ 计算 $\int_0^1 \mathrm{e}^{\sqrt{x}}\mathrm{d}x$.

解 先用换元法. 令 $\sqrt{x}=t$,则 $x=t^2$,$\mathrm{d}x=2t\mathrm{d}t$,且当 $x=0$ 时,$t=0$;当 $x=1$ 时,$t=1$. 于是

$$\int_0^1 \mathrm{e}^{\sqrt{x}}\mathrm{d}x = 2\int_0^1 t\mathrm{e}^t\mathrm{d}t.$$

再用分部积分法. 因为

$$\int_0^1 t\mathrm{e}^t\mathrm{d}t = \int_0^1 t\mathrm{d}(\mathrm{e}^t) = t\mathrm{e}^t\Big|_0^1 - \int_0^1 \mathrm{e}^t\mathrm{d}t = \mathrm{e} - \mathrm{e}^t\Big|_0^1 = 1,$$

所以

$$\int_0^1 \mathrm{e}^{\sqrt{x}}\mathrm{d}x = 2\int_0^1 t\mathrm{e}^t\mathrm{d}t = 2.$$

例 10 ▶ 计算 $\int_0^\pi x\cos x\mathrm{d}x$.

解 $\int_0^\pi x\cos x\mathrm{d}x = \int_0^\pi x\mathrm{d}(\sin x) = x\sin x\Big|_0^\pi - \int_0^\pi \sin x\mathrm{d}x$

$$=-\int_0^\pi \sin x\mathrm{d}x = \cos x\Big|_0^\pi =-2.$$

例 11 计算 $I_n = \int_0^{\frac{\pi}{2}} \sin^n x\,\mathrm{d}x$（$n$ 为正整数）.

解 $I_n = \int_0^{\frac{\pi}{2}} \sin^n x\,\mathrm{d}x =-\int_0^{\frac{\pi}{2}} \sin^{n-1}x\mathrm{d}(\cos x)$

$$= (-\sin^{n-1}x\cos x)\Big|_0^{\frac{\pi}{2}} + \int_0^{\frac{\pi}{2}} \cos x\cdot(n-1)\sin^{n-2}x\cos x\mathrm{d}x$$

$$= (n-1)\int_0^{\frac{\pi}{2}} \sin^{n-2}x\cdot(1-\sin^2 x)\mathrm{d}x$$

$$= (n-1)I_{n-2}-(n-1)I_n,$$

由此得到如下递推公式：

$$I_n = \frac{n-1}{n}I_{n-2},$$

而

$$I_0 = \int_0^{\frac{\pi}{2}} \mathrm{d}x = \frac{\pi}{2}, \quad I_1 = \int_0^{\frac{\pi}{2}} \sin x\mathrm{d}x = 1,$$

故当 n 为正偶数时，

$$I_n = \frac{n-1}{n}\times\frac{n-3}{n-2}\times\cdots\times\frac{3}{4}\times\frac{1}{2}\times\frac{\pi}{2};$$

当 n 为大于 1 的正奇数时，

$$I_n = \frac{n-1}{n}\cdot\frac{n-3}{n-2}\cdot\cdots\cdot\frac{4}{5}\cdot\frac{2}{3}.$$

由例 6 知，$\int_0^{\frac{\pi}{2}} \cos^n x\mathrm{d}x$ 与 $\int_0^{\frac{\pi}{2}} \sin^n x\mathrm{d}x$ 有相同的结果. 于是有

$$\int_0^{\frac{\pi}{2}} \sin^4 x\mathrm{d}x = \frac{3}{4}\times\frac{1}{2}\times\frac{\pi}{2} = \frac{3\pi}{16};$$

$$\int_0^{\frac{\pi}{2}} \cos^7 x\mathrm{d}x = \frac{6}{7}\times\frac{4}{5}\times\frac{2}{3} = \frac{16}{35}.$$

习题 6-3

1. 计算下列定积分：

(1) $\int_{\frac{\pi}{3}}^\pi \sin\left(x+\frac{\pi}{3}\right)\mathrm{d}x$;

(2) $\int_{-2}^1 \frac{\mathrm{d}x}{(11+5x)^3}$;

(3) $\int_{-1}^1 \frac{1}{\sqrt{5-4x}}\mathrm{d}x$;

(4) $\int_0^{\frac{\pi}{2}} \sin\varphi\cos^3\varphi\mathrm{d}\varphi$;

(5) $\int_{\frac{\pi}{6}}^{\frac{\pi}{2}} \cos^2 u\mathrm{d}u$;

(6) $\int_1^{e^2} \frac{\mathrm{d}x}{x\sqrt{1+\ln x}}$;

(7) $\int_1^{\sqrt{3}} \frac{\mathrm{d}x}{x^2\sqrt{1+x^2}}$;

(8) $\int_0^{\sqrt{2}} \sqrt{2-x^2}\,\mathrm{d}x$;

(9) $\int_{\ln2}^{\ln3} \dfrac{\mathrm{d}x}{\mathrm{e}^x - \mathrm{e}^{-x}}$;

(10) $\int_{2}^{3} \dfrac{\mathrm{d}x}{x^2 + x - 2}$.

2. 计算下列定积分:

(1) $\int_{0}^{1} x\mathrm{e}^{-x}\,\mathrm{d}x$;

(2) $\int_{1}^{e} x\ln x\,\mathrm{d}x$;

(3) $\int_{1}^{4} \dfrac{\ln x}{\sqrt{x}}\,\mathrm{d}x$;

(4) $\int_{\frac{\pi}{4}}^{\frac{\pi}{3}} \dfrac{x}{\sin^2 x}\,\mathrm{d}x$;

(5) $\int_{0}^{\frac{\pi}{2}} \mathrm{e}^{2x}\cos x\,\mathrm{d}x$;

(6) $\int_{1}^{2} x\log_2 x\,\mathrm{d}x$;

(7) $\int_{0}^{\pi} (x\sin x)^2\,\mathrm{d}x$;

(8) $\int_{1}^{e} \sin(\ln x)\,\mathrm{d}x$.

3. 利用被积函数的奇偶性计算下列定积分:

(1) $\int_{-1}^{1} \ln(x + \sqrt{1+x^2})\,\mathrm{d}x$;

(2) $\int_{-1}^{1} \dfrac{2+\sin x}{1+x^2}\,\mathrm{d}x$;

(3) $\int_{-2}^{2} (x + \sqrt{4-x^2})^2\,\mathrm{d}x$;

(4) $\int_{-\frac{\pi}{2}}^{\frac{\pi}{2}} 4\cos^4\theta\,\mathrm{d}\theta$.

4. 证明下列等式:

(1) $\int_{0}^{1} x^m(1-x)^n\,\mathrm{d}x = \int_{0}^{1} x^n(1-x)^m\,\mathrm{d}x$;

(2) $\int_{x}^{1} \dfrac{\mathrm{d}x}{1+x^2} = \int_{1}^{\frac{1}{x}} \dfrac{\mathrm{d}x}{1+x^2}\ (x>0)$;

(3) 设 $f(x)$ 是定义在区间 $(-\infty,+\infty)$ 上的周期为 T 的连续函数,则对任意 $a\in(-\infty,+\infty)$,有
$$\int_{a}^{a+T} f(x)\,\mathrm{d}x = \int_{0}^{T} f(x)\,\mathrm{d}x.$$

5. 若 $f(t)$ 是连续函数且为奇函数,证明 $\int_{0}^{x} f(t)\,\mathrm{d}t$ 是偶函数;若 $f(t)$ 是连续函数且为偶函数,证明 $\int_{0}^{x} f(t)\,\mathrm{d}t$ 是奇函数.

§6.4　定积分的应用

定积分的应用十分广泛,在本节中,我们将运用前面学过的定积分理论来分析和解决一些实际问题,包括定积分在几何中的应用和在经济学中的应用.更重要的是介绍把所求的量归结为某个定积分的分析方法 —— 微元法.

6.4.1　定积分的微元法

由定积分的定义可知,若 $f(x)$ 在 $[a,b]$ 上可积,则对于 $[a,b]$ 的任一划分 $a=x_0<x_1<x_2<\cdots<x_{n-1}<x_n=b$ 及 $[x_{i-1},x_i]$ 上任一点 ξ_i,有
$$\int_{a}^{b} f(x)\,\mathrm{d}x = \lim_{\lambda\to0} \sum_{i=1}^{n} f(\xi_i)\Delta x_i,$$

这里 $\Delta x_i = x_i - x_{i-1}(i = 1, 2, \cdots, n), \lambda = \max\limits_{1 \leqslant i \leqslant n}\{\Delta x_i\}$,上式表明定积分的本质就是一特定和式的极限. 基于此,我们可以将一些实际问题中有关量的计算问题归结为定积分的计算. 例如,前面介绍过的曲边梯形面积的计算问题即是如此. 其归结过程概括地说就是"分割作近似,求和取极限",也就是将整体化成局部之和,利用整体上变化的量局部近似不变这一辩证关系,局部以"不变"代表"变",这就是我们利用定积分解决实际问题的基本思想.

根据定积分的定义,如果某一实际问题中所求的量 Q 符合下列条件:

(1) 所求量 Q(例如面积)与自变量 x 的变化区间有关;

(2) 所求量 Q 对于区间 $[a,b]$ 具有可加性,即如果把区间 $[a,b]$ 任意分成 n 个部分区间 $[x_{i-1}, x_i](i = 1, 2, \cdots, n)$,则 Q 相应地分成 n 个部分量 ΔQ_i,而 $Q = \sum\limits_{i=1}^{n} \Delta Q_i$;

(3) 部分量 ΔQ_i 可近似表示为 $f(\xi_i)\Delta x_i(\xi_i \in [x_{i-1}, x_i])$,且 $\Delta Q_i - f(\xi_i)\Delta x_i = o(\Delta x_i)$.

那么,所求量 Q 就可表示为定积分:

$$Q = \lim_{\lambda \to 0} \sum_{i=1}^{n} f(\xi_i)\Delta x_i = \int_a^b f(x)\mathrm{d}x,$$

其中 $\Delta x_i = x_i - x_{i-1}(i = 1, 2, \cdots, n), \lambda = \max\limits_{1 \leqslant i \leqslant n}\{\Delta x_i\}$.

一般地,如果所求量 Q 与变量 x 的变化区间有关,且对区间 $[a,b]$ 具有可加性,在 $[a,b]$ 上任取一个小区间 $[x, x + \mathrm{d}x]$,然后求出 Q 在这个小区间的部分量 ΔQ 的近似值 $\mathrm{d}Q = f(x)\mathrm{d}x$,称为 Q 的微元(或称元素),以它作为被积表达式,即可得到所求量的积分表达式:

$$Q = \int_a^b f(x)\mathrm{d}x.$$

这种建立定积分表达式的方法称为**微元法**(或元素法).

下面,我们利用微元法来解决一些几何及经济中的实际问题.

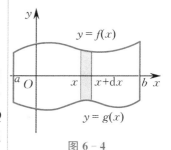

图 6 - 4

图 6 - 5

6.4.2 平面图形的面积

设平面图形由连续曲线 $y = f(x), y = g(x)$ 和直线 $x = a$, $x = b$ 所围成,其中 $f(x) \geqslant g(x), a \leqslant x \leqslant b$(见图 6 - 4),我们来求它的面积 A.

取 x 为积分变量,它的变化区间为 $[a,b]$,在 $[a,b]$ 上任取一小区间 $[x, x + \mathrm{d}x]$,与这个小区间对应梯形的面积 ΔA 近似地等于高为 $f(x) - g(x)$,底为 $\mathrm{d}x$ 的窄矩形的面积,从而得到面积微元

$$\mathrm{d}A = [f(x) - g(x)]\mathrm{d}x,$$

所以

$$A = \int_a^b [f(x) - g(x)]\mathrm{d}x.$$

动画视频

类似地,若平面图形由连续曲线 $x = \varphi(y), x = \psi(y)$ ($\varphi(y)$ $\leqslant \psi(y)$) 及直线 $y = c, y = d (c < d)$ 所围成(见图 6 - 5). 取 y 为积分变量,则其面积为

$$A = \int_{c}^{d} [\psi(y) - \varphi(y)] \mathrm{d}y.$$

例 1 ▶ 计算由抛物线 $y = -x^2 + 1$ 与 $y = x^2 - x$ 所围成的平面图形的面积 A(见图 6 - 6).

解 由方程组

$$\begin{cases} y = -x^2 + 1, \\ y = x^2 - x \end{cases}$$

解得两抛物线交点 $\left(-\dfrac{1}{2}, \dfrac{3}{4}\right)$ 及 $(1, 0)$,于是图形位于直线 $x = -\dfrac{1}{2}$ 与 $x = 1$ 之间. 取 x 为积分变量,则 $-\dfrac{1}{2} \leqslant x \leqslant 1$,面积元素为

$$\mathrm{d}A = [(-x^2 + 1) - (x^2 - x)] \mathrm{d}x = (-2x^2 + x + 1) \mathrm{d}x,$$

因此

$$A = \int_{-\frac{1}{2}}^{1} (-2x^2 + x + 1) \mathrm{d}x = \left(-\frac{2}{3}x^3 + \frac{1}{2}x^2 + x\right) \Big|_{-\frac{1}{2}}^{1} = \frac{9}{8}.$$

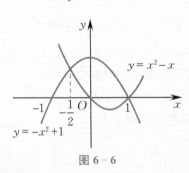

图 6 - 6

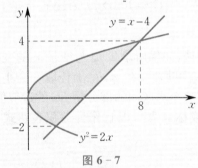

图 6 - 7

例 2 ▶ 计算由抛物线 $y^2 = 2x$ 与直线 $y = x - 4$ 所围成的平面图形的面积 A(见图 6 - 7).

解 两线交点由方程组

$$\begin{cases} y^2 = 2x, \\ y = x - 4 \end{cases}$$

解得为 $(2, -2)$ 及 $(8, 4)$. 取 y 为积分变量,则 $-2 \leqslant y \leqslant 4$,面积元素为

$$\mathrm{d}A = \left(y + 4 - \frac{1}{2}y^2\right) \mathrm{d}y,$$

于是得

$$A = \int_{-2}^{4} \left(y + 4 - \frac{1}{2}y^2\right) \mathrm{d}y = \left(\frac{y^2}{2} + 4y - \frac{y^3}{6}\right) \Big|_{-2}^{4} = 18.$$

例 3 ▶ 求椭圆 $\dfrac{x^2}{a^2} + \dfrac{y^2}{b^2} = 1$ 所围成图形的面积.

解 因为椭圆关于两坐标轴对称(见图6 - 8),所以椭圆所围成图形的面积是第一象限内那部分面积的 4 倍. 对椭圆在第一象限部分的面积,取 x 为积分变量,则 $0 \leqslant x \leqslant a$,

面积元素为

$$dA = y dx = \frac{b}{a} \sqrt{a^2 - x^2} dx,$$

所以

$$A = 4 \int_0^a \frac{b}{a} \sqrt{a^2 - x^2} dx.$$

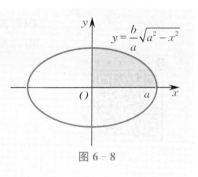

图 6 - 8

应用定积分换元法,令

$$x = a\sin t \quad \left(-\frac{\pi}{2} \leqslant t \leqslant \frac{\pi}{2} \right),$$

则 $dx = a\cos t dt$,且当 $x = 0$ 时,$t = 0$;当 $x = a$ 时,$t = \frac{\pi}{2}$. 于是

$$A = 4 \int_0^{\frac{\pi}{2}} b\cos t \cdot (a\cos t) dt = 4ab \int_0^{\frac{\pi}{2}} \cos^2 t dt$$

$$= 4ab \int_0^{\frac{\pi}{2}} \frac{1 + \cos 2t}{2} dt = 4ab \left(\frac{1}{2} t + \frac{1}{4} \sin 2t \right) \Big|_0^{\frac{\pi}{2}} = \pi ab.$$

例 4 ▶ 求由曲线 $y = \sin x, y = \cos x$ 及直线 $x = 0, x = \frac{\pi}{2}$ 所围成的平面图形的面积.

解 由方程组

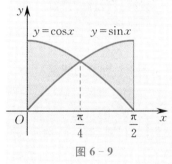

图 6 - 9

$$\begin{cases} y = \sin x, \\ y = \cos x \end{cases}$$

解得两曲线的交点为 $\left(\frac{\pi}{4}, \frac{\sqrt{2}}{2} \right)$,如图 6 - 9 所示.

取 x 为积分变量,则当 $0 \leqslant x \leqslant \frac{\pi}{4}$ 时,面积元素为 $dA = (\cos x - \sin x) dx$;当 $\frac{\pi}{4} \leqslant x \leqslant \frac{\pi}{2}$ 时,面积元素为 $dA = (\sin x - \cos x) dx$. 因此有

$$A = \int_0^{\frac{\pi}{4}} (\cos x - \sin x) dx + \int_{\frac{\pi}{4}}^{\frac{\pi}{2}} (\sin x - \cos x) dx$$

$$= (\sin x + \cos x) \Big|_0^{\frac{\pi}{4}} + (-\cos x - \sin x) \Big|_{\frac{\pi}{4}}^{\frac{\pi}{2}}$$

$$= 2(\sqrt{2} - 1).$$

6.4.3　旋转体的体积

所谓旋转体就是由一平面图形绕它所在平面内的一条定直线旋转一周而成的立体.

如图 6 - 10 所示,设旋转体是由连续曲线 $y = f(x)$,直线 $x = a, x = b (a < b)$ 和 x 轴所围成的曲边梯形绕 x 轴旋转一周而成的.

取 x 为积分变量,它的变化区间为 $[a, b]$,在 $[a, b]$ 上任取一小区间 $[x, x + dx]$,相应的窄曲边梯形绕 x 轴旋转而成的立体的体

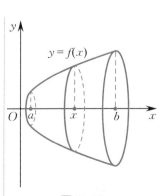

图 6 - 10

积近似等于以 $|f(x)|$ 为底半径,以 $\mathrm{d}x$ 为高的圆柱体的体积. 从而得体积元素

$$\mathrm{d}V_x = \pi\left[f(x)\right]^2\mathrm{d}x,$$

于是所求旋转体的体积为

$$V_x = \pi\int_a^b\left[f(x)\right]^2\mathrm{d}x.$$

类似地,若旋转体是由曲线 $x = \varphi(y)$,直线 $y = c$,$y = d(c < d)$ 和 y 轴所围成的曲边梯形绕 y 轴旋转一周而成的,则其体积为

$$V_y = \pi\int_c^d\left[\varphi(y)\right]^2\mathrm{d}y.$$

例 5 ▶ 求由直线 $y = 2x$ 与抛物线 $y = x^2$ 所围成的图形分别绕 x 轴和 y 轴旋转一周所成的旋转体的体积.

解 $y = 2x$ 与 $y = x^2$ 有两个交点,分别是 $(0,0)$ 和 $(2,4)$. 因此,直线 $y = 2x$ 与抛物线 $y = x^2$ 所围成的图形绕 x 轴旋转一周所成的旋转体体积为

$$V_x = \pi\int_0^2(2x)^2\mathrm{d}x - \pi\int_0^2(x^2)^2\mathrm{d}x = \pi\int_0^2 4x^2\mathrm{d}x - \pi\int_0^2 x^4\mathrm{d}x$$

$$= \pi\left(\frac{4x^3}{3}\bigg|_0^2 - \frac{x^5}{5}\bigg|_0^2\right) = \frac{64\pi}{15}.$$

又由 $y = 2x$ 与 $y = x^2$,可得 $x = \sqrt{y}$ 与 $x = \dfrac{y}{2}$,因此,直线 $y = 2x$ 与抛物线 $y = x^2$ 所围成的图形绕 y 轴旋转一周所成的旋转体体积为

$$V_y = \pi\int_0^4(\sqrt{y})^2\mathrm{d}y - \pi\int_0^4\left(\frac{y}{2}\right)^2\mathrm{d}y = \pi\int_0^4 y\mathrm{d}y - \pi\int_0^4\frac{y^2}{4}\mathrm{d}y$$

$$= \pi\left(\frac{y^2}{2}\bigg|_0^4 - \frac{y^3}{12}\bigg|_0^4\right) = \frac{8\pi}{3}.$$

例 6 ▶ 计算由椭圆 $\dfrac{x^2}{a^2} + \dfrac{y^2}{b^2} = 1$ 所围成图形绕 x 轴旋转一周而成的旋转体(称为旋转椭球体,如图 6-11 所示) 的体积.

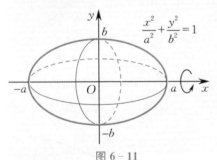

图 6-11

解 这个旋转体实际上就是半个椭圆 $y = \dfrac{b}{a}\sqrt{a^2 - x^2}$ 及 x 轴所围成曲边梯形绕 x 轴旋转而成的立体,取 x 为积分变量,则 $-a \leqslant x \leqslant a$,体积元素为

$$\mathrm{d}V_x = \pi\left(\frac{b}{a}\sqrt{a^2 - x^2}\right)^2\mathrm{d}x = \frac{b^2}{a^2}\pi(a^2 - x^2)\mathrm{d}x.$$

所以,所求体积为

$$V_x = \pi\int_{-a}^a\frac{b^2}{a^2}(a^2 - x^2)\mathrm{d}x = 2\pi\int_0^a\frac{b^2}{a^2}(a^2 - x^2)\mathrm{d}x$$

$$= 2\pi\frac{b^2}{a^2}\left(a^2 x - \frac{x^3}{3}\right)\bigg|_0^a = \frac{4}{3}\pi ab^2.$$

特别地,当 $a = b$ 时就得到半径为 a 的球的体积为 $\dfrac{4}{3}\pi a^3$.

例 7 ▶ 求由曲线 $y = 2x - x^2$ 和 x 轴所围成图形绕 y 轴旋转一周所得旋转体的体积.

解　如图 6-12 所示, $y=2x-x^2$ 的反函数分为两支, $x=1-\sqrt{1-y}\ (0\leqslant y\leqslant 1)$ 和 $x=1+\sqrt{1-y}$ $(0\leqslant y\leqslant 1)$. 因此, 所求旋转体的体积为

$$V_y=\pi\int_0^1(1+\sqrt{1-y})^2\mathrm{d}y-\pi\int_0^1(1-\sqrt{1-y})^2\mathrm{d}y$$

$$=\pi\int_0^1\left[(1+\sqrt{1-y})^2-(1-\sqrt{1-y})^2\right]\mathrm{d}y$$

$$=4\pi\int_0^1\sqrt{1-y}\,\mathrm{d}y=-4\pi\cdot\frac{2}{3}(1-y)^{\frac{3}{2}}\Big|_0^1=\frac{8}{3}\pi.$$

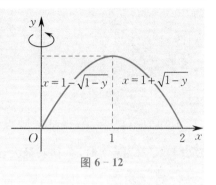

图 6-12

6.4.4　定积分在经济学中的应用举例 —— 由边际函数求总函数

假设某产品的固定成本为 C_0, 边际成本函数为 $C'(Q)$, 边际收益函数为 $R'(Q)$, 其中 Q 为产量, 并假定该产品处于产销平衡状态, 则根据经济学的有关理论及定积分的微元分析法, 易知:

总成本函数 $C(Q)=\displaystyle\int_0^Q C'(Q)\mathrm{d}Q+C_0$;

总收益函数 $R(Q)=\displaystyle\int_0^Q R'(Q)\mathrm{d}Q$;

总利润函数 $L(Q)=R(Q)-C(Q)$

$$=\int_0^Q\left[R'(Q)-C'(Q)\right]\mathrm{d}Q-C_0.$$

例 8 ▶　设某产品的边际成本为 $C'(Q)=4+\dfrac{Q}{4}$ (万元 / 百台), 固定成本 $C_0=1$(万元), 边际收益 $R'(Q)=8-Q$(万元 / 百台), 求:

(1) 产量从 100 台增加到 500 台的成本增量;

(2) 总成本函数 $C(Q)$ 和总收益函数 $R(Q)$;

(3) 产量为多少时, 总利润最大? 并求最大利润.

解　(1) 产量从 100 台增加到 500 台的成本增量为

$$\int_1^5 C'(Q)\mathrm{d}Q=\int_1^5\left(4+\frac{Q}{4}\right)\mathrm{d}Q=\left(4Q+\frac{Q^2}{8}\right)\Big|_1^5=19\,(\text{万元}).$$

(2) 总成本函数

$$C(Q)=\int_0^Q C'(Q)\mathrm{d}Q+C_0=\int_0^Q\left(4+\frac{Q}{4}\right)\mathrm{d}Q+1=4Q+\frac{Q^2}{8}+1,$$

总收益函数

$$R(Q)=\int_0^Q R'(Q)\mathrm{d}Q=\int_0^Q(8-Q)\mathrm{d}Q=8Q-\frac{Q^2}{2}.$$

(3) 总利润函数

$$L(Q)=R(Q)-C(Q)=\left(8Q-\frac{Q^2}{2}\right)-\left(4Q+\frac{Q^2}{8}+1\right)$$

$$=-\frac{5}{8}Q^2+4Q-1,$$

于是

$$L'(Q)=-\frac{5}{4}Q+4.$$

令 $L'(Q)=0$,得唯一驻点 $Q=3.2$(百台),又因为 $L''(3.2)=-\frac{5}{4}<0$,所以当 $Q=3.2$(百台)时,总利润最大,最大利润为 $L(3.2)=5.4$(万元).

例 9 ▶ 已知生产某产品 Q 单位时,边际收益函数 $R'(Q)=200-\frac{Q}{50}$(元／单位),试求生产 Q 单位产品时的总收益 $R(Q)$ 及平均单位收益 $\bar{R}(Q)$,并求生产 2 000 单位产品时的总收益及平均单位收益.

解 生产 Q 单位产品时的总收益为

$$R(Q)=\int_0^Q R'(Q)\mathrm{d}Q=\int_0^Q\left(200-\frac{Q}{50}\right)\mathrm{d}Q$$
$$=\left(200Q-\frac{Q^2}{100}\right)\Big|_0^Q=200Q-\frac{Q^2}{100},$$

平均收益函数为

$$\bar{R}(Q)=\frac{R(Q)}{Q}=200-\frac{Q}{100}.$$

生产 2 000 单位产品时的总收益为

$$R(2\,000)=400\,000-\frac{(2\,000)^2}{100}=360\,000(元),$$

平均收益为

$$\bar{R}(2\,000)=180(元).$$

习题 6-4

1. 求由下列曲线所围成的平面图形的面积:

(1) $y=x^2$ 与 $y=2-x^2$;　　　　(2) $y=\mathrm{e}^x$,$x=0$ 与 $y=\mathrm{e}$;

(3) $y=4-x^2$ 与 $y=0$;　　　　(4) $y=x^2$,$y=x$ 与 $y=2x$;

(5) $y=\frac{1}{x}$,$y=x$ 与 $x=2$;　　　　(6) $y^2=x$ 与 $y=x-2$;

(7) $y=\mathrm{e}^x$,$y=\mathrm{e}^{-x}$ 与 $x=1$;　　　　(8) $y=\sin x\left(0\leqslant x\leqslant\frac{\pi}{2}\right)$,$x=0$ 与 $y=1$.

2. 求由下列曲线所围成的平面图形绕指定坐标轴旋转而成的旋转体的体积:

(1) $y=\sqrt{x}$,$x=1$,$x=4$,$y=0$,绕 x 轴;

(2) $y=x^3$,$x=2$,$y=0$,分别绕 x 轴与 y 轴;

(3) $y=x^2$,$x=y^2$,绕 y 轴;

(4) $(x-5)^2+y^2=1$,绕 y 轴.

3. 设某企业边际成本是产量 Q(单位)的函数 $C'(Q)=2\mathrm{e}^{0.2Q}$(万元／单位),其固定成本为 $C_0=90$(万元),求总成本函数.

4. 设某产品的边际收益是产量 Q（单位）的函数 $R'(Q) = 15 - 2Q$（元/单位），试求总收益函数与需求函数.

5. 已知某产品产量的变化率是时间 t（月）的函数 $f(t) = 2t + 5, t \geqslant 0$，问：第一个 5 月和第二个 5 月的总产量各是多少？

6. 某厂生产某产品 Q（百台）的总成本 $C(Q)$（万元）的变化率为 $C'(Q) = 2$（设固定成本为零），总收益 $R(Q)$（万元）的变化率为产量 Q（百台）的函数 $R'(Q) = 7 - 2Q$. 问：

（1）生产量为多少时，总利润最大？最大利润为多少？

（2）在利润最大的基础上又多生产了 50 台，总利润减少了多少？

§6.5　反常积分初步

前面我们讨论的定积分，要求积分区间 $[a, b]$ 是有限区间，被积函数是有界函数. 但在一些实际问题中，不得不考虑无穷区间上的积分或无界函数的积分，它们已不属于前面所讨论的定积分，因此对定积分作如下两种推广. 这两种积分我们统称为反常积分（或称为广义积分）.

6.5.1　无穷区间上的反常积分

定义 1　设函数 $f(x)$ 在区间 $[a, +\infty)$ 上连续，取任意 $t > a$，记

$$\int_a^{+\infty} f(x)\mathrm{d}x = \lim_{t \to +\infty} \int_a^t f(x)\mathrm{d}x, \qquad (6-6)$$

称 $\int_a^{+\infty} f(x)\mathrm{d}x$ 为函数 $f(x)$ 在无穷区间 $[a, +\infty)$ 上的反常积分（或简称为无穷积分）. 若式 $(6-6)$ 中的极限存在，则称该反常积分收敛，且其极限值为该反常积分的值；否则称该反常积分发散.

类似地，有如下定义：

（1）函数 $f(x)$ 在区间 $(-\infty, b]$ 上的反常积分

$$\int_{-\infty}^b f(x)\mathrm{d}x = \lim_{t \to -\infty} \int_t^b f(x)\mathrm{d}x \quad (t < b); \qquad (6-7)$$

（2）函数 $f(x)$ 在区间 $(-\infty, +\infty)$ 上的反常积分

$$\int_{-\infty}^{+\infty} f(x)\mathrm{d}x = \int_{-\infty}^c f(x)\mathrm{d}x + \int_c^{+\infty} f(x)\mathrm{d}x$$

$$= \lim_{s \to -\infty} \int_s^c f(x)\mathrm{d}x + \lim_{t \to +\infty} \int_c^t f(x)\mathrm{d}x. \qquad (6-8)$$

对于积分 $\int_{-\infty}^{+\infty} f(x)\mathrm{d}x$，其收敛的充要条件是：$\int_{-\infty}^c f(x)\mathrm{d}x$ 及 $\int_c^{+\infty} f(x)\mathrm{d}x$ 同时收敛.

例 1 ▶ 计算反常积分 $\displaystyle\int_0^{+\infty} x e^{-x^2} \, dx$.

解 $\displaystyle\int_0^{+\infty} x e^{-x^2} \, dx = \lim_{t \to +\infty} \int_0^t x e^{-x^2} \, dx = \lim_{t \to +\infty} \left(-\frac{1}{2} e^{-x^2} \right) \Big|_0^t = \frac{1}{2}$.

例 2 ▶ 计算反常积分 $\displaystyle\int_{-\infty}^{+\infty} \frac{dx}{1+x^2}$.

解 由定义有

$$\int_{-\infty}^{+\infty} \frac{dx}{1+x^2} = \int_{-\infty}^0 \frac{dx}{1+x^2} + \int_0^{+\infty} \frac{dx}{1+x^2}$$

$$= \lim_{s \to -\infty} \int_s^0 \frac{dx}{1+x^2} + \lim_{t \to +\infty} \int_0^t \frac{dx}{1+x^2}$$

$$= \lim_{s \to -\infty} \left(\arctan x \Big|_s^0 \right) + \lim_{t \to +\infty} \left(\arctan x \Big|_0^t \right)$$

$$= -\lim_{s \to -\infty} \arctan s + \lim_{t \to +\infty} \arctan t$$

$$= -\left(-\frac{\pi}{2} \right) + \frac{\pi}{2} = \pi.$$

设 $F(x)$ 是 $f(x)$ 的一个原函数,对于反常积分 $\displaystyle\int_a^{+\infty} f(x) dx$,为书写方便,可简记为

$$\int_a^{+\infty} f(x) dx = \lim_{t \to +\infty} \left(F(x) \Big|_a^t \right) = F(x) \Big|_a^{+\infty} = F(+\infty) - F(a).$$

同理,记

$$\int_{-\infty}^b f(x) dx = \lim_{s \to -\infty} \left(F(x) \Big|_s^b \right) = F(x) \Big|_{-\infty}^b = F(b) - F(-\infty).$$

例如,对于例 1 有

$$\int_0^{+\infty} x e^{-x^2} dx = -\frac{1}{2} \int_0^{+\infty} e^{-x^2} d(-x^2) = -\frac{1}{2} e^{-x^2} \Big|_0^{+\infty} = \frac{1}{2}.$$

例 3 ▶ 计算 $\displaystyle\int_0^{+\infty} x e^{-x} \, dx$.

解 $\displaystyle\int_0^{+\infty} x e^{-x} dx = -\int_0^{+\infty} x \, d(e^{-x}) = -x e^{-x} \Big|_0^{+\infty} + \int_0^{+\infty} e^{-x} dx$

$$= -\lim_{x \to +\infty} x e^{-x} - e^{-x} \Big|_0^{+\infty} = -\lim_{x \to +\infty} \frac{x}{e^x} + 1$$

$$= -\lim_{x \to +\infty} \frac{1}{e^x} + 1 = 1.$$

*6.5.2　被积函数具有无穷间断点的反常积分

定义 2 设函数 $f(x)$ 在区间 $(a, b]$ 上连续,而 $\lim\limits_{x \to a^+} f(x) = \infty$,取 $\varepsilon > 0$,记

$$\int_a^b f(x)\mathrm{d}x = \lim_{\varepsilon \to 0^+} \int_{a+\varepsilon}^b f(x)\mathrm{d}x, \qquad (6-9)$$

称其为 $f(x)$ 在区间 $[a,b]$ 上的反常积分(或称为瑕积分). 若式 (6-9) 中的极限存在,则称此反常积分收敛,其极限值即为反常积分值;否则称此反常积分发散.

设函数 $f(x)$ 在区间 $[a,b)$ 上连续,而 $\lim\limits_{x \to b^-} f(x) = \infty$,类似于定义 2,可定义函数 $f(x)$ 在区间 $[a,b]$ 上的反常积分

$$\int_a^b f(x)\mathrm{d}x = \lim_{\varepsilon \to 0^+} \int_a^{b-\varepsilon} f(x)\mathrm{d}x. \qquad (6-10)$$

设 $f(x)$ 在 $[a,b]$ 上除点 $c(a<c<b)$ 外连续,而 $\lim\limits_{x \to c} f(x) = \infty$,我们定义函数 $f(x)$ 在区间 $[a,b]$ 上的反常积分

$$\int_a^b f(x)\mathrm{d}x = \int_a^c f(x)\mathrm{d}x + \int_c^b f(x)\mathrm{d}x$$

$$= \lim_{\varepsilon_1 \to 0^+} \int_a^{c-\varepsilon_1} f(x)\mathrm{d}x + \lim_{\varepsilon_2 \to 0^+} \int_{c+\varepsilon_2}^b f(x)\mathrm{d}x. \qquad (6-11)$$

此时 $\int_a^b f(x)\mathrm{d}x$ 收敛的充要条件是: $\int_a^c f(x)\mathrm{d}x$ 及 $\int_c^b f(x)\mathrm{d}x$ 同时收敛.

例 4 ▶ 计算 $\int_0^1 \dfrac{1}{x^2}\mathrm{d}x$.

解 因为 $\lim\limits_{x \to 0^+} \dfrac{1}{x^2} = \infty$,所以 $x=0$ 是被积函数的一个无穷间断点,于是

$$\int_0^1 \frac{1}{x^2}\mathrm{d}x = \lim_{\varepsilon \to 0^+} \int_\varepsilon^1 \frac{1}{x^2}\mathrm{d}x = \lim_{\varepsilon \to 0^+} \left(-\frac{1}{x}\,\Big|_\varepsilon^1\right) = \lim_{\varepsilon \to 0^+} \left(-1 + \frac{1}{\varepsilon}\right) = \infty.$$

设 $F(x)$ 是 $f(x)$ 在 $(a,b]$ 上的一个原函数,且 $\lim\limits_{x \to a^+} f(x) = \infty$,用记号 $F(x)\,\Big|_a^b$ 来表示 $F(b) - F(a+0)$,这样式(6-9)也可以写成

$$\int_a^b f(x)\mathrm{d}x = F(x)\,\Big|_a^b = F(b) - F(a+0);$$

类似地,式(6-10)可以写成

$$\int_a^b f(x)\mathrm{d}x = F(x)\,\Big|_a^b = F(b-0) - F(a),$$

其中 $F(a+0) = \lim\limits_{x \to a^+} F(x),\ F(b-0) = \lim\limits_{x \to b^-} F(x)$.

例 5 ▶ 求反常积分 $\int_0^2 \dfrac{x}{\sqrt{4-x^2}}\mathrm{d}x$.

解 因为 $\lim\limits_{x \to 2^-} \dfrac{x}{\sqrt{4-x^2}} = \infty$,所以 $x=2$ 是被积函数的一个无穷间断点. 于是

$$\int_0^2 \frac{x}{\sqrt{4-x^2}}\mathrm{d}x = -\frac{1}{2}\int_0^2 (4-x^2)^{-\frac{1}{2}}\mathrm{d}(4-x^2) = -(4-x^2)^{\frac{1}{2}}\Big|_0^2 = 2.$$

例 6 ▶ 计算 $\int_0^1 \ln x\,\mathrm{d}x$.

解 因为 $\lim\limits_{x\to 0^+}\ln x = -\infty$,所以 $x=0$ 是被积函数的无穷间断点. 于是

$$\int_0^1 \ln x\,\mathrm{d}x = x\ln x\Big|_0^1 - \int_0^1 \mathrm{d}x = 0-0-1 = -1.$$

例 7 ▶ 计算 $\int_{-1}^1 \frac{\mathrm{d}x}{x^2}$.

解 因为 $\lim\limits_{x\to 0}\frac{1}{x^2} = \infty$,所以 $x=0$ 是被积函数的无穷间断点. 于是

$$\int_{-1}^1 \frac{\mathrm{d}x}{x^2} = \int_{-1}^0 \frac{\mathrm{d}x}{x^2} + \int_0^1 \frac{\mathrm{d}x}{x^2}.$$

而 $\int_0^1 \frac{\mathrm{d}x}{x^2} = -\frac{1}{x}\Big|_0^1 = +\infty$,所以反常积分 $\int_{-1}^1 \frac{\mathrm{d}x}{x^2}$ 发散.

在本例中,如果疏忽了 $x=0$ 是被积函数的无穷间断点,就会得到如下的错误结果:

$$\int_{-1}^1 \frac{\mathrm{d}x}{x^2} = -\frac{1}{x}\Big|_{-1}^1 = -2.$$

> 由于无界函数的反常积分与定积分在形式上没有什么区别,因此在计算有限区间积分时应注意被积函数是否有界. 如果忽略这个问题,就可能得出错误的结果.
>
> 一般地,若被积函数在积分区间内有无穷间断点,应该用无穷间断点划分积分区间,然后在每个小区间上积分. 也就是说,积分时,无穷间断点应为积分区间的端点.

习题 6-5

1. 判断下列反常积分的敛散性,若收敛,则求其值:

(1) $\int_1^{+\infty} \frac{\mathrm{d}x}{x^4}$; (2) $\int_1^{+\infty} \frac{\mathrm{d}x}{\sqrt{x}}$;

(3) $\int_0^{+\infty} \mathrm{e}^{-x}\mathrm{d}x$; (4) $\int_0^{+\infty} \sin x\,\mathrm{d}x$;

(5) $\int_{-1}^1 \frac{\mathrm{d}x}{\sqrt{1-x^2}}$; (6) $\int_{-\infty}^{+\infty} \frac{\mathrm{d}x}{x^2+2x+2}$;

(7) $\int_1^2 \frac{x\mathrm{d}x}{\sqrt{x-1}}$; (8) $\int_0^1 x\ln x\,\mathrm{d}x$;

(9) $\int_1^{\mathrm{e}} \frac{\mathrm{d}x}{x\sqrt{1-\ln^2 x}}$; (10) $\int_0^1 \frac{\mathrm{d}x}{(1-x)^3}$.

2. 当 k 为何值时,反常积分 $\int_2^{+\infty} \frac{\mathrm{d}x}{x(\ln x)^k}$ 收敛?当 k 为何值时,此反常积分发散?

3. 利用递推公式计算反常积分 $I_n = \int_0^{+\infty} x^n \mathrm{e}^{-x}\mathrm{d}x$.

本章小结

一、定积分的概念和基本性质

1. 定积分：$\displaystyle\int_a^b f(x)\mathrm{d}x = \lim_{\lambda\to 0}\sum_{i=1}^{n} f(\xi_i)\Delta x_i.$

2. 定积分的几何意义：$\displaystyle\int_a^b f(x)\mathrm{d}x$ 表示介于 x 轴、函数 $f(x)$ 的图形及两条直线 $x=a,x=b$ 之间的各部分面积的代数和.

3. 定积分的基本性质.

(1) $\displaystyle\int_a^a f(x)\mathrm{d}x = 0;$

(2) $\displaystyle\int_a^b f(x)\mathrm{d}x = -\int_b^a f(x)\mathrm{d}x;$

(3) $\displaystyle\int_a^b \mathrm{d}x = b-a;$

(4) $\displaystyle\int_a^b [\alpha f(x)+\beta g(x)]\mathrm{d}x = \alpha\int_a^b f(x)\mathrm{d}x + \beta\int_a^b g(x)\mathrm{d}x,$ 其中 α,β 为任意常数；

(5) 区间可加性：$\displaystyle\int_a^b f(x)\mathrm{d}x = \int_a^c f(x)\mathrm{d}x + \int_c^b f(x)\mathrm{d}x;$

(6) 比较性质：如果在区间 $[a,b]$ 上，$f(x)\leqslant g(x)$，则
$$\int_a^b f(x)\mathrm{d}x \leqslant \int_a^b g(x)\mathrm{d}x;$$

(7) 估值性质：设 M 及 m 分别是函数 $f(x)$ 在区间 $[a,b]$ 上的最大值及最小值，则
$$m(b-a) \leqslant \int_a^b f(x)\mathrm{d}x \leqslant M(b-a);$$

(8) 定积分中值定理：设 $f(x)$ 在 $[a,b]$ 上连续，则存在 $\xi\in[a,b]$，使
$$\int_a^b f(x)\mathrm{d}x = f(\xi)(b-a);$$

(9) 连续奇偶函数的积分性质：

当 $f(x)$ 为奇函数时，$\displaystyle\int_{-a}^a f(x)\mathrm{d}x = 0;$

当 $f(x)$ 为偶函数时，$\displaystyle\int_{-a}^a f(x)\mathrm{d}x = 2\int_0^a f(x)\mathrm{d}x.$

二、基本定理

1. 积分上限的函数及其导数.

(1) 积分上限 x 的函数 $\varPhi(x)=\displaystyle\int_a^x f(t)\mathrm{d}t$ 的导数：
$$\varPhi'(x) = \frac{\mathrm{d}}{\mathrm{d}x}\int_a^x f(t)\mathrm{d}t = f(x);$$

(2) 推广形式：
$$\frac{\mathrm{d}}{\mathrm{d}x}\int_{v(x)}^{u(x)} f(t)\mathrm{d}t = f(u(x))\cdot u'(x) - f(v(x))\cdot v'(x).$$

2. 牛顿-莱布尼兹公式：
$$\int_a^b f(x)\mathrm{d}x = F(x)\Big|_a^b = F(b)-F(a).$$

三、定积分的换元积分法与分部积分法

1.换元积分法.

设 $f(x)$ 在区间 $[a,b]$ 上连续,若变量代换 $x = \varphi(t)$ 满足条件:

(1) 当 $t \in [\alpha,\beta]$(或 $[\beta,\alpha]$)时,$a \leqslant \varphi(t) \leqslant b$,且 $\varphi(\alpha) = a,\varphi(\beta) = b$;

(2) $\varphi(t)$ 在 $[\alpha,\beta]$(或 $[\beta,\alpha]$)上具有连续导数,

则有

$$\int_a^b f(x)\mathrm{d}x = \int_\alpha^\beta f(\varphi(t))\varphi'(t)\mathrm{d}t.$$

定积分的换元法有别于不定积分的换元法,具有两点:一是换元必换上、下限,二是不必回代.

2.分部积分法.

$$\int_a^b u(x)\mathrm{d}v(x) = u(x) \cdot v(x)\Big|_a^b - \int_a^b v(x)\mathrm{d}u(x).$$

四、定积分的应用

1.平面图形的面积.

(1)设平面图形由连续曲线 $y = f(x),y = g(x)(f(x) \geqslant g(x))$ 和直线 $x = a,x = b$ 所围成 $(a \leqslant x \leqslant b)$,则其面积为

$$A = \int_a^b [f(x) - g(x)]\mathrm{d}x;$$

(2)设平面图形由连续曲线 $x = \varphi(y),x = \psi(y)(\varphi(y) \leqslant \psi(y))$ 及直线 $y = c,y = d(c < d)$ 所围成,则其面积为

$$A = \int_c^d [\psi(y) - \varphi(y)]\mathrm{d}y.$$

2.旋转体的体积.

(1)设旋转体是由曲线 $y = f(x)$,直线 $x = a,x = b(a < b)$ 和 x 轴所围成的曲边梯形绕 x 轴旋转一周而成,则其体积为

$$V_x = \pi \int_a^b f^2(x)\mathrm{d}x.$$

(2)设旋转体是由曲线 $x = \varphi(y)$,直线 $y = c,y = d(c < d)$ 和 y 轴所围成的曲边梯形绕 y 轴旋转一周而成,则其体积为

$$V_y = \pi \int_c^d \varphi^2(y)\mathrm{d}y.$$

3.在经济学中的应用.

如果固定成本为 C_0,边际成本函数为 $C'(Q)$,边际收益函数为 $R'(Q)$,其中 Q 为产量,则有

总成本函数 $C(Q) = \int_0^Q C'(Q)\mathrm{d}Q + C_0$;

总收益函数 $R(Q) = \int_0^Q R'(Q)\mathrm{d}Q$;

总利润函数 $L(Q) = R(Q) - C(Q) = \int_0^Q [R'(Q) - C'(Q)]\mathrm{d}Q - C_0$.

五、反常积分

1.无穷区间上的反常积分.

(1) $\displaystyle\int_a^{+\infty} f(x)\mathrm{d}x = \lim_{t\to+\infty}\left(F(x)\Big|_a^t\right) = F(x)\Big|_a^{+\infty} = F(+\infty) - F(a)$;

(2) $\displaystyle\int_{-\infty}^b f(x)\mathrm{d}x = \lim_{s\to-\infty}\left(F(x)\Big|_s^b\right) = F(x)\Big|_{-\infty}^b = F(b) - F(-\infty)$;

(3) $\displaystyle\int_{-\infty}^{+\infty} f(x)\mathrm{d}x = \lim_{\substack{s\to-\infty\\t\to+\infty}}\left(F(x)\Big|_s^t\right) = F(x)\Big|_{-\infty}^{+\infty} = F(+\infty) - F(-\infty)$.

2. 被积函数具有无穷间断点的反常积分.

(1) 设 $F(x)$ 是 $f(x)$ 在 $(a,b]$ 上的一个原函数,且 $\lim\limits_{x\to a^+} f(x) = \infty$,则

$$\int_a^b f(x)\mathrm{d}x = F(x)\Big|_a^b = F(b) - F(a+0);$$

(2) 设函数 $f(x)$ 在区间 $[a,b)$ 上连续,而 $\lim\limits_{x\to b^-} f(x) = \infty$,则

$$\int_a^b f(x)\mathrm{d}x = F(x)\Big|_a^b = F(b-0) - F(a).$$

复习题6

(A)

1. 求下列积分:

(1) $\displaystyle\int_{-1}^1 \frac{\tan x}{\sin^2 x + 1}\mathrm{d}x$;

(2) $\displaystyle\int_0^1 \sqrt{2x - x^2}\,\mathrm{d}x$;

(3) $\displaystyle\int_0^2 x^2\sqrt{4 - x^2}\,\mathrm{d}x$;

(4) $\displaystyle\int_0^{\ln 2} \sqrt{\mathrm{e}^x - 1}\,\mathrm{d}x$;

(5) $\displaystyle\int_0^1 \frac{x^2}{(1 + x^2)^2}\mathrm{d}x$;

(6) $\displaystyle\int_1^2 \frac{\sqrt{x^2 - 1}}{x}\mathrm{d}x$;

(7) $\displaystyle\int_0^1 x^2\mathrm{e}^{-x}\mathrm{d}x$;

(8) $\displaystyle\int_1^{\mathrm{e}} (\ln x)^2\mathrm{d}x$;

(9) $\displaystyle\int_0^{\frac{\pi}{4}} \frac{x}{1 + \cos 2x}\mathrm{d}x$;

(10) $\displaystyle\int_0^{\frac{\pi}{2}} \mathrm{e}^{-x}\cos x\,\mathrm{d}x$;

(11) $\displaystyle\int_0^{\frac{\pi}{2}} \frac{x + \sin x}{1 + \cos x}\mathrm{d}x$;

(12) $\displaystyle\int_0^{\frac{\pi}{4}} \ln(1 + \tan x)\mathrm{d}x$.

2. 设 $f(x)$ 在 $[a,b]$ 上连续,且 $\displaystyle\int_a^b f(x)\mathrm{d}x = 1$,求 $\displaystyle\int_a^b f(a+b-x)\mathrm{d}x$.

3. 设 $f(x)$ 为连续函数,试证明: $\displaystyle\int_0^x f(t)(x-t)\mathrm{d}t = \int_0^x \left(\int_0^t f(u)\mathrm{d}u\right)\mathrm{d}t$.

4. 设 $\varphi(u)$ 为连续函数,试证明: $\displaystyle\int_{-a}^a \varphi(x^2)\mathrm{d}x = 2\int_0^a \varphi(x^2)\mathrm{d}x$.

5. 计算下列反常积分:

(1) $\displaystyle\int_0^{+\infty} \frac{\mathrm{d}x}{x^2 + 4x + 8}$;

(2) $\displaystyle\int_1^{+\infty} \frac{\arctan x}{x^2}\mathrm{d}x$;

(3) $\displaystyle\int_0^1 \frac{1}{\sqrt{x(1-x)}}\mathrm{d}x$;

(4) $\displaystyle\int_1^{\mathrm{e}} \frac{\mathrm{d}x}{x\sqrt{\ln x}}$.

6. 求抛物线 $y^2 = 2px$ 及其在点 $\left(\dfrac{p}{2}, p\right)$ 处的法线所围成的平面图形的面积.

7. 求由曲线 $y=x^{\frac{3}{2}}$ 与直线 $x=4$, x 轴所围成图形绕 y 轴旋转而成的旋转体的体积.

8. 设某产品的边际成本为 $C'(Q)=2-Q$(万元／台),其中 Q 代表产量,固定成本 $C_0=22$(万元),边际收益 $R'(Q)=20-4Q$(万元／台). 试求:

(1) 总成本函数和总收益函数;

(2) 获得最大利润时的产量;

(3) 从获得最大利润时的产量又生产了 4 台,总利润的变化.

(B)

1. 填空题:

(1) $\dfrac{\mathrm{d}}{\mathrm{d}x}\displaystyle\int_{x^2}^{0}x\cos^2 t\,\mathrm{d}t=$ _____.

(2) 设 $f(x)$ 连续,$F(x)=\displaystyle\int_{0}^{x^2}xf(t^2)\,\mathrm{d}t$,则 $F'(x)=$ _____.

(3) $\dfrac{\mathrm{d}}{\mathrm{d}x}\displaystyle\int_{0}^{x}\sin(x-t)^2\,\mathrm{d}t=$ _____.

(4) 设 $f(x)$ 连续,则 $\dfrac{\mathrm{d}}{\mathrm{d}x}\displaystyle\int_{0}^{x}tf(x^2-t^2)\,\mathrm{d}t=$ _____.

(5) 设 $f(x)=\displaystyle\int_{0}^{x}\dfrac{\cos t}{1+\sin^2 t}\,\mathrm{d}t$,则 $\displaystyle\int_{0}^{\frac{\pi}{2}}\dfrac{f'(x)}{1+f^2(x)}\,\mathrm{d}x=$ _____.

(6) 设 $f(x)$ 连续,且 $f(x)=x+2\displaystyle\int_{0}^{1}f(x)\,\mathrm{d}x$,则 $f(x)=$ _____.

(7) 设 $f(x)$ 连续,且 $\displaystyle\int_{0}^{x}tf(x-t)\,\mathrm{d}t=1-\cos x$,则 $\displaystyle\int_{0}^{\frac{\pi}{2}}f(x)\,\mathrm{d}x=$ _____.

(8) $\displaystyle\int_{\mathrm{e}}^{+\infty}\dfrac{\mathrm{d}x}{x\ln^2 x}=$ _____.

2. 计算下列积分:

(1) $\displaystyle\int_{0}^{1}\dfrac{\ln(1+x)}{(2-x)^2}\,\mathrm{d}x$;

(2) $\displaystyle\int_{0}^{1}x(1-x^4)^{\frac{3}{2}}\,\mathrm{d}x$;

(3) $\displaystyle\int_{1}^{3}f(x-2)\,\mathrm{d}x$,其中 $f(x)=\begin{cases}1+x^2, & x\leqslant 0,\\ \mathrm{e}^{-x}, & x>0;\end{cases}$

(4) $\displaystyle\int_{0}^{\pi}f(x)\,\mathrm{d}x$,其中 $f(x)=\displaystyle\int_{0}^{x}\dfrac{\sin t}{\pi-t}\,\mathrm{d}t$.

3. 设 $f(x)=\dfrac{1}{1+x^2}+x^3\displaystyle\int_{0}^{1}f(x)\,\mathrm{d}x$,求 $\displaystyle\int_{0}^{1}f(x)\,\mathrm{d}x$.

4. 求函数 $f(x)=\displaystyle\int_{0}^{x^2}(1-t)\mathrm{e}^{-t}\,\mathrm{d}t$ 的极值.

5. 设 $f(x)=\displaystyle\int_{1}^{x^2}\dfrac{\sin t}{t}\,\mathrm{d}t$,求 $\displaystyle\int_{0}^{1}xf(x)\,\mathrm{d}x$.

6. 求曲线 $y=(x-1)(x-2)$ 和 x 轴所围成的平面图形绕 y 轴旋转所成的旋转体体积.

7. 设 $\varPhi(x)=\displaystyle\int_{a}^{x}(x-t)^2f(t)\,\mathrm{d}t$,证明:$\varPhi'(x)=2\displaystyle\int_{a}^{x}(x-t)f(t)\,\mathrm{d}t$.

8. 设连续函数 $f(x)$ 满足 $f(2x)=2f(x)$,证明:$\displaystyle\int_{1}^{2}xf(x)\,\mathrm{d}x=7\displaystyle\int_{0}^{1}xf(x)\,\mathrm{d}x$.

附录 Ⅰ　参考答案

习题 1－1

1. (1) $(-\infty,-1)\bigcup(-1,1)\bigcup(1,+\infty)$;　　(2) $[-2,-1)\bigcup(-1,1)\bigcup(1,+\infty)$;

　(3) $[-4,-\pi]\bigcup[0,\pi]$;　　(4) $[-1,2)$.

2. (1) 不同;　　　(2) 不同;　　　(3) 相同;　　　(4) 不同.

3. $f(1)=0,f(x-1)=x^2-5x+6$.

4. $f(x)=x^2-5x+6,f(x-1)=x^2-7x+12$.

5. $f(0)=1,f(-x)=\dfrac{1+x}{1-x},f\left(\dfrac{1}{x}\right)=\dfrac{x-1}{x+1}$.

6. $f(-1)=-2,\ f(0)=1,\ f(1)=2,\ f(x-1)=\begin{cases}x-2,&-1\leqslant x<1,\\ x,&1\leqslant x\leqslant3.\end{cases}$

7. 略.

8. $m=\begin{cases}ks,&0<s\leqslant a,\\ ka+\dfrac{3}{4}k(s-a),&s>a.\end{cases}$

9. $y=\begin{cases}0.15x,&0<x\leqslant50,\\ 7.5+0.25(x-50),&x>50.\end{cases}$

习题 1－2

1. (1) 奇;　　　(2) 偶;　　　(3) 非奇非偶;　　　(4) 奇.

2.3. 略.　　　4. $\dfrac{T}{2}$　　　5.6. 略.

习题 1－3

1. (1) $y=\dfrac{1-x}{1+x}$;　　(2) $y=\dfrac{1}{3}(\log_2 x-1)$;

　(3) $y=\log_2\dfrac{x}{1-x}$;　　(4) $y=\dfrac{1}{2}\lg\dfrac{x}{x-2}$.

2. 略.

3. $y=\begin{cases}\sqrt{x-1},&x>1,\\ 0,&x=0,\\ -\sqrt{-(1+x)},&x<-1.\end{cases}$

4. (1) $y=2^u,u=\sin x$;　　(2) $y=\lg u,u=x^2+1$;

　(3) $y=\sqrt{u},u=\cos v,v=x^2-1$.

5. $f(f(x))=x(x\neq1)$.

6. $f(2x+1)=\begin{cases}2x+3,&x<-1,\\ -2x-1,&-1\leqslant x\leqslant0,\\ 2x-1,&x>0.\end{cases}$

习题 1 - 4

1. (1) $\left[\dfrac{1}{3},1\right]$；　　　　　　　　　　　　　　(2) $[0,2]$；

(3) $(-1,2]$；　　　　　　　　　　　　　　(4) $-1<x<1$,且 $x\neq\pm\dfrac{\pi}{4}$.

2. (1) $y=\ln u,u=\ln v,v=\ln x$；

(2) $y=\sqrt{u},u=\ln v,v=w^2,w=\sin x$；

(3) $y=e^u,u=\arctan v,v=x^2$；

(4) $y=u^2$, $u=\cos v$, $v=\ln w$, $w=2+t$, $t=\sqrt{h}$, $h=1+x^2$.

习题 1 - 5

1. (1) 121；　　　　　(2) 122.5；　　　　　(3) 11 年.

2. 市场均衡价格为 7,市场均衡数量为 165.

3. $P=170-\dfrac{x}{50}$,154 元 / 台.

4. $C(x)=150+16x,x\in[0,200]$, $\overline{C}(x)=\dfrac{C(x)}{x}=16+\dfrac{150}{x}$.

5. $R(x)=\begin{cases}500x, & 0\leqslant x\leqslant 800,\\ 400\,000+450(x-800), & 800<x\leqslant 1\,000,\\ 490\,000, & x>1\,000.\end{cases}$

6. (1) $L(x)=20x-(2\,000+15x)=5x-2\,000$；　　(2) 400 单位.

7. (1) $L(P)=-900(P^2-60P+800)$ ；　　　　　　(2) 30 元.

8. 盈亏平衡点分别为 $x_1=1,x_2=5$.当 $x<1$ 时亏损,$1<x<5$ 时盈利,而当 $x>5$ 时又转为亏损.

复习题 1

(A)

1. D.

2. (1) $(-\infty,-1]\bigcup[1,2]$；　　　　　　　　(2) $[-3,0)\bigcup(0,1)$；

(3) $\left[k\pi+\dfrac{\pi}{3},k\pi+\dfrac{2\pi}{3}\right]$, k 为整数.

3. $(-\infty,+\infty),[-1,1]$.

4. $f(x-1)=\begin{cases}1, & 0\leqslant x<1,\\ x, & 1\leqslant x\leqslant 3.\end{cases}$

5. (1) 偶；　　　　　　　　　　　　　　　　(2) 奇.

6. (1) 有界,非单调；　　　　　　　　　　　　(2) 无界,单调增加.

7. (1) $[-1,1]$；　　　　(2) $[2k\pi,(2k+1)\pi]$, k 为整数；　　　　　(3) $[-a,1-a]$；

(4) $0<a\leqslant\dfrac{1}{2}$ 时,定义域为 $[a,1-a]$；$a>\dfrac{1}{2}$ 时,定义域为空集.

8. $2^{x\ln x},x2^x\ln 2,2^{2^x},x\ln x\cdot\ln(x\ln x)$.

9. (1) $y=u^{\frac{1}{3}}$, $u=x^2+1$；

(2) $y=\dfrac{1}{u},u=1+v,v=\arccos w,w=3x$.

10. 略.

11. $y = \begin{cases} 0.8, & 0 < x \leqslant 20, \\ 1.6, & 20 < x \leqslant 40, \\ 2.4, & 40 < x \leqslant 60, \\ \cdots\cdots \\ 80, & 1\,980 < x \leqslant 2\,000. \end{cases}$

(B)

1. $[-1,0) \bigcup (0,3)$.

2. $[-3,-1]$.

3. B, A.

4. $f(x) = x^2 - 2$.

5. (1) $2k, 5k$;(2) 0.

6.7. 略.

8. $3 + \cos 2x$.

9. $e^x + 1$.

10. $\dfrac{3x}{4} + \dfrac{1}{4}\left(\dfrac{x+1}{x-1}\right)$.

习题 2-1

1. (1) 1 ; (2) 发散; (3) 3; (4) -1.

2. (1) 对; (2) 错; (3) 对; (4) 错.

*3. 提示:(1) 取 $N = \left[\dfrac{1}{\varepsilon}\right]$; (2) 取 $N = \left[\dfrac{2}{\varepsilon}\right]$; (3) 取 $N = \left[\dfrac{17}{9\varepsilon} + \dfrac{1}{3}\right]$.

习题 2-2

1. (1) 0 ; (2) 0; (3) 0; (4) 0;

  (5) 2 ; (6) 5; (7) 1; (8) -2.

2. D. 3. A.

4. (1) 图略;(2) $\lim\limits_{x \to 0^-} f(x) = 1$, $\lim\limits_{x \to 0^+} f(x) = 0$;(3) $\lim\limits_{x \to 0} f(x)$ 不存在.

5. $\lim\limits_{x \to 0^-} f(x) = \lim\limits_{x \to 0^+} f(x) = 1$, $\lim\limits_{x \to 0^-}\varphi(x) = -1$, $\lim\limits_{x \to 0^+}\varphi(x) = 1$;$\lim\limits_{x \to 0} f(x) = 1$, $\lim\limits_{x \to 0}\varphi(x)$ 不存在.

*6. 提示:(1) 取 $X = \dfrac{2}{\varepsilon} + 1$;(2) 取 $\delta = \varepsilon$;(3) 取 $\delta = \varepsilon$.

习题 2-3

1. (1) $x \to -2$ 时,是无穷小;$x \to 1$ 时,是无穷大;

  (2) $x \to 1$ 时,是无穷小;$x \to +\infty$ 时,是正无穷大;$x \to 0^+$ 时,是负无穷大.

  (3) $x \to \infty$ 或 $x \to -1$ 时,是无穷小;$x \to 0$ 时,是正无穷大.

2. (1) 0; (2) 0; (3) 0.

习题 2-4

1. (1) 错误; (2) 错误.

2. (1) $\dfrac{3^{20} 2^{30}}{7^{50}}$; (2) 3; (3) $3x^2$;

  (4) $\dfrac{1}{2}$; (5) $\dfrac{1}{4}$; (6) 0;

  (7) $\dfrac{3}{4}$; (8) $-\dfrac{1}{2}$; (9) 0.

3. $\lim\limits_{x \to 0} f(x) = -1$, $\lim\limits_{x \to +\infty} f(x) = 0$, $\lim\limits_{x \to -\infty} f(x) = -\infty$.

习题 2 - 5

1. (1) πR^2;   (2) 1;   (3) $\dfrac{3}{2}$;

     (4) $\sqrt{2}$;   (5) 8;   (6) $\dfrac{1}{2}$.

2. (1) e^{-1};   (2) e;   (3) e^2;   (4) e^3.

习题 2 - 6

1. $x^2 - x^3$ 比 $2x - x^2$ 高阶.

2. (1) 同阶;   (2) 等价.

3. (1) $\sqrt{2}a$;   (2) $\dfrac{1}{2}(b^2 - a^2)$;   (3) 2;

     (4) -1;   (5) 4;   (6) 1.

习题 2 - 7

1. (1) 连续;   (2) $x = -1$ 处间断;   (3) $x = \pm 1$ 处间断.

2. (1) $x = 0$ 为可去间断点,补充定义 $y(0) = 2$;

     (2) $x = 0$ 为跳跃间断点;

     (3) $x = 0$ 为第二类间断点;

     (4) $x = 1$ 为可去间断点,补充定义 $y(1) = -2$,$x = 2$ 为第二类间断点;

     (5) $x = 0$ 为可去间断点,补充定义 $y(0) = 2$;

     (6) $x = 0$ 为跳跃间断点.

3. (1) $a = 6$;   (2) $a = -1$.

4. (1) a;   (2) 2;   (3) $\dfrac{1}{4}$;

     (4) -2;   (5) 1;   (6) 2.

5. 6. 略.

复习题 2

(A)

1. (1) B;   (2) C.

2. 略.

3. (1) 3;   (2) $-\dfrac{3}{2}$;   (3) $\dfrac{2}{5}$;   (4) $\dfrac{3}{2}$;

     (5) $\dfrac{3}{4}$;   (6) $\ln 2$;   (7) $\dfrac{1}{3}$;   (8) 0;

     (9) e^2;   (10) 1;   (11) e^6;   (12) $\dfrac{1}{2}$.

4. (1) $x = 1$ 为跳跃间断点;

     (2) $x = -1$ 为第二类间断点,$x = 0$ 为跳跃间断点,$x = 1$ 为可去间断点,补充定义 $f(1) = \dfrac{1}{2}$.

5. (1) $a = 1$ 时,$x = 0$ 是 $f(x)$ 的连续点;

     (2) $a \neq 1$ $(a > 0)$ 时,$x = 0$ 为跳跃间断点.

6. 略.

(B)

1. 不存在. 因为左极限为 1, 右极限为 -1.

2. (1) e;　　　　　(2) $-\dfrac{1}{4}$;　　　　　(3) 2;　　　　　(4) -1.

3. $a=1, b=-1$.　4. $a=1$.

5. A.　　　　6. C.　　　　7. B.

8. a^{-1}.　　　9. $a=-\dfrac{2}{3}, b=\dfrac{1}{6}, c=\dfrac{1}{3}$.

10－12. 略.

习题 3－1

1. (1) 2;　　　　(2) 404;　　　　(3) 202;　　　　(4) 200.

2. $\dfrac{1}{2}$.　　　　3. 略.

4. (1) $-k$;　　　　(2) $2k$.　　5. 2.

6. (1) $5x^4$;　　　(2) $\dfrac{3}{4}x^{-\frac{1}{4}}$;　　　(3) $-\mathrm{e}^{-x}$;　　　(4) $2^x\mathrm{e}^x(\ln2+1)$;

(5) $\dfrac{1}{x\ln10}$;　　　(6) 0.

7. 可导, 1.

8. 都连续, $x=0$ 处不可导, $x=1$ 处可导.

9. 切线方程为 $y-2=-4\left(x-\dfrac{1}{2}\right)$, 即 $4x+y-4=0$.

法线方程为 $y-2=\dfrac{1}{4}\left(x-\dfrac{1}{2}\right)$, 即 $2x-8y+15=0$.

10. $(0,0)$.

习题 3－2

1. (1) $2x+3-\cos x$;　　　　　　(2) $3x^2-5x^{-\frac{7}{2}}+3x^{-4}$;

(3) $\dfrac{\sin t}{2\sqrt{t}}+\sqrt{t}\cos t$;　　　　　(4) $\cos x\cdot\ln x-x\sin x\cdot\ln x+\cos x$;

(5) $\dfrac{-2}{(x-1)^2}$;　　　　　　(6) $\dfrac{(x-1)^2\mathrm{e}^x}{(x^2+1)^2}$.

2. (1) $\dfrac{\pi-\sqrt{3}}{3}$;　　　(2) $1+\sqrt{2}+\dfrac{\pi}{2}$;　　　(3) $\dfrac{3}{4}$.

3. $(1,2),(-1,2)$.

4. (1) $\cot x$;　　　　　　　　(2) $30x^2\,(x^3-1)^9$;

(3) $3(x+\cos^2 x)^2(1-\sin2x)$;　　(4) $\dfrac{1}{3(x-2)}-\dfrac{x}{x^2+1}$;

(5) $\sin2x\cdot\sin x^2+2x\sin^2 x\cdot\cos x^2$;　(6) $\dfrac{2x}{1+x^2}\sec^2[\ln(1+x^2)]$;

(7) $-\dfrac{2^{\sin\frac{1}{x}}\ln2}{x^2}\cos\dfrac{1}{x}$;　　　(8) $\dfrac{\mathrm{e}^{\frac{x}{\ln x}}(\ln x-1)}{\ln^2 x}$;

(9) $\dfrac{1}{\sqrt{x^2+a^2}}$;　　　　　(10) $\sqrt{a^2-x^2}$.

5. (1) $-f'(\csc x)\cdot\csc x\cdot\cot x$;　　(2) $\sec^2 xf'(\tan x)+\sec^2[f(x)]\cdot f'(x)$.

习题 3 - 3

1. (1) $y' = \dfrac{x^3 + y}{y^3 - x}$；

(2) $\dfrac{\sin(x-y) - y\cos x}{\sin(x-y) + \sin x}$；

(3) $\dfrac{e^x - y\cos xy}{e^y + x\cos xy}$；

(4) $\dfrac{x+y}{x-y}$.

2. 切线方程为 $y - 1 = -(x-1)$，法线方程为 $y - 1 = x - 1$.

3. (1) $x^{\sin x}\left(\cos x \cdot \ln x + \dfrac{\sin x}{x}\right)$；

(2) $ax^{a-1} + x^a \ln a + x^x(\ln x + 1)$；

(3) $\dfrac{1}{2}\sqrt{\dfrac{(x-1)(x-2)}{(x-3)(x-4)}}\left(\dfrac{1}{x-1} + \dfrac{1}{x-2} - \dfrac{1}{x-3} - \dfrac{1}{x-4}\right)$；

(4) $\dfrac{\ln\cos y - y\cot x}{x\tan y + \ln\sin x}$.

4. (1) $\dfrac{-2t}{1-2t}$；

(2) $-\tan\theta$.

5. $y - 2\sqrt{2} = -\dfrac{2}{3}(x - 3\sqrt{2})$.

习题 3 - 4

1. 0.01.

2. $2\mathrm{d}x$.

3. (1) $e^{3x}(3\cos x - \sin x)\mathrm{d}x$；

(2) $\dfrac{2(x\cos 2x - \sin 2x)}{x^3}\mathrm{d}x$；

(3) $-\dfrac{2xe^{-x^2}}{1 + e^{-x^2}}\mathrm{d}x$；

(4) $\dfrac{x\mathrm{d}x}{(2+x^2)\sqrt{1+x^2}}$；

(5) $\dfrac{3 - ye^{xy}}{xe^{xy} - 2y}\mathrm{d}x$；

(6) $-\dfrac{2xy + y^2}{x^2 + 2xy}\mathrm{d}x$.

4. (1) 1.03；

(2) 1.975.

5. (1) $3x + c$；

(2) $x^2 + c$；

(3) $-\dfrac{1}{\omega}\cos\omega t$；

(4) $-4x\sqrt{x}\sin x^2$.

习题 3 - 5

1. (1) $6x + \cos x$；

(2) $2\arctan x + \dfrac{2x}{1+x^2}$；

(3) $2xe^{x^2}(3 + 2x^2)$；

(4) $x^x(1+\ln x)^2 + x^{x-1}$.

2. 略.

3. (1) $\cos^2 x \cdot f''(\sin x) - \sin x \cdot f'(\sin x)$；

(2) $2f(\ln x) + 3f'(\ln x) + f''(\ln x)$.

4. (1) $\dfrac{2xy + 2ye^y - y^2 e^y}{(e^y + x)^3}$；

(2) $-\dfrac{2(x^2 + y^2)}{(x+y)^3}$.

5. (1) $\dfrac{3}{4(t-1)}$；

(2) $-\dfrac{1}{a(1-\cos t)^2}\ (t \neq 2n\pi, n \in \mathbf{Z})$.

6. (1) $-2^{n-1}\cos\left(2x + \dfrac{n\pi}{2}\right)$；

(2) $(-1)^{n-1}\dfrac{(n-1)!}{(x+1)^n}$；

(3) $\dfrac{(-1)^n n!}{2}\left[\dfrac{1}{(x-1)^{n+1}} - \dfrac{1}{(x+1)^{n+1}}\right]$；

(4) $\left(x + \dfrac{n}{2}\right)(n+1)!$.

复习题 3

(A)

1. (1) $2k$；

(2) k；

(3) $3k$.

2. C.　　　　　　　3. B.　　　　　　　4. D.

5. (1) $x \cdot \cot x^2 \cdot \sqrt{\sin x^2}$;
(2) $ax^{a-1} + a^x \ln a + x^x(1+\ln x)$;

(3) $2x[f(\mathrm{e}^{2x}) + x\mathrm{e}^{2x} \cdot f'(\mathrm{e}^{2x})]\mathrm{d}x$;

(4) $\sqrt{\left(\dfrac{b}{a}\right)^x \left(\dfrac{a}{x}\right)^b \left(\dfrac{x}{b}\right)^a} \cdot \dfrac{1}{2}\left(\ln\dfrac{b}{a} + \dfrac{a-b}{x}\right)$;

(5) $y = -\dfrac{x-\pi}{\pi+1}, y = (\pi+1)(x-\pi)$;
(6) $-\tan t, \dfrac{\sec^4 t}{3a\sin t}$;

(7) $-4x - \dfrac{1}{x^2}$;
(8) $\dfrac{(-1)^{n+1} \cdot n!}{(x+1)^n}$.

6. $2, -1$.　　　　　7. $g(a)$.　　　　　8. 略.

(B)

1. D.　　　　2. $(1+2t)\mathrm{e}^{2t}$.　　　3. 3.　　　　4. $-\dfrac{1}{110}$.

5. $f(a) - af'(a)$.
6. $f(x) = \begin{cases} \dfrac{1}{2\sqrt{x}}, & 0 < x < 1, \\ 1, & 1 < x < 2. \end{cases}$

7. $g(x_0) \neq 0$ 时, $f(x)$ 不可导, $g(x_0) = 0$ 时, $f(x)$ 可导.

8. 略.　　　　9. $3x - x^2$.　　　10. 略.

习题 4-1

1. (1) $\xi = 0$;　　　(2) $\xi = \dfrac{25}{4}$;　　　(3) $\xi = \dfrac{14}{9}$.

2. 2 个, $(-2, -1)$ 和 $(-1, 0)$.

3-5. 略.

6. 提示: 令 $g(x) = x^3$.

习题 4-2

1. $(x-1) + \dfrac{5}{2!}(x-1)^2 + \dfrac{11}{3!}(x-1)^3 + \dfrac{6}{4!}(x-1)^4 - \dfrac{6}{5!\xi^2}(x-1)^5$, 其中 ξ 在 1 与 x 之间.

2. $-\sum\limits_{k=0}^{n}(x+1)^k + o((x+1)^n)$.

3. (1) $\sum\limits_{k=1}^{n}\dfrac{(-1)^{k-1}}{(k-1)!}x^k + o(x^n)$;
(2) $-1 + \sum\limits_{k=0}^{n}(-1)^k \cdot 2x^k + o(x^n)$.

4. (1) $-\dfrac{1}{12}$;
(2) $\dfrac{1}{6}$.

5. (1) $0.182\,7, |R_4| < 4 \times 10^{-4}$;
(2) $2.708\,3, |R_4| < 0.004\,2$.

习题 4-3

1. (1) 2;　(2) -2;　(3) 2;　(4) 1;　(5) 3;　(6) -1;
(7) 3;　(8) $\dfrac{1}{16}$;　(9) 1;　(10) 0;　(11) 0;　(12) $-\dfrac{1}{6}$;
(13) $\dfrac{1}{2}$;　(14) $-\dfrac{1}{2}$;　(15) e^{-2};　(16) 1;　(17) 1;　(18) 1.

2. 3.

习题 4 - 4

1. $(-\infty,0)$ 单调递减, $(0,+\infty)$ 单调递增.

2. 单调递减.

3. (1) $(-\infty,1]$,$[2,+\infty)$ 单调增加,$[1,2]$ 单调减少;

   (2) $\left(0,\dfrac{1}{2}\right)$ 单调减少,$\left(\dfrac{1}{2},+\infty\right)$ 单调增加;

   (3) $\left(-\infty,\dfrac{4}{3}\right)$,$(2,+\infty)$ 单调增加, $\left(\dfrac{4}{3},2\right)$ 单调减少;

   (4) $(-\infty,-2)$,$(0,+\infty)$ 单调增加,$(-2,-1)$,$(-1,0)$ 单调减少.

4. 5. 略.

6. (1) 凹区间为 $(-\infty,0]$,$\left[\dfrac{2}{3},+\infty\right)$,凸区间为 $\left[0,\dfrac{2}{3}\right]$,拐点为 $(0,1)$ 和 $\left(\dfrac{2}{3},\dfrac{11}{27}\right)$;

   (2) 凹区间为 $[1,+\infty)$,凸区间为 $(-\infty,1]$,拐点为 $(1,2)$;

   (3) 凹区间为 $\left(-\infty,-\dfrac{1}{\sqrt{3}}\right]$,$\left[\dfrac{1}{\sqrt{3}},+\infty\right)$,凸区间为 $\left[-\dfrac{1}{\sqrt{3}},\dfrac{1}{\sqrt{3}}\right]$,拐点为 $\left(-\dfrac{1}{\sqrt{3}},3\right)$ 和 $\left(\dfrac{1}{\sqrt{3}},3\right)$;

   (4) 凹区间为 $\left(-\dfrac{1}{5},0\right]$,$[0,+\infty)$,凸区间为 $\left(-\infty,-\dfrac{1}{5}\right]$,拐点为 $\left(-\dfrac{1}{5},-\dfrac{6\sqrt[3]{5}}{25}\right)$.

7. 略.

习题 4 - 5

1. (1) 极大值 $f(-1)=8$,极小值 $f(3)=-24$;

   (2) 极小值 $f(-1)=-\dfrac{1}{2}$,极大值 $f(1)=\dfrac{1}{2}$;

   (3) 极小值 $f\left(\dfrac{1}{2}\right)=\dfrac{1}{2}+\ln2$;

   (4) 极大值 $f\left(\dfrac{4}{3}\right)=\dfrac{\sqrt[3]{4}}{3}$,极小值 $f(2)=0$;

   (5) 极小值 $f(0)=-2$.

2. $a=2$,极大值为 $\sqrt{3}$.

3. (1) 最大值 $f(2)=11$,最小值 $f(-1)=f(1)=2$;

   (2) 最大值 $f\left(\dfrac{3}{4}\right)=\dfrac{5}{4}$,最小值 $f(-3)=-1$;

   (3) 最大值 $f\left(-\dfrac{\pi}{2}\right)=f\left(\dfrac{\pi}{2}\right)=\dfrac{\pi}{2}$,最小值 $f(-\pi)=f(\pi)=-1$.

4. (1) $x=0,y=0$;   (2) $x=1,y=2$.

5. 略.   6. 距 C 点 2.4 km.

习题 4 - 6

1. (1) 21250,212.5;   (2) 210,200;   (3) 4 000,399 000,300.25.

2. 2 000.   3. 2 100,7,4.

4. (1) $-0.2Q+60$, 20,-20;   (2) 300.

5. (1) $-1.39P$;   (2) 增加 13.9%.

6. (1) $-\dfrac{P}{3}$;

   (2) $|\eta(2)|=\dfrac{2}{3}<1$,说明当 $P=2$ 时,价格上涨 1%,需求减少 0.67 %;

   $|\eta(3)|=1$,说明当 $P=3$ 时,价格与需求变动幅度相同;

$\mid \eta(4) \mid = \dfrac{4}{3} > 1$，说明当 $P = 4$ 时，价格上涨 1%，需求减少 1.33 %.

7. (1) -10，说明当价格 P 为 5 元时，上涨 1 元，则需求量下降 10 件；

   (2) -1，价格上涨 1%，需求减少 1 %；

   (3) 不变；   (4) 减少 0.85%.

复习题 4

(A)

1. C.   2. C.   3. D.   4. C.

5. 略.   6. $\sum\limits_{k=0}^{n} \dfrac{x^k}{3^{k+1}} + o(x^n)$.

7. (1) 0;   (2) $-\dfrac{1}{2}$;   (3) e^{-1};   (4) $\mathrm{e}^{-\frac{1}{2}}$.

8. $3,3,2$.   9. 略.

10. $(-\infty, -2]$, $[1, +\infty)$ 单调增加，$[-2,1]$ 单调减少，极大值 $f(-2) = 30$，极小值 $f(1) = 3$，最大值 $f(3) = 55$，最小值 $f(1) = 3$.

(B)

1. D.   2. B.   3$-$6. 略.

习题 5$-$1

1. (1) $\dfrac{1}{3} x^6$;   (2) $-\sin x$;   (3) $\sqrt{t}$;   (4) $2\arccos x$.

2. 略.

3. (1) $\dfrac{1}{\sqrt{1+x^2}}$;   (2) $-\dfrac{x}{(1+x^2)^{\frac{3}{2}}}$.

4. $y = -\mathrm{e}^{-x} + 2$.

习题 5$-$2

1. (1) $\dfrac{2}{7} x^{\frac{7}{2}} - \dfrac{8}{3} x^{\frac{3}{2}} + C$;   (2) $2\sqrt{x} - \dfrac{4}{3} x^{\frac{3}{2}} + \dfrac{2}{5} x^{\frac{5}{2}} + C$;

   (3) $\dfrac{2^x \mathrm{e}^x}{1+\ln 2} + C$;   (4) $2x - \dfrac{5 \cdot 2^x}{(\ln 2 - \ln 3) 3^x} + C$;

   (5) $-\dfrac{1}{x} - \arctan x + C$;   (6) $\dfrac{1}{3} x^3 - x + \arctan x + C$;

   (7) $\tan x - \sec x + C$;   (8) $\dfrac{1}{2} \tan x + C$;

   (9) $-\cot x - 2x + C$;   (10) $\dfrac{1}{2} x - \dfrac{1}{2} \sin x + C$;

   (11) $-\cot x - \tan x + C$;   (12) $\tan x - \cot x + C$.

2. (1) $x + \dfrac{1}{4} x^4 + 1$;   (2) $\cos x + C$;

   (3) $-\cos x$;   (4) $Q(P) = 1\,000 \left(\dfrac{1}{3}\right)^P$.

习题 5$-$3

1. (1) $\dfrac{1}{5}$;   (2) $-\dfrac{1}{2}$;   (3) $\dfrac{1}{12}$;   (4) $-\dfrac{1}{2}$;

(5) $\dfrac{1}{3}$; (6) $\dfrac{1}{\sqrt{2}}$; (7) -1; (8) $\dfrac{1}{3}$;

(9) -1; (10) -1.

2. (1) $\dfrac{1}{3\ln a}a^{3x}+C$; (2) $-\dfrac{1}{5}(3-2x)^{\frac{5}{2}}+C$;

(3) $-\dfrac{1}{2}\ln|1-2x|+C$; (4) $-\mathrm{e}^{\frac{1}{x}}+C$;

(5) $-2\cos\sqrt{t}+C$; (6) $\ln|\ln x|+C$;

(7) $\ln(1+\mathrm{e}^x)+C$; (8) $x-\ln(1+\mathrm{e}^x)+C$;

(9) $\ln|x+1|+C$; (10) $-\ln|\cos\sqrt{1+x^2}|+C$;

(11) $\arctan \mathrm{e}^x+C$; (12) $-\dfrac{1}{3}\sqrt{2-3x^2}+C$;

(13) $-\dfrac{3}{4}\ln|1-x^4|+C$; (14) $\dfrac{3}{8}x+\dfrac{1}{4}\sin 2x+\dfrac{1}{32}\sin 4x+C$;

(15) $\dfrac{1}{2}\arcsin\left(\dfrac{2}{3}x\right)+\dfrac{1}{4}\sqrt{9-4x^2}+C$; (16) $\dfrac{1}{2}x^2-2\ln(4+x^2)+C$;

(17) $\dfrac{1}{5}\ln\left|\dfrac{x-3}{x+2}\right|+C$; (18) $\arctan(x+2)+C$;

(19) $\dfrac{1}{2}x+\dfrac{1}{4\omega}\sin(2\omega x+2\varphi)+C$; (20) $-\dfrac{1}{3\omega}\cos^3(\omega x+\varphi)+C$;

(21) $(\arctan\sqrt{x})^2+C$; (22) $-\dfrac{1}{\arcsin x}+C$;

(23) $x-\tan x+\dfrac{1}{3}\tan^3 x+C$; (24) $\dfrac{1}{3}\sec^3 x-\sec x+C$.

3. (1) $\sqrt{2x-3}-\ln(\sqrt{2x-3}+1)+C$; (2) $-\cot t+C=-\dfrac{\sqrt{1-x^2}}{x}+C$;

(3) $\dfrac{a^2}{2}\arcsin\dfrac{x}{a}-\dfrac{x\sqrt{a^2-x^2}}{2}+C$; (4) $\dfrac{x}{\sqrt{1+x^2}}+C$;

(5) $\sqrt{x^2-9}-3\arccos\dfrac{3}{|x|}+C$; (6) $\dfrac{1}{2}(\arcsin x+\ln|x+\sqrt{1-x^2}|)+C$;

(7) $\arcsin x-\dfrac{x}{1+\sqrt{1-x^2}}+C$; (8) $-\dfrac{\sqrt{(1+x^2)^3}}{3x^3}+\dfrac{\sqrt{1+x^2}}{x}+C$;

(9) $-\dfrac{\sqrt{4-x^2}}{x}-\arcsin\dfrac{x}{2}+C$; (10) $2\sqrt{\mathrm{e}^x-1}-2\arctan\sqrt{\mathrm{e}^x-1}+C$.

习题 5 - 4

1. (1) $-x\cos x+\sin x+C$; (2) $-x\mathrm{e}^{-x}-\mathrm{e}^{-x}+C$;

(3) $x\arctan x-\dfrac{1}{2}\ln(1+x^2)+C$; (4) $\dfrac{\mathrm{e}^{-x}(\sin x-\cos x)}{2}+C$;

(5) $-\dfrac{2}{17}\mathrm{e}^{-2x}\left(\cos\dfrac{x}{2}+4\sin\dfrac{x}{2}\right)+C$; (6) $x\tan x+\ln|\cos x|-\dfrac{1}{2}x^2+C$;

(7) $-\dfrac{1}{2}t\mathrm{e}^{-2t}-\dfrac{1}{4}\mathrm{e}^{-2t}+C$; (8) $x(\arcsin x)^2+2\sqrt{1-x^2}\arcsin x-2x+C$;

(9) $\dfrac{x}{2}[\cos(\ln x)+\sin(\ln x)]+C$; (10) $-\dfrac{1}{2}\left(x^2-\dfrac{3}{2}\right)\cos 2x+\dfrac{x}{2}\sin 2x+C$;

(11) $\dfrac{1}{2}(x^2-1)\ln(x-1)-\dfrac{1}{4}x^2-\dfrac{1}{2}x+C$; (12) $\dfrac{1}{6}x^3+\dfrac{1}{2}x^2\sin x+x\cos x-\sin x+C$;

(13) $-\dfrac{1}{x}(\ln^3 x+3\ln^2 x+6\ln x+6)+C$; (14) $-\dfrac{x}{4}\cos 2x+\dfrac{1}{8}\sin 2x+C$;

(15) $\frac{1}{2}\tan x\sec x-\frac{1}{2}\ln|\sec x+\tan x|+C$;　　(16) $-\frac{e^x}{1+x}+e^x+C.$

复习题 5

（A）

1. (1) $\frac{1}{2}\ln\left|\frac{e^x-1}{e^x+1}\right|+C$;

(2) $\frac{1}{2(1-x)^2}-\frac{1}{1-x}+C$;

(3) $\ln|x+\sin x|+C$;

(4) $\frac{1}{2}\arctan(\sin^2 x)+C$;

(5) $a\arcsin\frac{x}{a}-\sqrt{a^2-x^2}+C$;

(6) $2\ln(\sqrt{x}+\sqrt{1+x})+C$;

(7) $\frac{1}{24}\ln\frac{x^6}{x^6+4}+C$;

(8) $-\frac{1}{\sin x}+\frac{1}{2}\ln\left|\frac{1+\sin x}{1-\sin x}\right|+C$;

(9) $-\frac{1}{x\ln x}+C$;

(10) $e^{\sin x}+C$;

(11) $\frac{1}{2}\arcsin^2 x+C$;

(12) $(\arctan\sqrt{x})^2+C$;

(13) $\frac{x^3}{3a^4(a^2-x^2)^{\frac{3}{2}}}+\frac{x}{a^4(a^2-x^2)^{\frac{1}{2}}}+C$;

(14) $\frac{\sqrt{x^2-1}}{x}+C$;

(15) $-\frac{\sqrt{x^2+a^2}}{x}+\ln(x+\sqrt{x^2+a^2})+C$;　　(16) $x\arctan\sqrt{x}+\arctan\sqrt{x}-\sqrt{x}+C$;

(17) $x-\ln(1+e^x)+\frac{1}{1+e^x}+C$;

(18) $\frac{1}{2}x\sin(\ln x)-\frac{1}{2}x\cos(\ln x)+C$;

(19) $\frac{1}{6}x^3-\frac{x^2\sin 2x}{4}-\frac{x\cos 2x}{4}+\frac{1}{8}\sin 2x+C$;　　(20) $-\frac{x}{1+e^x}-\ln(1+e^x)+x+C.$

（B）

1. (1) $\frac{1}{4}x^4+C$;

(2) $-\frac{x^2}{2}-\ln|1-x|$;

(3) $\frac{9}{5}x^{\frac{5}{3}}+C$;

(4) $-\ln x+C$;

(5) $-\frac{1}{3}(1-x^2)^{\frac{3}{2}}+C$;

(6) $\frac{1}{4}\cos 2x-\frac{3}{8x}\sin 2x+C$;

(7) $x\ln x+C$;

(8) $x\cos x\ln x+\sin x-(1+\sin x)\ln x+C.$

2. (1) $x\arctan x-\frac{1}{2}\ln(1+x^2)-\frac{1}{2}\arctan^2 x+C$;

(2) $-e^{-x}\arctan e^x+x-\frac{1}{2}\ln(1+e^{2x})+C$;

(3) $x(\arcsin x)^2+2\sqrt{1-x^2}\arcsin x-2x+C$;

(4) $2\sqrt{f(\ln x)}+C$;

(5) $\frac{\ln x}{1-x}-\ln\left|\frac{x}{1-x}\right|+C$;

(6) $-\frac{\arctan x}{x}-\frac{1}{2}\arctan^2 x+\frac{1}{2}\ln\frac{x^2}{1+x^2}+C$;

(7) $\left(x-\frac{1}{2}\right)\arcsin\sqrt{x}+\frac{1}{2}\sqrt{x-x^2}+C$;

(8) $2x\sqrt{e^x-1}-4\sqrt{e^x-1}+4\arctan\sqrt{e^x-1}+C$;

(9) $\frac{1}{2}e^{\arctan x}\left(\frac{x}{\sqrt{1+x^2}}-\frac{1}{\sqrt{1+x^2}}\right)+C$;

(10) $\arctan \dfrac{x}{\sqrt{1+x^2}}+C$;

(11) $-\cos x\ln(\tan x)+\ln|\csc x-\cot x|+C$;

(12) $\sqrt{1+x^2}\ln(x+\sqrt{1+x^2})-x+C$;

(13) $\ln|x|-\dfrac{1}{4}\ln(1+x^8)+C$;

(14) $x\tan\dfrac{x}{2}+C$.

习题 6－1

1. (1) 1; (2) $\dfrac{1}{4}\pi a^2$.

2. (1) $\displaystyle\int_0^1 x^2\,\mathrm{d}x>\int_0^1 x^3\,\mathrm{d}x$; (2) $\displaystyle\int_0^1 \mathrm{e}^x\,\mathrm{d}x>\int_0^1 (1+x)\,\mathrm{d}x$.

3. (1) $6\leqslant\displaystyle\int_1^4 (x^2+1)\,\mathrm{d}x\leqslant 51$; (2) $\dfrac{\pi}{9}\leqslant\displaystyle\int_{\frac{1}{\sqrt{3}}}^{\sqrt{3}} x\arctan x\,\mathrm{d}x\leqslant\dfrac{2\pi}{3}$;

(3) $2a\mathrm{e}^{-a^2}\leqslant\displaystyle\int_{-a}^a \mathrm{e}^{-x^2}\,\mathrm{d}x\leqslant 2a$; (4) $2\mathrm{e}^{-\frac{1}{4}}\leqslant\displaystyle\int_0^2 \mathrm{e}^{x^2-x}\,\mathrm{d}x\leqslant 2\mathrm{e}^2$.

习题 6－2

1. (1) $\sqrt{1+x^2}$; (2) $x^5\mathrm{e}^{-x}$; (3) $-\sin x\cos(\pi\cos^2 x)$; (4) $-\dfrac{\sin x}{x}$.

2. (1) $\dfrac{1}{2}$; (2) 2.

3. $\dfrac{-\cos x}{\mathrm{e}^y}$.

4. (1) $\dfrac{14}{3}$; (2) $\dfrac{11}{6}$; (3) $1+\dfrac{\pi^2}{8}$; (4) $\dfrac{5}{2}$.

5. 略.

习题 6－3

1. (1) 0; (2) $\dfrac{51}{512}$; (3) 1; (4) $\dfrac{1}{4}$;

(5) $\dfrac{\pi}{6}-\dfrac{\sqrt{3}}{8}$; (6) $2(\sqrt{3}-1)$; (7) $\sqrt{2}-\dfrac{2}{3}\sqrt{3}$; (8) $\dfrac{\pi}{2}$;

(9) $\dfrac{1}{2}\ln\dfrac{3}{2}$; (10) $\ln 2-\dfrac{1}{3}\ln 5$.

2. (1) $1-\dfrac{2}{\mathrm{e}}$; (2) $\dfrac{1}{4}(\mathrm{e}^2+1)$;

(3) $8\ln 2-4$; (4) $\left(\dfrac{1}{4}-\dfrac{\sqrt{3}}{9}\right)\pi+\dfrac{1}{2}\ln\dfrac{3}{2}$;

(5) $\dfrac{1}{5}(\mathrm{e}^\pi-2)$; (6) $2-\dfrac{3}{4\ln 2}$;

(7) $\dfrac{\pi^3}{6}-\dfrac{\pi}{4}$; (8) $\dfrac{1}{2}(\mathrm{e}\sin 1-\mathrm{e}\cos 1+1)$.

3. (1) 0; (2) π; (3) 16; (4) $\dfrac{3\pi}{2}$.

4. 5. 略.

习题 6 - 4

1. (1) $\dfrac{8}{3}$;   (2) 1;   (3) $\dfrac{32}{3}$;   (4) $\dfrac{7}{6}$;

  (5) $\dfrac{3}{2}-\ln2$;   (6) $\dfrac{9}{2}$;   (7) $e+\dfrac{1}{e}-2$;   (8) $\dfrac{\pi}{2}-1$.

2. (1) $\dfrac{15}{2}\pi$;   (2) $\dfrac{128}{7}\pi,\dfrac{64}{5}\pi$;   (3) $\dfrac{3\pi}{10}$;   (4) $10\pi^2$.

3. $10e^{0.2Q}\Big|_0^Q+90=10e^{0.2Q}+80$.

4. $R(Q)=15Q-Q^2, P=\dfrac{R(Q)}{Q}=15-Q$.

5. $50,100$.

6. (1) 当产量为 2.5 百台时,总利润最大,最大利润是 6.25 万元;

  (2) 0.25 万元.

习题 6 - 5

1. (1) $\dfrac{1}{3}$,收敛;   (2) $+\infty$,发散;   (3) 1,收敛;   (4) 不存在,发散;

  (5) π,收敛;   (6) π,收敛;   (7) $2\dfrac{2}{3}$,收敛;   (8) $-\dfrac{1}{4}$,收敛;

  (9) $\dfrac{\pi}{2}$,收敛;   (10) ∞,发散.

2. 当 $k>1$ 时,此广义积分收敛;当 $k\leqslant1$ 时,此广义积分发散.

3. $I_n=nI_{n-1}=n(n-1)I_{n-2}=n(n-1)\cdots2I_1=n!$.

复习题 6

(A)

1. (1) 0;   (2) $\dfrac{\pi}{4}$;   (3) π;   (4) $2\left(1-\dfrac{\pi}{4}\right)$;

  (5) $\dfrac{\pi}{8}-\dfrac{1}{4}$;   (6) $\sqrt{3}-\dfrac{\pi}{3}$;   (7) $2-5e^{-1}$;   (8) $e-2$;

  (9) $\dfrac{\pi}{8}-\dfrac{1}{4}\ln2$;   (10) $\dfrac{1}{2}(1+e^{-\frac{\pi}{2}})$;   (11) $\dfrac{\pi}{2}$;   (12) $\dfrac{\pi\ln2}{8}$.

2. 1.   3.4. 略.

5. (1) $\dfrac{\pi}{8}$;   (2) $\dfrac{\pi}{4}+\dfrac{1}{2}\ln2$;   (3) π;   (4) 2.

6. $\dfrac{16}{3}p^2$.   7. $\dfrac{512}{7}\pi$.

8. (1) 总成本函数 $C(Q)=2Q-\dfrac{1}{2}Q^2+22$,

    总收益函数 $R(Q)=\displaystyle\int_0^Q(20-4Q)dQ=20Q-2Q^2$;

  (2) 当产量 $Q=6$(台) 时,利润最大;

  (3) 从最大利润时的产量又生产了 4 台,总利润减少了 24 万元.

(B)

1. (1) $\displaystyle\int_{x^2}^0\cos t^2dt-2x^2\cos x^4$;   (2) $\displaystyle\int_0^{x^2}f(t^2)dt+2x^2f(x^4)$;

(3) $\sin x^2$;

(4) $\dfrac{1}{2} \cdot \dfrac{\mathrm{d}}{\mathrm{d}x} \displaystyle\int_0^{x^2} f(u)\mathrm{d}u = xf(x^2)$;

(5) $\arctan \dfrac{\pi}{4}$;

(6) $x-1$;

(7) 1;

(8) 1.

2. (1) $\dfrac{1}{3}\ln 2$;

(2) $\dfrac{3}{32}\pi$;

(3) $\dfrac{7}{3} - \dfrac{1}{e}$;

(4) 2.

3. $\dfrac{\pi}{3}$.

4. 在 $x = \pm 1$ 处取得极大值 $f(\pm 1) = \dfrac{1}{e}$；在 $x = 0$ 处取得极小值 $f(0) = 0$.

5. $\dfrac{\cos 1 - 1}{2}$.

6. $\dfrac{\pi}{2}$.

7. 8. 略.

附录 Ⅱ　初等数学常用公式

一、代数

1. 绝对值

(1) 定义：$|a| = \begin{cases} a, & a \geqslant 0, \\ -a, & a < 0. \end{cases}$

(2) 性质：$|a| = |-a|$，$|ab| = |a| \cdot |b|$，$\left|\dfrac{a}{b}\right| = \dfrac{|a|}{|b|}$ $(b \neq 0)$，

$$|a| \leqslant A \Leftrightarrow -A \leqslant a \leqslant A,$$

$$|a| \geqslant A \Leftrightarrow a \geqslant A \text{ 或 } a \leqslant -A,$$

$$|a| - |b| \leqslant |a \pm b| \leqslant |a| + |b|.$$

2. 指数

(1) $a^m \cdot a^n = a^{m+n}$；　　　　　　(2) $\dfrac{a^m}{a^n} = a^{m-n}$；

(3) $(a^m)^n = a^{mn}$；　　　　　　　　(4) $\left(\dfrac{a}{b}\right)^m = \dfrac{a^m}{b^m}$；

(5) $(ab)^m = a^m b^m$ 　$(a, b$ 是正实数；m, n 是任意实数$)$.

3. 对数

设 $a > 0$，且 $a \neq 1$，则

(1) $\log_a(xy) = \log_a x + \log_a y$；　　(2) $\log_a \dfrac{x}{y} = \log_a x - \log_a y$；

(3) $\log_a x^b = b\log_a x$；　　　　　　(4) $\log_a x = \dfrac{\log_b x}{\log_b a}$；

(5) $a^{\log_a x} = x$，　$\log_a 1 = 0$，　$\log_a a = 1$.

4. 二项式展开与分解公式

(1) $(a \pm b)^2 = a^2 \pm 2ab + b^2$；

(2) $(a \pm b)^3 = a^3 \pm 3a^2 b + 3ab^2 \pm b^3$；

(3) $a^2 - b^2 = (a+b)(a-b)$；

(4) $a^3 \pm b^3 = (a \pm b)(a^2 \mp ab + b^2)$；

(5) $a^n - b^n = (a-b)(a^{n-1} + a^{n-2}b + a^{n-3}b^2 + \cdots + ab^{n-2} + b^{n-1})$；

(6) $(a+b)^n = a^n + na^{n-1}b + \dfrac{n(n-1)}{2!}a^{n-2}b^2 + \cdots$

$$+ \dfrac{n(n-1)\cdots(n-k+1)}{k!}a^{n-k}b^k + \cdots + b^n.$$

5. 数列

(1) $a + aq + aq^2 + \cdots + aq^{n-1} = \dfrac{a(1-q^n)}{1-q}$ $(q \neq 1)$;

(2) $1 + 2 + 3 + \cdots + n = \dfrac{n(n+1)}{2}$;

(3) $1 + 3 + 5 + \cdots + (2n-1) = n^2$;

(4) $1^2 + 2^2 + 3^2 + \cdots + n^2 = \dfrac{n(n+1)(2n+1)}{6}$;

(5) $1^3 + 2^3 + 3^3 + \cdots + n^3 = \left[\dfrac{n(n+1)}{2}\right]^2$.

二、三角

1. 基本公式

(1) $\sin^2 x + \cos^2 x = 1$;   (2) $1 + \tan^2 x = \sec^2 x$;

(3) $1 + \cot^2 x = \csc^2 x$;   (4) $\dfrac{\sin x}{\cos x} = \tan x$;

(5) $\cot x = \dfrac{\cos x}{\sin x}$;   (6) $\tan x \cdot \cot x = 1$;

(7) $\sin x \cdot \csc x = 1$;   (8) $\cos x \cdot \sec x = 1$.

2. 和差公式

(1) $\sin(x \pm y) = \sin x \cos y \pm \cos x \sin y$;

(2) $\cos(x \pm y) = \cos x \cos y \mp \sin x \sin y$;

(3) $\tan(x \pm y) = \dfrac{\tan x \pm \tan y}{1 \mp \tan x \tan y}$;

(4) $\cot(x \pm y) = \dfrac{\cot x \cot y \mp 1}{\cot y \pm \cot x}$.

3. 倍角和半角公式

(1) $\sin 2x = 2\sin x \cos x$;

(2) $\cos 2x = \cos^2 x - \sin^2 x = 2\cos^2 x - 1 = 1 - 2\sin^2 x$;

(3) $\tan 2x = \dfrac{2\tan x}{1 - \tan^2 x}$;

(4) $\cot 2x = \dfrac{\cot^2 x - 1}{2\cot x}$;

(5) $\sin \dfrac{x}{2} = \pm\sqrt{\dfrac{1 - \cos x}{2}}$;

(6) $\cos \dfrac{x}{2} = \pm\sqrt{\dfrac{1 + \cos x}{2}}$;

(7) $\tan \dfrac{x}{2} = \pm\sqrt{\dfrac{1 - \cos x}{1 + \cos x}} = \dfrac{1 - \cos x}{\sin x} = \dfrac{\sin x}{1 + \cos x}$;

(8) $\cot \dfrac{x}{2} = \pm\sqrt{\dfrac{1 + \cos x}{1 - \cos x}} = \dfrac{\sin x}{1 - \cos x} = \dfrac{1 + \cos x}{\sin x}$.

4. 和差化积公式

(1) $\sin x + \sin y = 2\sin \dfrac{x+y}{2} \cos \dfrac{x-y}{2}$;

(2) $\sin x - \sin y = 2\cos\dfrac{x+y}{2}\sin\dfrac{x-y}{2}$;

(3) $\cos x + \cos y = 2\cos\dfrac{x+y}{2}\cos\dfrac{x-y}{2}$;

(4) $\cos x - \cos y = -2\sin\dfrac{x+y}{2}\sin\dfrac{x-y}{2}$.

5. 积化和差公式

(1) $\cos x\cos y = \dfrac{1}{2}\big[\cos(x+y)+\cos(x-y)\big]$;

(2) $\sin x\sin y = -\dfrac{1}{2}\big[\cos(x+y)-\cos(x-y)\big]$;

(3) $\sin x\cos y = \dfrac{1}{2}\big[\sin(x+y)+\sin(x-y)\big]$.

三、几何

1. 平面图形的基本公式

(1) 梯形面积 $S=\dfrac{1}{2}(a+b)h$, 其中 a,b 为两底边长度, h 为高;

(2) 圆面积 $S=\pi R^2$, 圆周长 $l=2\pi R$, 其中 R 是圆的半径;

(3) 圆扇形面积 $S=\dfrac{1}{2}R^2\theta$, 圆扇形弧长 $l=R\theta$, 其中 R 是圆的半径, θ 为圆心角, 单位为弧度.

2. 立体图形的基本公式

(1) 圆柱体体积 $V=\pi R^2 h$, 侧面积 $S=2\pi Rh$, 其中 R 为底面的半径, h 为高;

(2) 正圆锥体体积 $V=\dfrac{1}{3}\pi R^2 h$, 侧面积 $S=\pi Rl$, 其中 l 为母线长, $l=\sqrt{R^2+h^2}$;

(3) 棱柱体体积 $V=Sh$, 其中 S 为底面积, h 为高;

(4) 棱锥体体积 $V=\dfrac{1}{3}Sh$, 其中 S 为底面积, h 为高;

(5) 球体积 $V=\dfrac{4}{3}\pi r^3$, 表面积 $S=4\pi r^2$, 其中 r 为球的半径;

(6) 圆台体积 $V=\dfrac{1}{3}\pi h(r^2+rR+R^2)$, 侧面积 $S=\pi(r+R)l$, 其中 r,R 分别为上、下底面半径, h 为高, l 为母线长.

1. 半立方抛物线

$$y^2 = ax^3$$

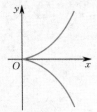

2. 概率曲线

$$y = e^{\frac{-x^2}{2}}$$

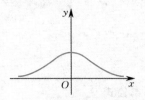

3. 悬链线

$$y = a\cosh\frac{x}{a}$$

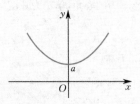

4. 星形线（内摆线）

$$x^{\frac{2}{3}} + y^{\frac{2}{3}} = a^{\frac{2}{3}} \text{ 或 } \begin{cases} x = a\cos^3\theta \\ y = a\sin^3\theta \end{cases}$$

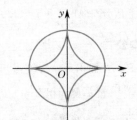

5. 摆线

$$\begin{cases} x = a(\theta - \sin\theta) \\ y = a(1 - \cos\theta) \end{cases}$$

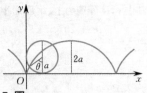

6. 圆的渐开线

$$\begin{cases} x = a(\cos\theta + \theta\sin\theta) \\ y = a(\sin\theta - \theta\cos\theta) \end{cases}$$

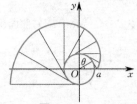

7. 圆

$$x^2 + y^2 = a^2 \text{ 或 } r = a$$

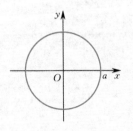

8. 圆

$$x^2 + (y - a)^2 = a^2 \text{ 或 } r = 2a\sin\theta$$

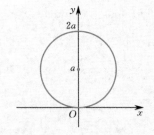

9. 圆

$(x-a)^2+y^2=a^2$

或 $r=2a\cos\theta$

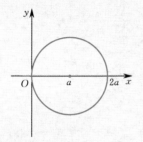

10. 心形线

$x^2+y^2-ax=a\sqrt{x^2+y^2}$

或 $r=a(1+\cos\theta)$

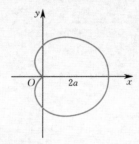

11. 心形线

$x^2+y^2+ax=a\sqrt{x^2+y^2}$

或 $r=a(1-\cos\theta)$

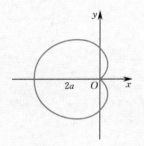

12. 双纽线

$(x^2+y^2)^2=a^2(x^2-y^2)$

或 $r^2=a^2\cos2\theta$

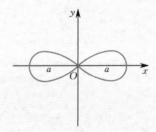

13. 双纽线

$(x^2+y^2)^2=2a^2xy$

或 $r^2=a^2\sin2\theta$

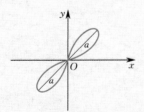

14. 三叶玫瑰线

$r=a\sin3\theta$

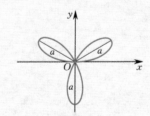

15. 三叶玫瑰线

$r=a\cos3\theta$

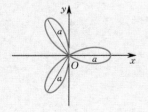

16. 四叶玫瑰线

$r=a\sin2\theta$

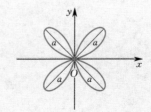

17. 四叶玫瑰线

$r = a\cos 2\theta$

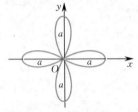

19. 对数螺线

$r = \mathrm{e}^{a\theta}$

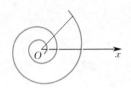

18. 阿基米德螺线

$r = a\theta$

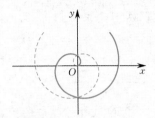

20. 射线

$\theta = \alpha$

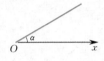

附录 Ⅳ 积 分 表

一、含有 $ax+b$ 的积分

1. $\int \dfrac{\mathrm{d}x}{ax+b} = \dfrac{1}{a}\ln|ax+b| + C.$

2. $\int (ax+b)^{\mu}\mathrm{d}x = \dfrac{1}{a(\mu+1)}(ax+b)^{\mu+1} + C\ (\mu \neq -1).$

3. $\int \dfrac{x}{ax+b}\mathrm{d}x = \dfrac{1}{a^2}(ax+b-b\ln|ax+b|) + C.$

4. $\int \dfrac{x^2}{ax+b}\mathrm{d}x = \dfrac{1}{a^3}\left[\dfrac{1}{2}(ax+b)^2 - 2b(ax+b) + b^2\ln|ax+b|\right] + C.$

5. $\int \dfrac{\mathrm{d}x}{x(ax+b)} = -\dfrac{1}{b}\ln\left|\dfrac{ax+b}{x}\right| + C.$

6. $\int \dfrac{\mathrm{d}x}{x^2(ax+b)} = -\dfrac{1}{bx} + \dfrac{a}{b^2}\ln\left|\dfrac{ax+b}{x}\right| + C.$

7. $\int \dfrac{x}{(ax+b)^2}\mathrm{d}x = \dfrac{1}{a^2}\left(\ln|ax+b| + \dfrac{b}{ax+b}\right) + C.$

8. $\int \dfrac{x^2\mathrm{d}x}{(ax+b)^2} = \dfrac{1}{a^3}\left(ax+b-2b\ln|ax+b| - \dfrac{b^2}{ax+b}\right) + C.$

9. $\int \dfrac{\mathrm{d}x}{x(ax+b)^2} = \dfrac{1}{b(ax+b)} - \dfrac{1}{b^2}\ln\left|\dfrac{ax+b}{x}\right| + C.$

二、含有 $\sqrt{ax+b}$ 的积分

10. $\int \sqrt{ax+b}\,\mathrm{d}x = \dfrac{2}{3a}\sqrt{(ax+b)^3} + C.$

11. $\int x\sqrt{ax+b}\,\mathrm{d}x = \dfrac{2}{15a^2}(3ax-2b)\sqrt{(ax+b)^3} + C.$

12. $\int x^2\sqrt{ax+b}\,\mathrm{d}x = \dfrac{2}{105a^3}(15a^2x^2 - 12abx + 8b^2)\sqrt{(ax+b)^3} + C.$

13. $\int \dfrac{x}{\sqrt{ax+b}}\mathrm{d}x = \dfrac{2}{3a^2}(ax-2b)\sqrt{ax+b} + C.$

14. $\int \dfrac{x^2}{\sqrt{ax+b}}\mathrm{d}x = \dfrac{2}{15a^3}(3a^2x^2 - 4abx + 8b^2)\sqrt{ax+b} + C.$

15. $\int \dfrac{\mathrm{d}x}{x\sqrt{ax+b}} = \begin{cases} \dfrac{1}{\sqrt{b}}\ln\left|\dfrac{\sqrt{ax+b}-\sqrt{b}}{\sqrt{ax+b}+\sqrt{b}}\right| + C & (b>0), \\ \dfrac{2}{\sqrt{-b}}\operatorname{arccot}\sqrt{\dfrac{ax+b}{-b}} + C & (b<0). \end{cases}$

16. $\int \dfrac{\mathrm{d}x}{x^2\sqrt{ax+b}} = -\dfrac{\sqrt{ax+b}}{bx} - \dfrac{a}{2b}\int \dfrac{\mathrm{d}x}{x\sqrt{ax+b}}.$

17. $\int \dfrac{\sqrt{ax+b}}{x}dx = 2\sqrt{ax+b} + b\int \dfrac{dx}{\sqrt{ax+b}}$.

18. $\int \dfrac{\sqrt{ax+b}}{x^2}dx = -\dfrac{\sqrt{ax+b}}{x} + \dfrac{a}{2}\int \dfrac{dx}{x\sqrt{ax+b}}$.

三、含有 $x^2 \pm a^2$ 的积分

19. $\int \dfrac{dx}{x^2+a^2} = \dfrac{1}{a}\arctan \dfrac{x}{a} + C$.

20. $\int \dfrac{dx}{(x^2+a^2)^n} = \dfrac{x}{2(n-1)a^2(x^2+a^2)^{n-1}} + \dfrac{2n-3}{2(n-1)a^2}\int \dfrac{dx}{(x^2+a^2)^{n-1}}$.

21. $\int \dfrac{dx}{x^2-a^2} = \dfrac{1}{2a}\ln \left| \dfrac{x-a}{x+a} \right| + C$.

四、含有 $ax^2 + b(a > 0)$ 的积分

22. $\int \dfrac{dx}{ax^2+b} = \begin{cases} \dfrac{1}{\sqrt{ab}}\arctan \sqrt{\dfrac{a}{b}}x + C \ (b > 0), \\[3mm] \dfrac{1}{2\sqrt{-ab}}\ln \left| \dfrac{\sqrt{a}x - \sqrt{-b}}{\sqrt{a}x + \sqrt{-b}} \right| + C \ (b < 0). \end{cases}$

23. $\int \dfrac{x}{ax^2+b}dx = \dfrac{1}{2a}\ln |ax^2+b| + C$.

24. $\int \dfrac{x^2}{ax^2+b}dx = \dfrac{x}{a} - \dfrac{b}{a}\int \dfrac{dx}{ax^2+b}$.

25. $\int \dfrac{dx}{x(ax^2+b)} = \dfrac{1}{2b}\ln \dfrac{x^2}{|ax^2+b|} + C$.

26. $\int \dfrac{dx}{x^2(ax^2+b)} = -\dfrac{1}{bx} - \dfrac{a}{b}\int \dfrac{dx}{ax^2+b}$.

27. $\int \dfrac{dx}{(ax^2+b)^2} = \dfrac{x}{2b(ax^2+b)} + \dfrac{1}{2b}\int \dfrac{dx}{ax^2+b}$.

五、含有 $ax^2 + bx + c(a > 0)$ 的积分

28. $\int \dfrac{dx}{ax^2+bx+c} = \begin{cases} \dfrac{2}{\sqrt{4ac-b^2}}\arctan \dfrac{2ax+b}{\sqrt{4ac-b^2}} + C \ (b^2 < 4ac), \\[3mm] \dfrac{1}{\sqrt{b^2-4ac}}\ln \dfrac{2ax+b-\sqrt{b^2-4ac}}{2ax+b+\sqrt{b^2-4ac}} + C \ (b^2 > 4ac). \end{cases}$

29. $\int \dfrac{x}{ax^2+bx+c}dx = \dfrac{1}{2a}\ln |ax^2+bx+c| - \dfrac{b}{2a}\int \dfrac{dx}{ax^2+bx+c}$.

六、含有 $\sqrt{x^2+a^2}\ (a > 0)$ 的积分

30. $\int \dfrac{dx}{\sqrt{x^2+a^2}} = \ln(x + \sqrt{x^2+a^2}) + C$.

31. $\int \dfrac{dx}{\sqrt{(x^2+a^2)^3}} = \dfrac{x}{a^2\sqrt{x^2+a^2}} + C$.

32. $\int \dfrac{x}{\sqrt{x^2+a^2}}\mathrm{d}x = \sqrt{x^2+a^2}+C.$

33. $\int \dfrac{x}{\sqrt{(x^2+a^2)^3}}\mathrm{d}x = -\dfrac{1}{\sqrt{x^2+a^2}}+C.$

34. $\int \dfrac{x^2}{\sqrt{x^2+a^2}}\mathrm{d}x = \dfrac{x}{2}\sqrt{x^2+a^2}-\dfrac{a^2}{2}\ln(x+\sqrt{x^2+a^2})+C.$

35. $\int \dfrac{x^2}{\sqrt{(x^2+a^2)^3}}\mathrm{d}x = -\dfrac{x}{\sqrt{x^2+a^2}}+\ln(x+\sqrt{x^2+a^2})+C.$

36. $\int \dfrac{\mathrm{d}x}{x\sqrt{x^2+a^2}} = \dfrac{1}{a}\ln\dfrac{\sqrt{x^2+a^2}-a}{|x|}+C.$

37. $\int \dfrac{\mathrm{d}x}{x^2\sqrt{x^2+a^2}} = -\dfrac{\sqrt{x^2+a^2}}{a^2 x}+C.$

38. $\int \sqrt{x^2+a^2}\,\mathrm{d}x = \dfrac{x}{2}\sqrt{x^2+a^2}+\dfrac{a^2}{2}\ln(x+\sqrt{x^2+a^2})+C.$

39. $\int \sqrt{(x^2+a^2)^3}\,\mathrm{d}x = \dfrac{x}{8}(2x^2+5a^2)\sqrt{x^2+a^2}+\dfrac{3a^4}{8}\ln(x+\sqrt{x^2+a^2})+C.$

40. $\int x\sqrt{x^2+a^2}\,\mathrm{d}x = \dfrac{1}{3}\sqrt{(x^2+a^2)^3}+C.$

41. $\int x^2\sqrt{x^2+a^2}\,\mathrm{d}x = \dfrac{x}{8}(2x^2+a^2)\sqrt{x^2+a^2}-\dfrac{a^4}{8}\ln(x+\sqrt{x^2+a^2})+C.$

42. $\int \dfrac{\sqrt{x^2+a^2}}{x}\mathrm{d}x = \sqrt{x^2+a^2}+a\ln\dfrac{\sqrt{x^2+a^2}-a}{|x|}+C.$

43. $\int \dfrac{\sqrt{x^2+a^2}}{x^2}\mathrm{d}x = -\dfrac{\sqrt{x^2+a^2}}{x}+\ln(x+\sqrt{x^2+a^2})+C.$

七、含有 $\sqrt{x^2-a^2}\,(a>0)$ 的积分

44. $\int \dfrac{\mathrm{d}x}{\sqrt{x^2-a^2}} = \ln|x+\sqrt{x^2-a^2}|+C.$

45. $\int \dfrac{\mathrm{d}x}{\sqrt{(x^2-a^2)^3}} = -\dfrac{x}{a^2\sqrt{x^2-a^2}}+C.$

46. $\int \dfrac{x}{\sqrt{x^2-a^2}}\mathrm{d}x = \sqrt{x^2-a^2}+C.$

47. $\int \dfrac{x}{\sqrt{(x^2-a^2)^3}}\mathrm{d}x = -\dfrac{1}{\sqrt{x^2-a^2}}+C.$

48. $\int \dfrac{x^2}{\sqrt{x^2-a^2}}\mathrm{d}x = \dfrac{x}{2}\sqrt{x^2-a^2}+\dfrac{a^2}{2}\ln|x+\sqrt{x^2-a^2}|+C.$

49. $\int \dfrac{x^2}{\sqrt{(x^2+a^2)^3}}\mathrm{d}x = -\dfrac{x}{\sqrt{x^2-a^2}}+\ln|x+\sqrt{x^2-a^2}|+C.$

50. $\int \dfrac{\mathrm{d}x}{x\sqrt{x^2-a^2}} = \dfrac{1}{a}\arccos\dfrac{a}{|x|}+C.$

51. $\int \dfrac{\mathrm{d}x}{x^2\sqrt{x^2-a^2}} = \dfrac{\sqrt{x^2-a^2}}{a^2 x}+C.$

52. $\int \sqrt{x^2-a^2}\,\mathrm{d}x = \dfrac{x}{2}\sqrt{x^2-a^2}-\dfrac{a^2}{2}\ln|x+\sqrt{x^2-a^2}|+C.$

53. $\int \sqrt{(x^2-a^2)^3}\,\mathrm{d}x = \frac{x}{8}(2x^2-5a^2)\sqrt{x^2-a^2}+\frac{3}{8}a^4\ln\mid x+\sqrt{x^2-a^2}\mid+C.$

54. $\int x\sqrt{x^2-a^2}\,\mathrm{d}x = \frac{1}{3}\sqrt{(x^2-a^2)^3}+C.$

55. $\int x^2\sqrt{x^2-a^2}\,\mathrm{d}x = \frac{x}{8}(2x^2-a^2)\sqrt{x^2-a^2}-\frac{a^4}{8}\ln\mid x+\sqrt{x^2+a^2}\mid+C.$

56. $\int \frac{\sqrt{x^2-a^2}}{x}\,\mathrm{d}x = \sqrt{x^2-a^2}-a\arccos\frac{a}{\mid x\mid}+C.$

57. $\int \frac{\sqrt{x^2-a^2}}{x^2}\,\mathrm{d}x = \frac{\sqrt{x^2-a^2}}{x}+\ln\mid x+\sqrt{x^2-a^2}\mid+C.$

八、含有 $\sqrt{a^2-x^2}\,(a>0)$ 的积分

58. $\int \frac{\mathrm{d}x}{\sqrt{a^2-x^2}} = \arcsin\frac{x}{a}+C.$

59. $\int \frac{\mathrm{d}x}{\sqrt{(a^2-x^2)^3}} = \frac{x}{a^2\sqrt{a^2-x^2}}+C.$

60. $\int \frac{x}{\sqrt{a^2-x^2}}\,\mathrm{d}x = -\sqrt{a^2-x^2}+C.$

61. $\int \frac{x}{\sqrt{(a^2-x^2)^3}}\,\mathrm{d}x = \frac{1}{\sqrt{a^2-x^2}}+C.$

62. $\int \frac{x^2}{\sqrt{a^2-x^2}}\,\mathrm{d}x = -\frac{x}{2}\sqrt{a^2-x^2}+\frac{a^2}{2}\arcsin\frac{x}{a}+C.$

63. $\int \frac{x^2}{\sqrt{(a^2-x^2)^3}}\,\mathrm{d}x = \frac{x}{\sqrt{a^2-x^2}}-\arcsin\frac{x}{a}+C.$

64. $\int \frac{\mathrm{d}x}{x\sqrt{a^2-x^2}} = \frac{1}{a}\ln\frac{a-\sqrt{a^2-x^2}}{\mid x\mid}+C.$

65. $\int \frac{\mathrm{d}x}{x^2\sqrt{a^2-x^2}} = -\frac{\sqrt{a^2-x^2}}{a^2x}+C.$

66. $\int \sqrt{a^2-x^2}\,\mathrm{d}x = \frac{x}{2}\sqrt{a^2-x^2}+\frac{a^2}{2}\arcsin\frac{x}{a}+C.$

67. $\int \sqrt{(a^2-x^2)^3}\,\mathrm{d}x = \frac{x}{8}(5a^2-2x^2)\sqrt{a^2-x^2}+\frac{3}{8}a^4\arcsin\frac{x}{a}+C.$

68. $\int x\sqrt{a^2-x^2}\,\mathrm{d}x = -\frac{1}{3}\sqrt{(a^2-x^2)^3}+C.$

69. $\int x^2\sqrt{a^2-x^2}\,\mathrm{d}x = \frac{x}{8}(2x^2-a^2)\sqrt{a^2-x^2}+\frac{a^4}{8}\arcsin\frac{x}{a}+C.$

70. $\int \frac{\sqrt{a^2-x^2}}{x}\,\mathrm{d}x = \sqrt{a^2-x^2}+a\ln\frac{a-\sqrt{a^2-x^2}}{\mid x\mid}+C.$

71. $\int \frac{\sqrt{a^2-x^2}}{x^2}\,\mathrm{d}x = -\frac{\sqrt{a^2-x^2}}{x}-\arcsin\frac{x}{a}+C.$

九、含有 $\sqrt{\pm ax^2+bx+c}\,(a>0)$ 的积分

72. $\int \frac{\mathrm{d}x}{\sqrt{ax^2+bx+c}} = \frac{1}{\sqrt{a}}\ln\mid 2ax+b+2\sqrt{a}\sqrt{ax^2+bx+c}\mid+C.$

73. $\displaystyle\int \sqrt{ax^2+bx+c}\,\mathrm{d}x = \frac{2ax+b}{4a}\sqrt{ax^2+bx+c} + \frac{4ac-b^2}{8\sqrt{a^3}}\ln|\,2ax+b+2\sqrt{a}\,\sqrt{ax^2+bx+c}\,|+C.$

74. $\displaystyle\int \frac{x}{\sqrt{ax^2+bx+c}}\,\mathrm{d}x = \frac{1}{a}\sqrt{ax^2+bx+c} - \frac{b}{2\sqrt{a^3}}\ln|\,2ax+b+2\sqrt{a}\,\sqrt{ax^2+bx+c}\,|+C.$

75. $\displaystyle\int \frac{\mathrm{d}x}{\sqrt{c+bx-ax^2}} = -\frac{1}{\sqrt{a}}\arcsin\frac{2ax-b}{\sqrt{b^2+4ac}}+C.$

76. $\displaystyle\int \sqrt{c+bx-ax^2}\,\mathrm{d}x = \frac{2ax-b}{4a}\sqrt{c+bx-ax^2} + \frac{b^2+4ac}{8\sqrt{a^3}}\arcsin\frac{2ax-b}{\sqrt{b^2+4ac}}+C.$

77. $\displaystyle\int \frac{x}{\sqrt{c+bx-ax^2}}\,\mathrm{d}x = -\frac{1}{a}\sqrt{c+bx-ax^2} + \frac{b}{2\sqrt{a^3}}\arcsin\frac{2ax-b}{\sqrt{b^2+4ac}}+C.$

十、含有 $\sqrt{\dfrac{a\pm x}{b\pm x}}$ 或 $\sqrt{(x-a)(b-x)}$ 的积分

78. $\displaystyle\int \sqrt{\frac{x+a}{x+b}}\,\mathrm{d}x = \sqrt{(x+a)(x+b)} + (a-b)\ln(\sqrt{x+a}+\sqrt{x+b})+C.$

79. $\displaystyle\int \sqrt{\frac{a-x}{b-x}}\,\mathrm{d}x = \sqrt{(a-x)(b-x)} + (b-a)\ln(\sqrt{a-x}+\sqrt{b-x})+C.$

80. $\displaystyle\int \sqrt{\frac{b-x}{x-a}}\,\mathrm{d}x = \sqrt{(x-a)(b-x)} + (b-a)\arcsin\sqrt{\frac{x-a}{b-a}}+C\ (a<b).$

81. $\displaystyle\int \sqrt{\frac{x-a}{b-x}}\,\mathrm{d}x = -\sqrt{(x-a)(b-x)} + (b-a)\arcsin\sqrt{\frac{x-a}{b-a}}+C\ (a<b).$

82. $\displaystyle\int \frac{\mathrm{d}x}{\sqrt{(x-a)(b-x)}} = 2\arcsin\sqrt{\frac{x-a}{b-a}}+C\ (a<b).$

十一、含有三角函数的积分

83. $\displaystyle\int \sin x\,\mathrm{d}x = -\cos x+C.$

84. $\displaystyle\int \cos x\,\mathrm{d}x = \sin x+C.$

85. $\displaystyle\int \tan x\,\mathrm{d}x = -\ln|\cos x|+C.$

86. $\displaystyle\int \cot x\,\mathrm{d}x = \ln|\sin x|+C.$

87. $\displaystyle\int \sec x\,\mathrm{d}x = \ln|\sec x+\tan x|+C = \ln\left|\tan\left(\frac{\pi}{4}+\frac{x}{2}\right)\right|+C.$

88. $\displaystyle\int \csc x\,\mathrm{d}x = \ln|\csc x-\cot x|+C = \ln\left|\tan\frac{x}{2}\right|+C.$

89. $\displaystyle\int \sec^2 x\,\mathrm{d}x = \tan x+C.$

90. $\displaystyle\int \csc^2 x\,\mathrm{d}x = -\cot x+C.$

91. $\displaystyle\int \sec x\tan x\,\mathrm{d}x = \sec x+C.$

92. $\displaystyle\int \csc x\cot x\,\mathrm{d}x = -\csc x+C.$

93. $\displaystyle\int \sin^2 x\,\mathrm{d}x = \frac{x}{2} - \frac{1}{4}\sin 2x+C.$

94. $\int \cos^2 x \, \mathrm{d}x = \dfrac{x}{2} + \dfrac{1}{4}\sin 2x + C.$

95. $\int \sin^n x \, \mathrm{d}x = -\dfrac{1}{n}\sin^{n-1}x \cos x + \dfrac{n-1}{n}\int \sin^{n-2}x \, \mathrm{d}x.$

96. $\int \cos^n x \, \mathrm{d}x = \dfrac{1}{n}\cos^{n-1}x \sin x + \dfrac{n-1}{n}\int \cos^{n-2}x \, \mathrm{d}x.$

97. $\int \dfrac{\mathrm{d}x}{\sin^n x} = -\dfrac{1}{n-1}\dfrac{\cos x}{\sin^{n-1}x} + \dfrac{n-2}{n-1}\int \dfrac{\mathrm{d}x}{\sin^{n-2}x}.$

98. $\int \dfrac{\mathrm{d}x}{\cos^n x} = \dfrac{1}{n-1}\dfrac{\sin x}{\cos^{n-1}x} + \dfrac{n-2}{n-1}\int \dfrac{\mathrm{d}x}{\cos^{n-2}x}.$

99. $\int \cos^m x \sin^n x \, \mathrm{d}x = \dfrac{1}{m+n}\cos^{m-1}x \sin^{n+1}x + \dfrac{m-1}{m+n}\int \cos^{m-2}x \sin^n x \, \mathrm{d}x$

$$= -\dfrac{1}{m+n}\cos^{m+1}x \sin^{n-1}x + \dfrac{n-1}{m+n}\int \cos^m x \sin^{n-2}x \, \mathrm{d}x.$$

100. $\int \sin ax \cdot \cos bx \, \mathrm{d}x = -\dfrac{1}{2(a+b)}\cos(a+b)x - \dfrac{1}{2(a-b)}\cos(a-b)x + C \ (a^2 \neq b^2).$

101. $\int \sin ax \cdot \sin bx \, \mathrm{d}x = -\dfrac{1}{2(a+b)}\sin(a+b)x + \dfrac{1}{2(a-b)}\sin(a-b)x + C \ (a^2 \neq b^2).$

102. $\int \cos ax \cdot \cos bx \, \mathrm{d}x = \dfrac{1}{2(a+b)}\sin(a+b)x + \dfrac{1}{2(a-b)}\sin(a-b)x + C \ (a^2 \neq b^2).$

103. $\int \dfrac{\mathrm{d}x}{a+b\sin x} = \dfrac{2}{\sqrt{a^2-b^2}}\arctan \dfrac{a\tan\frac{x}{2}+b}{\sqrt{a^2-b^2}} + C \ (a^2 > b^2).$

104. $\int \dfrac{\mathrm{d}x}{a+b\sin x} = \dfrac{1}{\sqrt{b^2-a^2}}\ln\left|\dfrac{a\tan\frac{x}{2}+b-\sqrt{b^2-a^2}}{a\tan\frac{x}{2}+b+\sqrt{b^2-a^2}}\right| + C \ (a^2 < b^2).$

105. $\int \dfrac{\mathrm{d}x}{a+b\cos x} = \dfrac{2}{a+b}\sqrt{\dfrac{a+b}{a-b}}\arctan\left(\sqrt{\dfrac{a-b}{a-b}}\tan \dfrac{x}{2}\right) + C \ (a^2 > b^2).$

106. $\int \dfrac{\mathrm{d}x}{a+b\cos x} = \dfrac{1}{a+b}\sqrt{\dfrac{a+b}{a-b}}\ln\left|\dfrac{\tan\frac{x}{2}+\sqrt{\frac{a+b}{b-a}}}{\tan\frac{x}{2}-\sqrt{\frac{a+b}{b-a}}}\right| + C \ (a^2 < b^2).$

107. $\int \dfrac{\mathrm{d}x}{a^2\cos^2 x + b^2\sin^2 x} = \dfrac{1}{ab}\arctan\left(\dfrac{b}{a}\tan x\right) + C.$

108. $\int \dfrac{\mathrm{d}x}{a^2\cos^2 x - b^2\sin^2 x} = \dfrac{1}{2ab}\ln\left|\dfrac{b\tan x + a}{b\tan x - a}\right| + C.$

109. $\int x\sin ax \, \mathrm{d}x = \dfrac{1}{a^2}\sin ax - \dfrac{1}{a}x\cos ax + C.$

110. $\int x^2 \sin ax \, \mathrm{d}x = -\dfrac{1}{a}x^2\cos ax + \dfrac{2}{a^2}x\sin ax + \dfrac{2}{a^3}\cos ax + C.$

111. $\int x\cos ax \, \mathrm{d}x = \dfrac{1}{a^2}\cos ax + \dfrac{1}{a}x\sin ax + C.$

112. $\int x^2 \cos ax \, \mathrm{d}x = \dfrac{1}{a}x^2\sin ax + \dfrac{2}{a^2}x\cos ax - \dfrac{2}{a^3}\sin ax + C.$

十二、含有反三角函数的积分（其中 $a > 0$）

113. $\int \arcsin \dfrac{x}{a} \mathrm{d}x = x\arcsin \dfrac{x}{a} + \sqrt{a^2-x^2} + C.$

114. $\int x\arcsin \dfrac{x}{a} \mathrm{d}x = \left(\dfrac{x^2}{2}-\dfrac{a^2}{4}\right)\arcsin \dfrac{x}{a} + \dfrac{x}{4}\sqrt{a^2-x^2} + C.$

115. $\int x^2\arcsin \dfrac{x}{a} \mathrm{d}x = \dfrac{x^3}{3}\arcsin \dfrac{x}{a} + \dfrac{1}{9}(x^2+2a^2)\sqrt{a^2-x^2} + C.$

116. $\int \arccos \dfrac{x}{a} \mathrm{d}x = x\arccos \dfrac{x}{a} - \sqrt{a^2-x^2} + C.$

117. $\int x\arccos \dfrac{x}{a} \mathrm{d}x = \left(\dfrac{x^2}{2}-\dfrac{a^2}{4}\right)\arccos \dfrac{x}{a} - \dfrac{x}{4}\sqrt{a^2-x^2} + C.$

118. $\int x^2\arccos \dfrac{x}{a} \mathrm{d}x = \dfrac{x^3}{3}\arccos \dfrac{x}{a} - \dfrac{1}{9}(x^2+2a^2)\sqrt{a^2-x^2} + C.$

119. $\int \arctan \dfrac{x}{a} \mathrm{d}x = x\arctan \dfrac{x}{a} - \dfrac{a}{2}\ln(a^2+x^2) + C.$

120. $\int x\arctan \dfrac{x}{a} \mathrm{d}x = \dfrac{1}{2}(a^2+x^2)\arctan \dfrac{x}{a} - \dfrac{ax}{2} + C.$

121. $\int x^2\arctan \dfrac{x}{a} \mathrm{d}x = \dfrac{x^3}{3}\arctan \dfrac{x}{a} - \dfrac{a}{6}x^2 + \dfrac{a^3}{6}\ln(a^2+x^2) + C.$

十三、含有指数函数的积分

122. $\int a^x \mathrm{d}x = \dfrac{1}{\ln a}a^x + C.$

123. $\int \mathrm{e}^{ax} \mathrm{d}x = \dfrac{1}{a}\mathrm{e}^{ax} + C.$

124. $\int x\mathrm{e}^{ax} \mathrm{d}x = \dfrac{1}{a^2}(ax-1)\mathrm{e}^{ax} + C.$

125. $\int x^n\mathrm{e}^{ax} \mathrm{d}x = \dfrac{1}{a}x^n\mathrm{e}^{ax} - \dfrac{n}{a}\int x^{n-1}\mathrm{e}^{ax} \mathrm{d}x.$

126. $\int xa^x \mathrm{d}x = \dfrac{x}{\ln a}a^x - \dfrac{x}{(\ln a)^2}a^x + C.$

127. $\int x^na^x \mathrm{d}x = \dfrac{x}{\ln a}x^na^x - \dfrac{n}{\ln a}\int x^{n-1}a^x \mathrm{d}x.$

128. $\int \mathrm{e}^{ax}\sin bx \mathrm{d}x = \dfrac{1}{a^2+b^2}\mathrm{e}^{ax}(a\sin bx - b\cos bx) + C.$

129. $\int \mathrm{e}^{ax}\cos bx \mathrm{d}x = \dfrac{1}{a^2+b^2}\mathrm{e}^{ax}(b\sin bx + a\cos bx) + C.$

130. $\int \mathrm{e}^{ax}\sin^n bx \mathrm{d}x = \dfrac{1}{a^2+b^2n^2}\mathrm{e}^{ax}\sin^{n-1} bx(a\sin bx - nb\cos bx) + \dfrac{n(n-1)b^2}{a^2+b^2n^2}\int \mathrm{e}^{ax}\sin^{n-2} bx \mathrm{d}x.$

131. $\int \mathrm{e}^{ax}\cos^n bx \mathrm{d}x = \dfrac{1}{a^2+b^2n^2}\mathrm{e}^{ax}\cos^{n-1} bx(a\cos bx + nb\sin bx) + \dfrac{n(n-1)b^2}{a^2+b^2n^2}\int \mathrm{e}^{ax}\cos^{n-2} bx \mathrm{d}x.$

十四、含有对数函数的积分

132. $\int \ln x \mathrm{d}x = x\ln x - x + C.$

133. $\int \dfrac{\mathrm{d}x}{x\ln x} = \ln|\ln x| + C.$

134. $\int x^n \ln x\,\mathrm{d}x = \dfrac{x^{n+1}}{n+1}\left(\ln x - \dfrac{1}{n+1}\right) + C.$

135. $\int (\ln x)^n\,\mathrm{d}x = x(\ln x)^n - n\int(\ln x)^{n-1}\,\mathrm{d}x.$

136. $\int x^m (\ln x)^n\,\mathrm{d}x = \dfrac{x^{m+1}}{m+1}(\ln x)^n - \dfrac{n}{m+1}\int x^m (x\ln x)^{n-1}\,\mathrm{d}x.$

十五、含有双曲函数的积分

137. $\int \sinh x\,\mathrm{d}x = \cosh x + C.$

138. $\int \cosh x\,\mathrm{d}x = \sinh x + C.$

139. $\int \tanh x\,\mathrm{d}x = \ln(\cosh x) + C.$

140. $\int \sinh^2 x\,\mathrm{d}x = -\dfrac{x}{2} + \dfrac{1}{4}\sinh 2x + C.$

141. $\int \cosh^2 x\,\mathrm{d}x = \dfrac{x}{2} + \dfrac{1}{4}\sinh 2x + C.$

十六、定积分

142. $\int_{-\pi}^{\pi} \cos nx\,\mathrm{d}x = \int_{-\pi}^{\pi} \sin nx\,\mathrm{d}x = 0.$

143. $\int_{-\pi}^{\pi} \cos mx \sin nx\,\mathrm{d}x = 0.$

144. $\int_{-\pi}^{\pi} \cos mx \cos nx\,\mathrm{d}x = \begin{cases} 0, & m \neq n; \\ \pi, & m = n. \end{cases}$

145. $\int_{-\pi}^{\pi} \sin mx \sin nx\,\mathrm{d}x = \begin{cases} 0, & m \neq n; \\ \pi, & m = n. \end{cases}$

146. $\int_{0}^{\pi} \sin mx \sin nx\,\mathrm{d}x = \int_{0}^{\pi} \cos mx \cos nx\,\mathrm{d}x = \begin{cases} 0, & m \neq n; \\ \dfrac{\pi}{2}, & m = n. \end{cases}$

147. $I_n = \int_0^{\frac{\pi}{2}} \sin^n x\,\mathrm{d}x = \int_0^{\frac{\pi}{2}} \cos^n x\,\mathrm{d}x.$

$I_n = \dfrac{n-1}{n} I_{n-2}$

$= \begin{cases} I_n = \dfrac{n-1}{n}\cdot\dfrac{n-3}{n-2}\cdot\dots\cdot\dfrac{4}{5}\cdot\dfrac{2}{3}\,(n\text{ 为大于 1 的正奇数}), I_1 = 1. \\ I_n = \dfrac{n-1}{n}\cdot\dfrac{n-3}{n-2}\cdot\dots\cdot\dfrac{3}{4}\cdot\dfrac{1}{2}\cdot\dfrac{\pi}{2}\,(n\text{ 为正偶数}), I_0 = \dfrac{\pi}{2}. \end{cases}$

注 该表中,凡 $\int \dfrac{\mathrm{d}x}{x} = \ln|x| + C$,皆省略了绝对值符号,而简写成

$$\int \dfrac{\mathrm{d}x}{x} = \ln x + C.$$